鳥！　驚異の知能

道具をつくり、心を読み、確率を理解する

ジェニファー・アッカーマン　著

鍛原多恵子　訳

ブルーバックス

カバー装幀／芦澤泰偉・児崎雅淑
カバーイラスト／ Science Source/PPS通信社
目次・本文デザイン／増田佳明（next door design）
本文イラスト／カモシタハヤト

カールへ、　こころより愛をこめて

鳥! 驚異の知能 ● 目次

◉本書では、原著者ジェニファー・アッカーマン氏の許可を得て、
原著にはない小見出しと図・写真を加えた。
写真の一部は、アッカーマン氏を通じて数名の鳥類学者の方々からご提供いただいた。
◉原著のイラストは本書には掲載していない。
◉原注は、以下の講談社ブルーバックスのホームページに掲載している。

—

http://bluebacks.kodansha.co.jp/special/bird.html

序　章

〈鳥頭〉の反撃

賢い動物に仲間入り

鳥は昔から愚かな生き物と考えられてきた。「目はガラス玉で、脳はクルミほど」「爬虫類に翼が生えただけ」「ハト頭」「間抜けなシチメンチョウ」。散々な言われようだ。たしかに窓ガラスにぶつかるし、自分の影をつつく。電線にぶつかるし、不覚にも絶滅に追いこまれる。

こうした偏見は日常の言い回しにも表れている。役立たずで、つまらないものを「for the birds（鳥のもの）」、無能な政治家を「lame duck（足の不自由なアヒル）」、失敗することを「lay an egg（卵を産む）」と言う。「henpecked（雌鶏につつかれた）」は女房の尻に敷かれること、「eating crow（カラスを食べる）」は恥を忍んで自分の非を認めることを指す。愚かな人、間抜けな人、落ち着きのない人を指す「鳥頭《とりあたま》」（bird brain）という言葉が生まれたのは1920年代だった。鳥はただあたりを飛び回り、やたらなんでもつつき、脳が小さいので思考しないと考えられていた。

しかし、それも過去の話だ。この20年ほどで、鳥が霊長類に匹敵する思考力を持つという報告が、世界中の野外調査や実験室からなされた。彩り豊かなベリー、ガラス片、花々でメスの気を引く鳥がいるかと思えば、約１００平方キロメートルの土地に最大で３万３０００粒もの種子を別々の場所に隠し、数ヵ月たってもその場所を覚えている鳥もいる。５歳児とほぼ同じ速度でジグソーパズルを解く鳥、錠前をあけるのがうまい鳥までいる。数をかぞえる、簡単な計算をする、道具をつくる、音楽に合わせて体を動かす、基本的な物理の法則を理解する、過去を覚えていて未来の計画を立てる。鳥類には、こんなさまざまな能力を持つ種がいる。

これまでに、いろいろな動物がヒトに近い能力を持つと言われて注目を集めてきた。チンパンジーは棒を使って小さな霊長類をつかまえ、イルカはホイッスル音とクリック音を複雑に組み合わせて連絡し合っている。大型類人猿は悲しそうな仲間を慰めるし、ゾウは仲間の死を悼む。鳥もやっと彼らの仲間入りをさせてもらえたのだ。大量の新たな研究結果によって既成概念が覆され、鳥が思っていたよりはるかに賢く、爬虫類より霊長類に近い部分もあることを、私たちはようやく受け入れつつある。

１９８０年代から、科学者のアイリーン・ペパーバーグ博士が可愛くて賢いヨウムのアレックスとパートナーを組み、霊長類並みの知性を持つ鳥もいるらしいことを突き止めはじめた。31歳（平均寿命の半分）で突然死ぬまでに、アレックスは物、色、かたちなどを表す英単語を数百語も習得した。数、色、かたちの異同も理解した。異なる色と材質の物をのせたトレーを見て、ある種類の物がいくつあるかを答えることができた。緑とオレンジの鍵とコルクをいくつか見せて、ペパーバーグ博士が「緑の鍵はいくつ?」と尋ねる。アレックスは80%の確率で正しい答えを出した。足し算の答えを伝えるのに数を使うこともできた。博士によれば、アレックスの並外れた能力には、ゼロの概念をはじめとする抽象的な概念の知識、並んだ数値の一つの位置からその意味を理解する能力、幼児のように英単語「N-U-T」を発音する能力があるという。アレックスが登場するまで、言語を使うのはほぼヒトだけだと私たちは思っていた。アレックスは言語を理解するのみならず、説得力、知能、そしてたぶん感情を持って言葉を使った。亡くなる前夜にかごに戻したとき、アレックスはいつものように博士にこう言った。「お休み。愛してるよ」

1990年代になると、南太平洋に浮かぶ小さな島ニューカレドニアから報告が入りはじめた。野生のカレドニアガラスが道具を自作し、集団ごとに異なるつくり方を次々と次世代に継承している、というのだった。それは人類の文化を思わせるし、高度な道具をつくるのに霊長類である必要はないという証しだった。

カラスの問題解決能力を調べた科学者たちは、彼らの離れ技に感心した。2002年、オックスフォード大学のアレックス・カセルニックらが、捕獲されてベティと名づけられたカレドニアガラスにこう「聞いた」。「この筒の底にある小さなかごに餌が入っている。クチバシが届かないけれど取れるか?」。ベティは迷わず針金を曲げてフックをつくり、そのフックでかごを持ち上げて実験者たちを驚かせた。

科学雑誌には、思わず目を疑いたくなるようなタイトルの論文も掲載されている。「ぼくたちは会ったことがある？　ハトは見慣れた顔を認識する」「コガラの発声統語法」「ブンチョウの言語識別力」「ヒナは子音のさえずりを好む」「カオジロガンのリーダーシップは個性のちがいで説明できる」「ハトは霊長類並みの数的能力を有する」

小さな脳に秘められた能力

鳥頭。この蔑称は、鳥は脳があまりに小さいので本能のままに生きているという誤解にもとづいている。鳥の脳には私たちのような大脳皮質はないが、この皮質に「賢さ」が宿っていると従来は受け止められていた。そして脳が小さいなら、それなりの理由があると考えられた。それは空を飛ぶためであり、重力に逆らうためであり、空を舞い、片足で立ち、水中にもぐり、何日も大空高く飛び、何百キロも渡り、狭い場所を通り抜けるためなのだ。空中での動きを可能にするために、鳥は低い認知能力で満足するしかないのだ、と。

だがよく調べてみるとちがっていた。たしかに鳥は私たちと大きく異なった脳を持ち、それにはもっともな理由もある。3億年以上前にさかのぼる共通祖先からの分岐後、ヒトと鳥は異なる進化の道のりを長く歩んできた。しかし、鳥のなかにはヒトと同じように体に対する脳の大きさの比率が比較的大きい種もいる。それに知力にかんするかぎり、脳の大きさよりニューロンの数、その位置、それらをつなぐ配線（シナプス）が問題になる。また、霊長類に匹敵する数のニューロンを高密度で重要な部位に持ち、それらをつなぐ配線がヒトに似た脳を持つ鳥もいる。このことは、高度な認知能力を有する鳥がいることの証しになるかもしれない。

ヒトと同じく、鳥の脳も左右の「半球」に分かれ、各半球が異なる種類の情報を処理する。鳥は、必要に応じて古い脳細胞を新しい細胞と入れ替える能力も備えている。鳥の脳はヒトのそれとは構造が完璧に異なっているが、両者は似通った遺伝子や神経回路を共有していて、鳥もきわめて非凡な心的能力を持つ。たとえば、カササギは鏡に映る自分を認識する。過去には、「自己」という概念はヒト、大型類人猿、ゾウ、イルカにかぎられ、高度な社会的理解の上に成り立っていると考えられていた。アメリカカケスは餌を仲間から隠すが、そうするのは自分が相手から餌を盗んだ場合だけという、マキャベリ的なずる賢い一面も持つ。これらの鳥には、相手が「なにを考えているか」を知り、そしておそらくは相手の視点をも理解するという基本的な能力があるらしい。どんな餌をいつ、どこに隠したかも覚えていて、腐ってしまう前に回収する。あるできごとにかかわる「なに」「どこ」「いつ」を覚える能力はエピソード記憶と呼ばれ、科学者の中には、アメリカカケスが頭の中で過去に戻ることができると考える人もいる。この能力は、かつて人間だけにあると考えられていたメンタルタイムトラベル能力の根幹をなす。

美しい声を持つ鳴禽《めいきん》は、人間が言葉を覚えるようにさえずり（歌）を習得し、習得したさえずりを数千万年前から継承されてきた豊かな文化的伝統として子孫に伝える。数千万年前と言えば、私たちの祖先の霊長類はまだ四足歩行していた。

生まれながらにユークリッド幾何学を理解する鳥もいる。これらの鳥は幾何的な手がかりや目印を使って三次元空間内での自分の位置や姿勢を把握し、未知の土地の上空を飛び、隠してある餌を見つける。数をかぞえる鳥もいる。2015年、生まれたばかりのヒナも、たいていのヒトと同じように、数字を空間的に左から右へ「位置づける」(左側に行くほど小さく、右側に行くほど大きい)ことが解明された。このことは鳥も左から右へという並びの方向、すなわちヒトが持つ高等数学の基礎である認知能力を持つことを示唆する。ヒナも比を理解し、並べられた物の順序(3番目、8番目、9番目)にもとづいて対象物を選ぶことを学べる。足し算や引き算といった簡単な計算もできる。

鳥の脳は小さいかもしれないが、その大きさをはるかに超える能力を秘めているのは明らかだ。

知略に満ちた生き物

私は鳥が愚かだと思ったことはない。実際、鳥ほど機敏で、その身体と機能において活力に満ち、つねに生気にあふれた生き物はいないように思う。もちろん、おそらく中味の黄身を食べようとピンポン玉を割ろうとしているワタリガラスの話を聞いたことはある。私のある友人はスイスでの休暇中に、強風の中で長い羽を広げようとするクジャクを見たと話してくれた。クジャクはひっくり返っては立ち上がり、もう一度羽を広げようとしてまたひっくり返る。これを6~7回続けたという。毎年春が巡ってくると、わが家のサクラの木に巣をつくるコマツグミは、わが家の車のサイドミラーに攻撃をしかける。鏡に映った自分を敵だと思っているらしく、猛烈にその姿をつつくし、おまけに車のドアに糞をする。

だが、私たちの中に虚栄心に足元をすくわれたり、自分の影に怯えたりしたことのない人間がいるだろうか？

私は生まれてこのかた鳥たちをずっと観察してきたし、その小さな体に見合わないほどの勇気、集中力、強靭さ、敏捷性に感心しないことはなかった。愛鳥家のルイス・ハルはかつてこう書いた。「あれほど集中して生きていれば、人間ならすぐにくたびれてしまうことだろう」。わが家の周辺でよく見かける鳥たちは、旺盛な好奇心と自信に満ちて世界と対峙している。わが家のゴミ缶の上をまるで王子のような足取りで歩くアメリカガラスは、知略に満ちた生き物に見えたものだ。2枚のクラッカーを道路の真ん中に重ねて置いてから安全な場所に避難し、車に砕いてもらって食べるカラスを見たこともある。

ある年、ヒガシアメリカオオコノハズクがわが家のキッチンの窓から数メートルのカエデの木に設置した巣箱に棲みついた。この鳥は日中は眠っているので、窓側に向いた丸い穴を完全にふさぐ丸い頭しか見えない。だが夜になると、巣箱を飛び立って闇の中で狩りをする。夜明けには、狩りが大成功をおさめたらしいことがわかる。巣箱の穴からナゲキバトや鳴禽が垂れ下がってピクピクしているが、少しずつ巣箱の中に引っ張られていくのだ。

デラウェア湾の海岸で見かけたコオバシギは、鳥の中では賢い部類には入らないにもかかわらず、満月の夜にカブトガニが産み落としたたくさんの卵を見つけるのに、いつ、どこにいればいいか知っているようだった。いったい鳥たちは大空に描かれたどんな暦を頼りに北に渡り、どこへ向かうべきかを知るのだろうか？

バードウオッチングのすすめ

私は2人のビルから鳥について学んだ。1人目は父のビル・ゴーラムで、私が7〜8歳のときに、ワシントンD.C.の実家の近くでバードウォッチングに連れ出してくれた。それはスウェーデンの「gokotta」（朝早く起きて自然を楽しむこと）のD.C.版とも言え、私の幼いころのもっとも楽しかった思い出だ。春の週末の早朝、まだ暗いうちに起き出してポトマック川沿いを森に向かうと、夜明けに鳥たちがさえずるのを聞くことができる。それはエミリー・ディキンソンが「至るところから合唱曲が——／昼まで続く——」と書いたように、鳥たちがさまざまな声で互いに競うようにさえずる神秘的な瞬間だ。

父は、ボーイスカウトでアポロ・タレポロスという全盲に近い人から鳥について学んだ。この老人はさえずりだけで鳥の種類を聞き分けることができた。アメリカカムシクイ、キヅタアメリカムシクイ、そしてトウヒチョウ。「みんなそこにいるよ！」と彼は少年たちに叫んだものだ。「さあ、見つけよう！」。おかげで父は鳥の声でその種類を判別するのがとてもうまくなった。モリツグミのフルートのような声、カオグロアメリカムシクイの「ウィィッチティー、ウィッチティー」という優しい声、ノドジロシトドの澄んだ笛の音のような声を聞き分けられる。

夜明け近くの森を父と歩いていくと、チャバラミソサザイのかすれた声が聞こえてきて、鳥たちはなにを言っているのだろう、どのようにしてさえずりを学んだのだろう、と思ったものだった。あるとき、熱心にさえずりの練習をしているらしい幼いミヤマシトドに出くわしたことがあった。姿は見えないけれど、ヒマラヤスギの低い枝にとまり、この鳥独特の鋭い声とトリルをひたすら反復している。まちがえると、上手に鳴けるまで飽きもせず無心に練習する。あとで知ったことだが、この鳥はさえずりを父親からではなく、近くにいるたくさんの成鳥から習う。つまり、父と私がさまよい歩いた森や川の近辺に独特の方言を代々伝えているのだ。

もう一人のビルには、デラウェア州ルイスに住んでいたときにサセックス・バード・クラブで出会った。ビル・フレッチは毎朝5時に起きて家を出ると、ルイス近郊の森や草原でよく見かける「茶色の小鳥たち（little brown jobs）」やシギを観察して4～5時間過ごす。辛抱強く、誠実で、飽きることを知らない彼は、どんな種類の鳥をいつ、どこで観察したかを綿密に記録していた。その記録はデラウェア州の公式鳥類記録の一部としてデルマーヴァ鳥類学会に保存されている。こちらのビルは耳がほとんど聞こえなかったが、鳥を視覚的情報、いわゆるＧＩＳＳ（全体の印象、大きさ、かたち）で識別する名人だった。大空を飛ぶオウゴンヒワをその急降下で特定する方法や、個々のシギを個性や行動、形態で識別する方法を教えてくれた。それは、遠くにいる人を体全体の動きや歩きぶりで友人と見分けるようなものだ。気軽な「バードウォッチング」

と、もっと真剣で集中力が必要な「バーディング」のちがいを指摘し、ただ鳥の種類を言いあてるだけでなく、鳥の活動や行動に注目するよう勧めてくれた。

　こうした野外活動で目にした鳥は、自分の行動の意図を理解しているようだった。たとえば、ある友人はテンマクケムシの巣の上にハシグロカッコウがとまっているのを目にとめた。ハシグロカッコウはテンマクケムシが巣を出て木によじのぼるまで待ち、まるで回転寿司屋で回ってくる寿司の皿を取るように一匹ずつつかまえたという。

　しかしカササギ、カケス、コガラの美しい羽や飛ぶ姿、鳴き声を愛でていたにしても、これらの鳥が霊長類と同じかそれをしのぐ心的能力を持つとは、想像すらしていなかった。

　クルミほどの脳しかない生き物が、いったいどのようにしてそれほど高度な心的能力を持つのだろう？　この知能はいったいどこで生まれるのか？　それは私たちの知能と同じなのか、それともちがうのか？　彼らの小さな脳が私たちの大きな脳について手がかりを与えてくれるのだとすれば、それはなんだろう？

自然の最大の成功例

「知能（intelligence）」はとらえどころのない概念で、人間の場合でもその定義や測定は難しい。ある心理学者は、それを「経験によって学んだり、その恩恵を受けたりする能力」と定義する。別の心理学者に言わせれば、それは「能力を獲得する能力」だという。これは「知能とは知能検査で測られるものだ」と述べた、ハーヴァード大学の心理学者エドウィン・ボーリングの循環論法に近い。タフツ大学の元学長ロバート・スタンバーグも言うように、「知能の定義は専門家の数ほどある」ということだ。

動物の全般的な知能を判定するにあたり、科学者は多様な環境下における生存率や繁殖率を測定するかもしれない。この基準で判断するなら、鳥は魚類、両生類、爬虫類、哺乳類をふくむほとんどすべての脊椎動物に勝っている。地球上ほぼどこにでも見かける野生動物と言えば鳥だ。鳥は赤道から極地まで、低地の砂漠から高地の山頂まで、陸上、海上、淡水のいずれを問わず地球上ほぼ全域に分布する。生物学的に見ると、鳥類はきわめて大きな生態学的地位を占めている。

生物学的分類の綱《こう》として見れば、鳥は1億年以上前に出現した。自然の最大の成功例であって、彼らが生み出した新たな生存戦略はまさにその天与の才を見せつける。これらの戦略は、少なくともいくつかの点において人類に勝るように思われる。

遠い昔、ハチドリからサギまであらゆる鳥の共通祖先である超鳥（überbird）が存在していた。現在では、鳥類には約1万400０をかぞえる種があり、この数字は哺乳類の2倍以上になる。イシチドリやタゲリ、フクロウオウムやトビ、サイチョウやハシビロコウ、イワシャコやヒメシャクケイなどじつに多彩だ。1990年代末、科学者が地球上にいる野鳥の総数を推測したところ、2000億〜4000億羽という結果になった。人間1人につき30〜60羽の鳥がいることになる。人間のほうがより繁栄あるいは進歩しているという考えは、繁栄や進歩をどう定義するかにかかっている。結局、進化は進歩ではなく生存の問題だ。それはまた環境にかかわる問題を解決することであり、鳥はこれを長期にわたってじつにうまくやってきた。こう考えてくると、私たちの多くが、愛鳥家でさえも、鳥が私たちには想像もできない点で賢いという事実を受け入れようとしないことに、私は驚く。

人間が鳥の心的能力を十分に理解できないのは、鳥が人間とあまりに異なっているからかもしれない。鳥は恐竜の一種であり、従兄弟たちを絶滅させた大変動を生き延びた少数の幸運な恐竜の子孫なのだ。ヒトは哺乳類で、大半の恐竜が死滅した後におそるおそる出現した、臆病で小柄なトガリネズミのような生き物の子孫だ。哺乳類の仲間がどんどん大型化するなか、同じ自然淘汰のメカニズムによって鳥類は小型化していった。ヒトが直立して2本の脚で歩こうとする一方で、鳥類は身軽さと飛行能力をきわめていった。ヒトの脳のニューロンが複雑な行動を可能にするために大脳皮質の層構造を形成する一方で、鳥類は哺乳類とは異なるが、少なくともいくつかの点において同等に高度な神経構造を形成した。私たちと同じように、鳥もまた外的世界の仕組みを理解しようとしていて、その間にも進化は微調整を重ねて鳥の脳を形づくり、彼らが現在持っているすばらしい能力を脳に与えた。

鳥と人間の認知能力

鳥は学習する。新しい問題を解決し、古い問題の新しい解決法を生み出す。道具をつくって使用する。数をかぞえる。互いの行動を真似る。物をどこに置いたかを覚えている。

心的能力が人間の複雑な思考に追いつかない場合や匹敵しない場合でも、鳥にはそれを生み出すための素質があることが多い。たとえば、人間が持つ認知能力の一つである洞察は、試行錯誤による学習を経ることなく突然生まれる完璧な解決法だ。これが起きるには問題のシミュレーション、解決法が一瞬で頭に浮かぶ一種の「アハ体験」が必要になる。鳥に洞察能力があるか否かはまだわかっていないが、鳥類の中には実際の因果関係を理解する（洞察の一部をなす）ように思われる種がいる。「心の理論」についてもしかりだ。「心の理論」とは、他者がなにを知っていたり考えていたりするかにかんする繊細な理解だ。鳥にこの完全な能力があるか否かについては疑問の余地があるものの、一部の種は相手の視点からものを見たり、相手がなにを必要としているかを理解したりできるらしい。これは「心の理論」に不可欠な資質と言える。こうした素質あるいは段階を認知の指標と見なし、推論や計画立案、共感、洞察、メタ認知（自分の思考プロセスにかかわる認識）など、人間の高度で複雑な認知能力の前駆体と考える科学者もいる。

鳥は「天才」？

もちろん、これはみな人間から見た知能の尺度だ。私たちはどうしてもほかの動物の脳を人間中心に考えてしまう。しかし鳥にも人間の知力のおよばない世界があり、それをただ本能や生得の能力で片づけることはできない。

鳥は遠くから近づいてくる嵐をどのような知能によって知るのだろう？　何千キロも離れた、行ったこともない場所へのコースをどう見つけるのか？　ほかの動物の複雑な鳴き声をいかにして正確に真似るのだろう？　約１００～１０００平方キロ近くの土地に数千粒の種を隠しておき、どのようにして半年先までその場所を覚えているのだろう（鳥が私たちの知能検査に合格しないように、私もこの種の知能検査には見事に不合格になるだろう）？

思うに、「天才（genius）」という言葉がふさわしいのではないだろうか。この言葉は「遺伝子（gene）」と語根を同じくし、「生まれたときから守り神としてついている精霊、生得の能力、天性」を指す。やがて「genius」は天与の才を意味するようになり、さらに（１７１１年にジョゼフ・アディソンが書いたエッセイ『天才』のおかげで）生得か否かを問わず類いまれな才能を指すようになった。

より最近になると、「genius」は「誰もうまくできないことを見事にやり遂げること」と定義されるようになった。それは同種または別種の他者と比べてひときわ優れた心的能力だ。ハトは人間をはるかにしのぐナビゲーション能力に恵まれている。マネシツグミやツグミモドキは、ほかのたいていの鳴禽より数百多いさえずりを習得して記憶することができる。アメリカカケスやホシガラスには物をどこに置いたかを覚えているすばらしい記憶力がある。これに比べれば人間の記憶力など哀れなものだ。

知恵が生む新たな行動

本書では、「天才」を自分の行動の真意を認識する能力と定義しよう。それは周囲の環境の「意味を理解し」、物事の道理を知り、自分に与えられた問題の解決法を生み出す能力だ。言い換えれば、それは環境や社会が与える難問に明敏かつ柔軟に対処する知恵であり、多くの鳥は豊かな知恵に恵まれている。この知恵は創造的な行動あるいは新しい行動に結びつくことも多い。たとえば、新しい餌を見つけたり、その餌をどうやって入手するかを学んだりする。

よく知られるのが、ずいぶん前にイギリスで観察されたカラ類の行動だった。シジュウカラやアオガラが、早朝に家々の玄関に届く牛乳瓶の厚紙でできた蓋を開けて、上のほうのおいしいクリームを食べることを覚えた（鳥は牛乳にふくまれる炭水化物は消化できないが、脂質は消化することができる）。カラ類がこの技を身につけたのは１９２１年、スウェイスリングという町でのことだった。１９４９年までには、イングランド、ウェールズ、アイルランド中の何百という町でこの行動が見かけられるようになった。１羽の鳥が別の鳥の技を模倣することで広まったのは明らかだ。社会的学習の見事な一例と言えるだろう。

収斂進化――人間と鳥の似通った脳

「鳥頭」という蔑称がついに反撃に出た。私たちに近い霊長類と鳥類の区別（道具づくり、文化、推論能力、過去を記憶して未来について考える、相手の視点からものを見る、相互に学び合う）が一つ、また一つと消えていく。私たちが伝家の宝刀のように思っていた知性の証拠の多くが、程度の差こそあれ、まったく別の道筋をたどって鳥類で進化し、ヒトの進化に肩を並べるほど優れた成果を挙げた。

どうしてこんなことが可能なのか？　進化の上で3億年もの昔に分岐した生物が、なぜ似通った認知戦略、スキル、能力を持つのだろう？

まず、ヒトは自分たちが思う以上に生物としての特徴を鳥と共有している。自然はブリコラージュの巨匠で、便利な生物学的特徴は捨てずに取っておき、それに手を加えて新しい目的のために利用する。ヒトをほかの生物と区別する特徴の多くは、新たな遺伝子や細胞の進化というより、既存の遺伝子や細胞のささいな修正によって生まれたのだ。こうして生物は多くの生物学的特徴を共有するので、他種の生物をモデルにヒトの脳や行動を理解することが可能になる。たとえば、大きなウミウシ（アメフラシ）の学習、ゼブラダニオの不安、ボーダーコリーの強迫神経症を観察すれば、ヒトの理解につながるのだ。

次に、ヒトは自然の脅威に対する対処法を鳥と共有するが、両者は大きく異なった進化の道筋をたどって似通った対処法に行き着いた。これは「収斂《しゅうれん》進化」と呼ばれる現象で、自然界はこうした例に満ちている。鳥、コウモリ、翼竜として知られる爬虫類の翼が持つ似通ったかたちは、飛行にまつわる諸問題を解決した結果だ。水中のプランクトンなどを体内の濾過器を使って食べるために、ヒゲクジラやフラミンゴなど系統樹の上では互いに遠く離れている生物どうしでも、行動、体の形態（大きい舌や毛状組織）、摂食時の体位などに著しい類似性が見られる場合がある。進化生物学者のジョン・エンドラーが指摘するように、「まったく類縁性のない生物群どうしのあいだに、形態、外見、解剖学的構造、行動、そのほかの面で収斂が見られる例が多数ある。ならば、認知で同じことがあってもおかしくないではないか？」。

ヒトと鳥類の一部が体の大きさに比して大きい脳を進化させたのは、ほぼ収斂進化といって差し支えないだろう。このことは、睡眠中の脳活動が同じパターンを示すことにもあてはまる。さらに、歌（さえずり）と言語学習のための脳回路と過程についても同じことが言える。ダーウィンは鳥のさえずりを「言語にいちばん近い」と述べた。彼は正しい。両者の類似性は気味が悪いほどだ。ヒトと鳥類の進化上の距離を考えるなら、その感はさらに増す。さきごろ、80ヵ所の研究室に属する総勢２００人の科学者が、48種の鳥のゲノムをシーケンシング（塩基配列解析）して類似性を指摘した。彼らが２０１４年に発表した結果によれば、ヒトが言葉を覚えるときと鳥がさえずりを習得するときの遺伝子の活動に驚異的な類似性が見られた。このことは、鳥とヒトが学習にかかわる遺伝子発現のコアパターンを共有していて、両者が収斂進化によってこのコアパターンにたどり着いたことを示唆している。

こうした理由から、鳥はすばらしいモデル動物になりつつある。私たちの脳はどのように学習し記憶するか、どのように言語を創造するか、問題解決能力の基盤となる心的過程はなにか、空間や社会グループ内でどう自分を位置づけるかを理解するモデルになってくれるのだ。社会行動を制御する鳥の脳内回路は私たちのそれと似通っていて、どちらも同じような遺伝子や化学物質によって機能している。つまり、鳥の社会的特性を神経科学的に調べれば、私たちについて学ぶことができるのだ。同じように、鳥がさえずりを学ぶときに脳内でなにが起きているかを突き止めれば、私たちがどう言語を学習するか、成長するにつれて新しい言語を習得するのが難しくなるのはなぜか、そもそも言語はどのように進化したのかさえ知ることができるかもしれない。大幅に異なる2種の動物が睡眠中に同じ脳活動パターンを見せる理由を探り出すことができれば、自然の大きな謎の一つである睡眠の目的に迫ることもできるだろう。

旅のしおり

本書は、鳥に繁栄をもたらしたのはどのような天与の才だったのか、これらの才がどのようにして生まれたのかを解明しようとするものだ。これは一種の旅であり、遠くはバルバドスやボルネオの草原、近くはわが家の裏庭を訪れよう（鳥の知能を知るのに異国に行ったり、異種を見たりする必要はない。それはあなたのまわりのどこでも、あなたの鳥の餌台、地元の公園、郊外の空でも見られる）。本書はまた鳥の脳に分け入り、鳥や私たちの思考を可能にする細胞や分子を知る旅でもある。

各章は、特別な能力やスキル（技術的、社会的、音楽的、芸術的、空間的、発明的、適応的なもの）を有する鳥の物語になっている。異国情緒たっぷりの鳥もいれば、ふだんよく見かける鳥もいる。読み進むうちにたくさんの賢いカラスやオウムの仲間が登場するが、スズメやフィンチ、ハト、コガラにも出合うだろう。私は鳥の世界の凡人にもアインシュタインにも会いたい。また別の種の話をするときもあるが、それは単純な理由からだ。それらの種が鳥の脳内で起きていることに関連した問題に光をあてて、私たちの脳内でなにが起きているかについても教えてくれるからだ。本書に登場する鳥はみな、知能とはなにかという問いに対する私たちの思いこみをなくしてくれる。

最終章では、数種の鳥が見せる適応力に注目する。この能力があるのは比較的少数の鳥だ。環境変化（とりわけ人間が引き起こしたもの）は多くの鳥の暮らしを台無しにし、鳥たちの豊かな知識を混乱に陥れた。全米オーデュボン協会が最近出した報告によれば、ホイッパーウィルヨタカ、オジロハイイロトビ、ハシグロオオハム、ハシビロガモ、フエチドリ、アオライチョウなど北アメリカ産の鳥類の半分がこれから50年ほどで絶滅すると考えられていて、その理由は人間がこの地球におよぼした急速な変化についていけないからだという。どの鳥が生き延びるのだろう？　そしてなぜ？　人類の存在は特定の種の鳥やその知能に、どのような進化圧をかけているのだろうか？

本書に登場する英雄たち

科学者は、これらの謎をさまざまな角度から眺めようとしている。鳥の脳をむき出しにしておいてから、人間の顔を見たときに鳥の神経回路になにが起きるかを最新技術によって調べたり、鳴禽が歌を習うときの個々の脳細胞の活動をチェックしたり、社会的な鳥とそうでない鳥の神経伝達物質を比較したりしている科学者がいるかと思えば、鳥のゲノムの塩基配列解析をおこなって、学習のような複雑な行動にかかわる遺伝子を特定しようとしている科学者もいる。渡り鳥の背中に測位装置を装着して、これらの鳥の渡りとマッピング能力を調べようとしている科学者もいる。彼らは観察し、標識をつけ、測定し、うまずたゆまず調べ上げ、高度な実験を注意深く準備する。それでも鳥たちが用心深すぎたり短気すぎたりして実験が結局は失敗し、はじめからやり直さなくてはならない場合もある。要するに、科学者は鳥の脳と行動を一風変わった困難な状況で調べている。ほとんど英雄的と言ってもいいほどだ。

しかし本書では、鳥たちがこの物語の英雄だ。この本を読み終えるまでに、あなたがコガラ、カラス、マネシツグミ、スズメをこれまでと少しちがった目で見るようになっていればうれしい。これらの鳥はほがらかな旅の道連れのようなもので、人を楽しませ、創意に富み、抜け目がなく、遊び心満載で、利口ときている。独特の「なまり」で互いに鳴き交わし、なんの予備知識もなく複雑なナビゲーションをやってのけ、なにかを埋めた場所を陸標や地形を頼りに覚え、金を盗み、食べ物を失敬し、他者の考えを理解する。
優秀な脳をつくる方法が一つでないのは明らかだ。

第1章 鳥のIQ

カレドニアガラス——世界一賢い鳥

森はひんやりして暗く、頭上の樹冠でときどき鳥が鳴く以外は静寂そのものだった。あたりはエメラルド色、淡いグリーン、うぐいす色、濃い玉虫色をまき散らしたかのようだ。ここはオーストラリアとフィジーのほぼ中間の南太平洋上に浮かぶ小さな島ニューカレドニア、その山中にある典型的な熱帯雨林。「巨大シダ公園（Le Parc des Grandes Fougères）」という名称は、ここに生える巨大なシダにちなむ。シダはビル7階分の高さまで茂り、原始林のようだ。私が歩いている道はしばらく上り坂になり、やがて川に向かって下っていった。鳥たちが鳴き交わす声がいちだんと大きくなった。

私が島にやって来たのは、世界一賢い鳥と言われるカレドニアガラス（*Corvus moneduloides*）に会うためだった。このカラスは、どこにでもいるが並外れた知能を持つとされるカラス科の鳥だ。カレドニアガラスを有名にしたのはベティだった。十数年前、カレドニアガラスのベティがいとも簡単に針金をフック状に曲げて、クチバシが届かない餌を取った。より最近では、201

写真　カレドニアガラス（提供：Elsa Loissel）

4年に英国BBC放送が、8段階の難しいパズルをすばやく解決する「007」という賢いカレドニアガラスの姿を放映し、このカラスはさらに有名になった。

パズルをつくったのは、ニュージーランドのオークランド大学で上級講師をしているアレックス・テイラーだった。パズルは8段階から成り、それぞれの段階にはさまざまな特殊な部屋、そして棒と石の「ツールボックス」があり、すべてが大きなテーブルの上に置かれていた。007はパズルの各段階を別々に見たことはあったが、この特定の順序で見たことはなかった。最後の部屋にある餌の肉片を取るには、パズルの段階を正しい順序で解かなければならない。

ビデオを見ると、007の名に恥じぬハンサムな黒いカラスが画面に入ってくる。止まり木にとまって、しばらく様子を見ている。やがてひもで棒がぶら下げられた枝に飛び上がる。これがパズルの最初の段階だ。ひもを何度か引っ張って棒をクチバシでくわえる。止まり木から下りて餌のある部屋に行き、深い水平な穴に棒を差しこんで餌を取ろうとする。だが棒が短すぎた。そこで今度は、その棒を使って3つの部屋に1個ずつ置かれている石を取る。石を取るたびに、シーソーの上に長い棒が載っている部屋の上にある穴にその石を入れる。石が3つ入ると、シーソーが傾いて長い棒が出てくる。007は長い棒をくわえて餌のある部屋に戻り、肉片を取り出す。

それは驚くべき作業で、完了に2分半かかる。この8段階パズルが優れているのは、餌を直接取るために道具を使うのではなく、餌を取るのに必要な別の道具を手に入れるために道具が使える、と理解しなければ解けない点にある。餌ではなく別の道具を取るのに道具を使う行為は「道具のメタ使用」として知られる。それまで、この行為は人類と大型類人猿でしか観察されたことがなかった。「このことは、カラスに道具の使い道にかんする抽象的な理解があることを示唆します」とテイラーは述べる。さらにこのパズルは作業記憶を必要とする。作業記憶とは、問題を解決する数秒ほどの短時間にわたって事実や思考を記憶する能力だ。この能力があるおかげで、私たちは書棚を探すあいだ目的の本の書名を覚えていられるし、電話番号を書き留める紙片を取り出すあいだその番号を覚えておくことができる。それは知能に不可欠な能力であり、カラスはこの能力がずば抜けているらしい。

鳥の知能は測定できるか?

川のどこかから、1羽か互いに鳴き交わす2羽のカレドニアガラスの「ワー、ワー(wak, wak)」という声が聞こえた。アメリカガラスの「カー、カー(caw, caw)」に似ていなくもないが、音の順番が逆だ。鳥との出合いはたいてい声だけだ。遠くから聞こえる低く悲しげな声「クー、クー、クー」は、カマバネキヌバトだろうか。この鳥は異国情緒豊かな道化者で、翼と尾に白と緑の縞模様がある。だがここの樹冠はあまりに厚く、鳥の姿はまったく見えない。

太陽光が雲にさえぎられて森が暗くなった。突然、下生えの中から「シュー」という奇妙な音がする。空き地に目を凝らした。音が近づいてくる。やがて暗い緑の陰からぼんやりした輪郭の大きな鳥が、大地から解き放たれた精霊のように私のほうに走ってくる。まるで鳥と幽霊を合わせたようだ。サギに似ていて、ひざほどの高さがある。バタンインコのような羽冠があるが、しぶい灰色だ。飛べないカグー(*Rhynochetos jubatus*)だった。この科にはこの鳥一種しかいないという、地球上でもっとも珍しい数百種の鳥の一つだ。

並外れて賢い鳥を探しにこの地へやって来たのだが、もっとも珍しい鳥に出くわしたようだ。この鳥は……なんと言うか……クレヨンの色をほぼ総動員したような色合いだ。カグーは絶滅の危機に瀕していて、個体数は数百と言われている。無理もない。捕食者かもしれない人間に向かって走ってくるのだから。

写真　カグー（提供：Elsa Loissel）

ある意味、カグーはカラスと正反対の存在かもしれない。知能のスペクトル上で利口でないほうの一端にいる。なぜこの生き物が頭のよいカラスと系統発生論的に同じ部類に入るのだろう？　どちらの鳥も同じ離島に棲んではいる。カレドニアガラスは進化上の例外で、羽毛に包まれたほかの仲間たちから飛び抜けて進化した、超知能を有する変わり種なのだろうか？　いや、ただ鳥の天才のスペクトルの最上端にいるだけなのか？　それにしても、カグーはほんとうにドードーほど間抜けなのだろうか？

すべての鳥が、あらゆる点において同等に賢かったり有能だったりするわけでないのは明らかだ。少なくとも、現在わかっている範囲ではそうだ。たとえばハトは、いくつかの問題を解くのに一般的な法則を導き出さなくてはならないような作業を苦手とする。これはカラスがもっとも得意とするところだ。だが平凡なハトもほかの点においては優れている。何百という異なる物を長期にわたって覚えていられるし、異なる絵画のスタイルを識別し、見知った場所から数百キロも離れた地点でも飛ぶべき方向を知っている。チドリやシギ（ミユビシギなど）の仲間には「洞察学習」の証拠が見られない。洞察学習とは、カレドニアガラスのような鳥が道具を使ったり、人間がつくった装置を操作して褒美に餌をもらったりするときの物事の関係性の理解を指す。しかしチドリの一種であるフエチドリは芝居染みた行動の大家で、「翼が傷ついたふり」をして捕食者の目を浅くて丸見えの巣から遠くへそらす。

ある種の鳥が別種の鳥より賢いと、なにを根拠に判断すべきなのだろう？ 鳥の知能をどう測定すればいいのだろうか？

費用便益分析

これらの問いの答えを知るため、私はニューカレドニアから見て地球の反対側のカリブ海に浮かぶバルバドス島を訪れた。この島で、ルイ・ルフェーブルが10年以上前に鳥のＩＱ（知能指数）スケールを世界ではじめてつくった。

マギル大学の生物学者で比較心理学者のルフェーブルは、鳥の心の性質とその数量化にキャリアを捧げてきた。数年前のある冬、私は彼と鳥たちを訪ねてベレアーズ・リサーチ・インスティテュートに行ったことがある。バルバドス西岸のホールタウン近くにある４棟の建物だ。この研究所は、１９５４年に英国海軍将校で政治家のカーライオン・ベレアーズ中佐が海洋研究所としてマギル大学に遺贈した。こんにち、この研究所を使う研究者はルフェーブルと彼のチーム以外にはほとんどいない。それは２月のことでバルバドスは乾期の真っ最中だったが、モンスーンのような大雨が頻繁に降った。おかげで研究所の構内は水浸しになり、ルフェーブルが研究期間中暮らした、カリブ海をのぞむ居住棟シーボーンのテラスのへこみや穴に水たまりができた。

白髪交じりの頭をしたにこやかなルフェーブルは60代で、進化生物学者のリチャード・ドーキンスに師事した。彼が最初に取り組んだのは、動物の「プログラムされた」生得的行動である「毛づくろい」だった。現在の彼は、バルバドスに棲む少数の鳥たちのより複雑な行動を理解しようとしている。彼らの思考、学習、イノベーションに迫りたいと考えている。

ニューカレドニアとちがって、バルバドスは長い生物リストをつくるような場所ではない。大半の熱帯地域で見られる豊かな多様性を考えれば、この島は落胆の種でしかない。まぎれもなく「貧弱な鳥相」に特徴づけられていて、わずか30の在来種と7つの外来種しかいない。これには島の地形が関係している。小アンティル諸島の山脈の東に若いサンゴの石灰岩が堆積してできた小さくて低いバルバドス島は、雨林が広がるには平坦すぎるし、川や沼ができるには多孔質すぎた。さらに、ここ数世紀で、島の天然の草地、森林、低木地にサトウキビが植えられた。現在のバルバドスでは、観光客を呼びこむための町や施設の開発が進んでいる。ホテルとビーチのあいだを往復するカラフルなバスの開けられた窓からはカリプソが流れてくる。ここで繁殖するのは人がいたら逃げていく鳥ではなく、人を恐れない少数の種の鳥だろう。カグーのような珍鳥を見つけたい野鳥観察者にとって、バルバドスは荒地も同然だ。しかし、鳥が驚くほど賢い行動をするのを見たいなら、ここは天国と言える。

写真　コクロムクドリモドキ（提供：Louis Lefebvre）

ルフェーブルは「ここの鳥たちはおとなしいので実験をするのが楽です」と語る。たとえば、彼のアパートの正面にある広い石造りのテラスは、一種の簡易実験室だ。バルバドス産のハトの一種シマハジロバトや、コクロムクドリモドキはなにかが始まるまでただじっと待っている。コクロムクドリモドキ（*Quiscalus lugubris*〔陰気なムクドリモドキ〕という学名はまさにこの鳥にぴったりだ）は、つやのある黒い体と淡黄色の目をしている。北アメリカ産のキタオナガクロムクドリモドキより小型でこぢんまりしている。ルフェーブルによれば、鳥たちは彼が「餌のペレットと水をくれる人」だと知っていて、待ちくたびれた牧師のように、彼がいつ現れるかとテラスを行き来しているという。彼が鍋の水をテラスにあけて小さな水たまりをつくり、乾いた場所に固いドッグフードのペレットを少しばらまく。するとコクロムクドリモドキがクチバシでペレットをくわえ、水たまりに歩いていく。もったいぶった様子で慎重にペレットを水に浸して飛び去り、あとで軟らかくなったペレットを食べにくる。

野生下では、25種以上の鳥がなんらかの目的で餌を水に浸す。汚れや毒を洗い落としたり、固いか乾燥した餌を軟らかくしたり、飲みこみにくい獲物の毛皮や羽を滑らかにしたりする（ミナミガラスは死んだスズメを水に浸すことで知られる）。「それは原始的な道具使用で、一種の食品処理です」とルフェーブルが説明してくれた。水に浸すとペレットが食べやすくなる。「一度、ペレットを最初から水に浸けたことがあったのですが、そうすると鳥たちはペレットを水に浸けるのを止めました。水たまりまで歩いてはいくのですが、ペレットを水には浸けません。つまり、鳥たちは自分がなにをしているかを理解しているのです」

コクロムクドリモドキはめったに餌を水に浸さないが、それは危険をともなうからだ。「私たちの研究では、この鳥も餌を水に浸すことを知っていますが、状況が許すときにしかそうしません」とルフェーブルは言う。「餌の質、社会状況、競合する鳥や盗もうとする鳥の有無などによって変わるのです」。餌を処理する時間が長引くと、ほかのコクロムクドリモドキに盗まれる恐れが高くなる。せっかくの餌をかすめ取られたり、盗まれたりするのだ。「水に浸す行為のおもなコストと言えば盗みです」とルフェーブル。最大で15％の餌が仲間に盗まれるという。「費用便益分析という考え方がありますが、鳥には自分の行動が実行に値するか否かを判断する能力があるのです」。どう見ても、これは賢い行動にしか思えない。

反擬人化

動物学者は「知能（intelligence）」という言葉を避けがちだが、ルフェーブルによれば、それはこの言葉が人間を暗示するからだという。著書『動物誌』でアリストテレスは、動物には「人間の特質や態度」の要素が見受けられると書いた。それらの要素は、「荒々しさ、柔和さ、穏健さ、勇気や臆病さ、恐怖や自信、威勢の良さやずる賢さ、そして知能にかんして言えば聡明さに近いもの」だという。しかし最近では、動物学者は人間の知能、意識、主観に似通ったものをすべて持ち合わせているかのように鳥を扱う。そこで擬人化のそしりを受ける。鳥の行動を人間に羽が生えただけのように解釈している、と非難されるのだ。自分の経験をほかの動物に投影するのは人間としては自然なことでも、それは私たちの判断を誤らせかねない。いや、誤らせる。ヒトと同様、鳥類は動物界、脊索動物門、脊椎動物亜門に属する。だが系統が共通するのはここまでだ。鳥類は鳥綱、私たちは哺乳綱だ。そして、この枝分かれで大きな生物学的差異が生じた。

とはいえ、鳥と人間の脳が根本的に異なるからといって、両者の心に共通性がないと考えるのはまちがっていないだろうか。私たちは自分たちをホモ・サピエンス（賢い人）と呼んでほかの動物と一線を画す。しかし著書『人間の由来』でチャールズ・ダーウィンは、「人間と動物の心のちがいは質ではなく程度の問題だ」と述べた。ダーウィンにとって、ミミズでさえ「早起きした鳥」に食われないようにマツの葉などの植物材料を巣穴に詰めるために必要な「一定の知力を有する」のだ。とかく私たちは動物の行動を人間の物差しで測る傾向にあるが、両者の相似性を否認する傾向はさらに強そうだ。それは霊長類学者フランス・ドゥ・ヴァールが「反擬人化

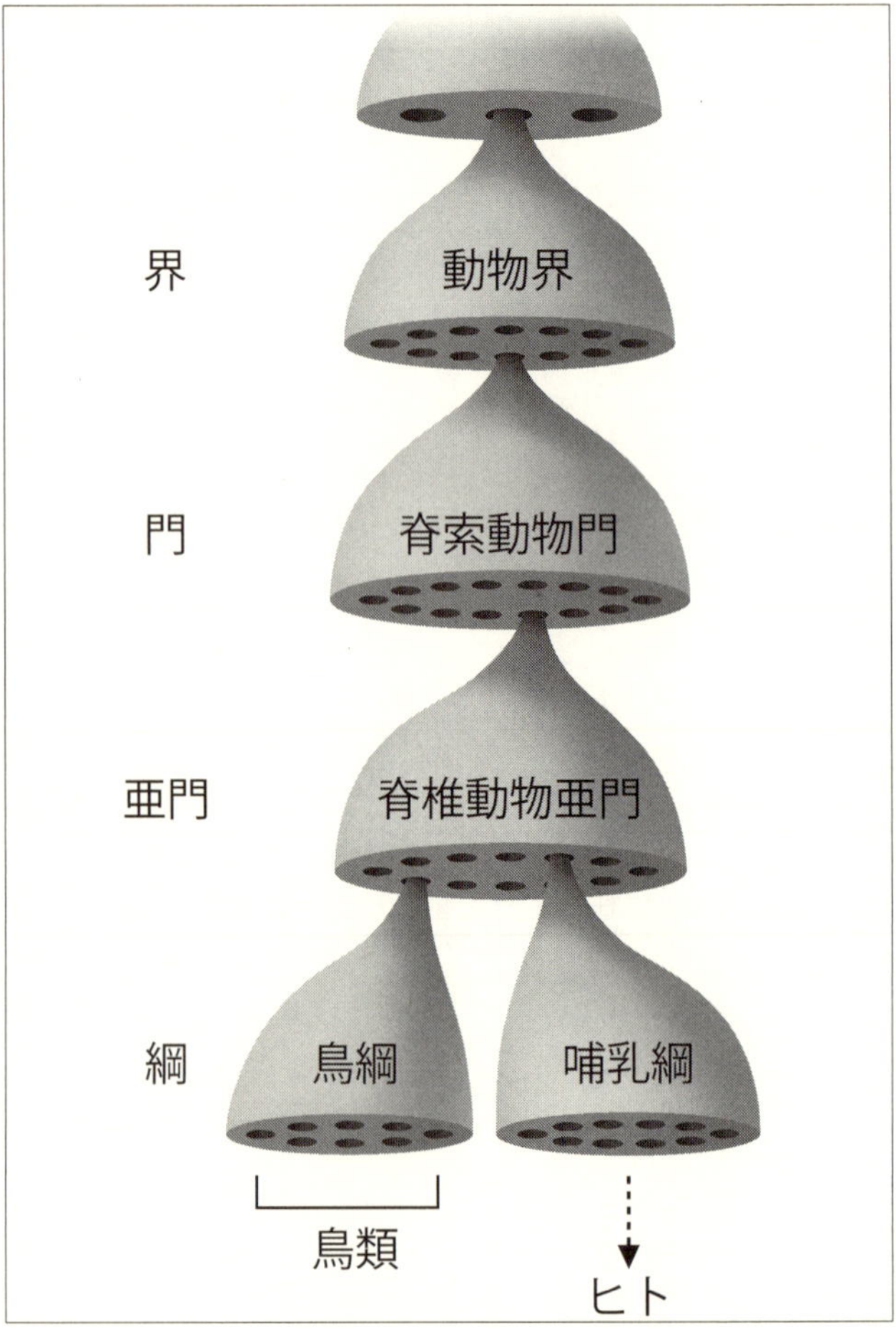

図　鳥類とヒト（哺乳類）の分類階級

(anthropodenial)」と呼ぶもので、ほかの種が持つ人間らしい性質に対する無知なのだ。ドゥ・ヴァールはこう言う。「反擬人化を標榜する人は、人間をほかの動物と隔てるレンガの壁をつくろうとする」

目的ごとの認知能力と一般的認知能力

いずれにしても、「言葉を注意深く選ぶ必要があります」とルフェーブルは述べる。彼は最近発表された2篇の論文を引き合いに出す。一方がネズミの共感、他方が鳥のメンタルタイムトラベルにかんするものだが、どちらも驚きと疑問をもって受け止められた。「私はこれらの実験を疑問視しているわけではありません。これらの実験はよく考えられていますし、擬人化もありません。ただ、目の前で起きていることを記述する言葉に誇張がありはしまいか、と感じます」

ルフェーブル同様、たいていの科学者は知能より認知を好む。一般に、認知とは動物が情報を獲得し、処理し、保存し、使用するメカニズムと定義される。多くの場合、それは学習、記憶、知覚、意思決定にかかわるメカニズムを指す。認知にはいわゆる高次と低次の機能がある。たとえば、洞察、推論、計画立案は高次の認知機能であり、注意と動機は低次の認知機能と考えられている。

鳥の心の中で認知がどのような形態を取るのかについて、専門家の見解はさらに異なる。一部の科学者は、鳥には明確な認知の類型があると考える。これらの類型は空間、社会、技術、音声にかかわり、かならずしも相互に連携していない。つまり、鳥は空間にかんして秀でていても、社会的な問題の解決には長けていないかもしれない。この考えによれば、脳は異なる機能に特化したプロセッサ、すなわち「モジュール」の集合体であり、それぞれのモジュールは特定の目的に適応し処理する個別の領域から成る。たとえば、さえずりを習うための回路、そして空間を移動するための回路がある。各モジュール内の情報は基本的にはほかのモジュールと「共有されない」。これに対してルフェーブルは、一般認知を主張する。それは分散して分布する万能プロセッサで、さまざまな場面で問題解決にあたる。認知の一項目で高得点を得る鳥は、ほかの項目でもやはり高得点を得るという。「問題の解決にあたっているとき、動物の脳内の異なる領域が相互にネットワークを形成しているようです」と彼は言う。

ルフェーブルによると、モジュラー説を支持する科学者は彼の考えに近づきはじめているという。鳥の一部が異なる問題の解決に一般的な認知メカニズムを使っているらしいことを示す証拠が、研究によって得られつつあるからだ。たとえば、一部の鳥では、社会的知性が高ければ空間記憶やエピソード記憶の能力（なにがいつどこで起きたかを記憶する能力）も高い、と彼は述べる。

人間の知能についても同様の議論がなされている。心理学者や神経科学者の多くは、人間には異なる種類の知能があると考えている。ほんの一部を挙げるなら、情動、分析、空間、創造、実利にかかわる知能がある。しかし、これらの異なる種類の知能が独立しているか関連しているかについては、まだ結論が出ていない。ハーヴァード大学の心理学者ハワード・ガードナーによる「多重知能論」では、8種の異なる知能があって、これらは相互に独立している。8種の知能は、身体、言語、音楽、数学・論理、博物学（自然に対する感性）、空間（固定点を基準とした自分の位置の認識）、対人関係（他者を知り、うまくやっていく）、内省（自身の情動や思考の理解と制御）にかかわるとされる。このリストを見ると、鳥の世界にも共通しているようで興味深い。ハチドリのアクロバットのような体の使い方、アカオマユミソサザイのすばらしいデュエットの技、ハトの帰巣能力を考えてみてほしい。

人間には、あらゆる場面ではたらく「g因子」という一般的な能力がある、と提唱する科学者もいる。数年前にこの説の検証に取り組んだ52名の研究者は、こう述べる。「知能とはきわめて一般的な能力であり、なかでも推論し、計画を立案し、問題を解決し、抽象的に思考し、複雑なアイデアを理解し、すばやく学び、経験から学ぶ能力をふくむ」

対照的な姉妹種——バルバドスアカウソとニショクコメワリ

鳥の知能を定義するのは難しいが、その測定はさらに難しいだろう。ルフェーブルの言葉を借りれば、「鳥の認知を測定するテストの開発はまだ端緒についたばかりです」という。鳥を対象とした標準的な知能検査というものは存在しないのだ。科学者は認知能力を探るパズルを考え出して、種間と種内の個体間で成績の比較を試みている最中だ。

ルフェーブルの最近の研究では、バルバドスのありふれた茶色の小鳥が重要な役割を果たす。私が青い海を見下ろすアパートの裏側にあるポーチにすわってメモを書いていると、これらの茶色の小鳥が近くのオーストラリア原産のモクマオウやマホガニーの枝から枝へと飛び回る。ときおりテラスの手すりにちょこんと飛び降りる。私は手を伸ばせば届きそうな一羽を見つめる。小鳥はチョンチョンと跳んで、小首をかしげて私を見返す。

「なぜじっと見てるの?」と聞いているようだ。

「なぜって、あなたはこの界隈ではじょうずに物を盗んでいくことで有名じゃない。それに餌にありつける新しい場所も見つけたし」

バルバドスアカウソ(*Loxigilla barbadensis*)。「これらのアカウソはバルバドスのイエスズメです」とルフェーブルが言う。以前は、デング熱を防ぐためにアパート全体が網で覆われていたが、アカウソは海に向かって開けられていた彼の部屋の窓や扉から中に入り、キッチンカウンターの上においてあるバナナをもらって帰ったり、パンやケーキの大きな塊を盗んでいったりした。しかしこの鳥を有名にしたのは、カリブ海沿いに並ぶ野外レストランという新しい餌の宝庫を発掘したことだ。あとでルフェーブルが、鳥が餌を手に入れる特別な方法を見せてくれた。

ホールタウンの海岸沿いにあるクラブのあいだを縫う小道に、海に面したヴェニス風の邸宅を囲む石造りの壁があった。ルフェーブルが岩の上に小さな袋入りの砂糖を1個置き、そこから壁に沿ってさらに4個並べた。アカウソがその宝を見つけるのに数秒とかからなかった。まず壁に

写真　バルバドスアカウソ（提供：Louis Lefebvre）

降りて、白い四角い紙の袋を点検し、ひっくり返す。どうやら穴があるか調べたようだ。次に近くの枝にそれを持っていく。30秒もすると、紙に穴をあけて砂糖を食べている。子どもの口のまわりに牛乳の跡が残るように、アカウソのクチバシには白い砂糖の結晶がついている。それはこの鳥特有の能力で、この島にいる他の数種の小鳥にこの能力はない。アカウソは自分がなにをしているかを理解している。大胆で、厚かましく、新しく発見した餌にすばやくありつく。

アカウソが棲むこの島で、ルフェーブルは、頭のよい鳥はイノベーションするというアイデアにもとづいて「知能のスケール」を考え出した。牛乳からクリームだけ食べたカラやアカウソのように、鳥は新しい行動をする。脳の小さな鳥は行動が決まりきっていて、めったにそのパターンから逸脱せず、探検や新しい行動をしない。

写真　ニショクコメワリ（提供：Louis Lefebvre）

偶然だが、バルバドスアカウソには少々できの悪いドッペルゲンガーがいた。近縁種のニショクコメワリ（*Tiaris bicolor*）で、この鳥が興味深い比較対象になってくれる。2種の鳥は、ただ一点をのぞいてそっくりだ。知能のスペクトル上では、アカウソは学習が速いのに対して、姉妹種のほうはのみこみが悪く慎重だ。このありふれた2種の鳥の相違点を頼りに、ルフェーブルは鳥の心をのぞきこんだ。

「この2種の鳥は祖先を同じくする、遺伝学的にはほとんど双子のような存在で、分岐したのはおそらく２００万年前ごろです」とルフェーブルは語る。「どちらも同じ環境で暮らしています。いずれも縄張り意識があり、同じような社会体制を共有します」。唯一のちがいと言えば、アカウソが賢く大胆で機を見るに敏である一方で、ニショクコメワリは用心深く慎重でなんでも怖がることだ。

アカウソの進化は示唆に富む。バルバドスにやって来たとき、この種はもっと華やかなコクロアカウソから分岐した。コクロアカウソは体色に性的二形性が認められる。メスがただの茶色であるのに対して、オスは美しい黒の羽毛と明るい赤の喉を持つ。ところがバルバドスに来ると、この鳥は単形性となり、雌雄ともに地味な茶色になった。

「この進化の方向転換は、鳥が羽毛を赤や黄色に彩るためのカロチノイドをふくむ餌がバルバドスになかったため、と言うことができるかもしれません」とルフェーブルは語る。「しかし、鳥が赤い羽毛を持つのにカロチノイドは必要ないことがわかりました。メスが羽毛以外のなにかを選んだ可能性があります。おそらく、砂糖の小袋のような新しい餌を見つけられるオスを選んだということなのでしょう」。つまり、バルバドスアカウソのメスは頭のよいオスを好むということなのかもしれない。

「私の知るかぎり、これほど似通った2種でありながら、機を逃さず餌を獲得する戦略においてこれほど異なる鳥はいません」とルフェーブルは言う。彼は小さなフォークストーン・マリーン・パークにある森と草原で簡易実験をして、2種のちがいを実際に見せてくれた。

数羽のニショクコメワリが30メートルほどのところで種子を探して草をつついていた。そのほか数種の鳥が少し離れた木々にいる。ルフェーブルが一握りの粒餌をまいて、草地に身をひそめた。最初に餌に気づいたのはコクロムクドリモドキだった。30秒とたたないうちに声を上げながら集まってきた。この騒ぎにハトが寄ってきて、さらにコクロムクドリモドキが集まり、アカウソの群れもいくつかやって来た。ニショクコメワリは素知らぬふりだった。ただ顔を下に向けて、目の前の狭い草地に集中している。ルフェーブルは声を落として、イギリス英語のアクセントで言った。「完璧な結果ですね。まるでヤラセのようです。デイヴィッド・アッテンボローが翼にでも隠れているのでしょう」。そしてこの有名なナチュラリストの声色を真似た。「この鳥は驚くようなことを……」

いきなり立ち上がると、彼はニショクコメワリを指差した。「あの鳥にはせっかくの機会を無駄にしないという考えがなく、種子にもそれを食べている鳥にも心が動かないのです。これまでとちがう餌がないかと探してはいないようです」

15年間というもの、ルフェーブルはニショクコメワリに注目したことがなかった。この鳥があまりにも……そう……退屈だったからだ。しかし、いまとなってはその遺伝学上の近さゆえに、アカウソとの比較実験にこれ以上の選択肢はなかった。

認知実験の結果——高次の認知か？　低次の認知か？

「ニショクコメワリはなぜこういう鳥なのでしょうね？」とルフェーブルは不思議がる。「アカウソと共通の遺伝子型を持ち、同じ環境に暮らしています。ならば、なぜ餌に対してまったく異なる戦略を採るのでしょうか？」。なぜ一方の鳥が他方よりはるかに大胆で、頭がよく、機転もきくのだろう？

「研究によれば、採餌生態の異なる種どうしは学習能力、そして学習を可能にする脳構造も異なることがわかっています」とルフェーブルは述べる。そこでまず、この2種の鳥にタスクをやらせて基本的な認知能力を測定する実験が必要になる。これが、野生下で観察される自然な行動を、実験室で観察される行動の差と結びつける第一歩となる。

これは簡単な作業ではない。ニショクコメワリの捕獲だけでも大仕事だ。ルフェーブルはアカウソにはただ歩いて入る罠を使うが、ここで研究した25年というもの、ニショクコメワリにそんな簡単な罠を使ったことはない。ニショクコメワリははるかに用心深い。彼のチームはこの鳥にはかすみ網を使う。

「そして重要なのは、ニショクコメワリがやってくれそうなタスクを見つけることです」とルフェーブル。「この鳥はとても慎重なので、実験装置が少しでも変だと協力してくれません」。フィールド実験では、ルフェーブルの研究室の大学院生リマ・カイージョが、蓋をしていないコップに種子を入れておき、2種の鳥が種を食べるまでの時間を測った。アカウソは新しい餌を約5秒で発見したという。ところが、ニショクコメワリは5日かかった。「種子をトッピングしたヨーグルトを入れたコップは、この鳥の目にはとにかく要注意と映ったようです」とカイージョが言う。

認知実験では、カイージョは2種の鳥にどちらも目にしたことのない物を見せる。小さな透明の筒に種子が入っていて、蓋をしてある。この筒に近づき、触ってみて、蓋を開けて種子を食べるまでの時間を測定した。アカウソの個体間でも成績に差があった。あるアカウソは鳥小屋のまわりを数分飛び回り、いちばん低い枝からコウモリのようにぶら下がり、やっと最後に筒に近づいて蓋を開ける。タスクの完了に全体で8分かかった。別のアカウソははじめて見る筒にすぐに近づき、ほとんどためらわずに蓋を開けた。「いい子ね！」とカイージョがねぎらった。トライアルの完了時間は7秒だった。

カイージョが実験した30羽のアカウソのうち、24羽が邪魔な蓋を開けるタスクを迅速に終えた。ニショクコメワリは15羽いたが、ただの1羽も筒に近づくことすらしなかった。

2番目の個体のように、ほとんどためらわずに問題をすばやく解決できるアカウソが一部にいる。これは洞察と言えるだろうか？ ルフェーブルはそうは思わない。類似の研究では、彼の研究室の別の大学院生サラ・オーバリントンが、同じような問題解決の実験でコクロムクドリモドキのつつく行動を丹念に調べた。何百時間にもおよぶビデオテープを精査したところ、この鳥には2種のつつき方があることがわかった。直接餌を得ようとする動き、そして横からつつく動きだった。横をつつくと蓋が動くので、もっとつつけば蓋が取れるとわかる。ほんのわずかな視覚的または触覚的なフィードバックでもヒントになる。ルフェーブルはこう言う。「洞察の場合には、問題が瞬時に解決されます。やったー！ となるのです」。だがコクロムクドリモドキのつつきは、どちらかと言えば試行錯誤による学習であって「低次」の認知能力なのだ。

鳥の群れの集団行動

問題は、非凡に見えたり知的に見えたりする行動も、単純あるいは反射的なものかもしれないということだ。

集団行動が一例だ。鳥などの動物種は、まるで示し合わせたように大群で行動することがある。あるとき、わが家の庭のエノキの木に黒いムクドリが鈴なりにとまって鳴き交わしていた。突然、タカの影が横切ると、ムクドリたちはいっせいに飛び上がって旋回した。群れが輝く薄い板のようになって、あたかも一個の生き物のような繊細な動きで回転し、ねじれ、渦を巻いて大空に飛んでいった。これはタカやハヤブサなどの猛禽類に対抗する効果的な戦略だ。偉大なナチュラリストのエドモンド・セラスは熱心な愛鳥家で、科学者としての情熱をこめて鳥たちを観察した。彼はこの群れをなす行動は、一羽の鳥から次の鳥へと思考をテレパシーで伝えている結果だと考えた。彼はこう記している。「鳥たちは回転する。磨き上げられた厚い屋根のようになったかと思うと、大空に広げられた巨大な網のように散らばる。黒い塊になったかと思えば、無数の光の筋を地面に投げかけ……空で一大スペクタクルを繰り広げる。鳥たちはすべてが集合体として同時に思考しているか、少なくとも列か小集団単位で思考しているにちがいない。それは1平方メートルほどをカバーするアイデア、複数の脳のひらめきなのだろう」

のちに、群れを形成する鳥（魚類、哺乳類、昆虫、ヒト）の目を奪うような集団行動は、個々の鳥のあいだで起きる相互作用の簡単な規則から自己組織化されていることがわかった。鳥たちは群れとして行動するために互いにテレパシーで「思考を交換している」わけではないのだ。セラスはこう推察した。個々の鳥はすぐ近くの最大で7羽の仲間と相互作用し、仲間の速度や相互の距離、回転角度にもとづいて自らの移動を決める。その結果として、たとえば400羽の集団が0・5秒そこそこで方向を変える。こうして、まるで生きた壁のように鳥たちが波打って動く。

問題は動物ではなく研究者に？

おおかたの人は、複雑に見える行動は複雑な思考から生まれると考える。しかし、前述の基本的な認知実験でアカウソとコクロムクドリモドキが見せる迅速な問題解決法はおそらく、一瞬で答えを「見つける」能力というより、視覚的なフィードバックへの注目と自己修正にかかわっているだろう。

別の認知実験でカイージョは、鳥たちが学習内容を忘れ去り、新しいことを「再学習」できるかを調べた。まず、鳥に黄色と緑の2個のコップに入った種子を見せ、どちらを選ぶかによって色の好みを確かめた。次に、選んだ色のコップの中味を底に貼りついて食べられない種子と入れ替えた。鳥が自分の好む色のコップ（中に入っている種子はもう食べられない）から、もう一つの好みではない色のコップ（食べられる種子が入っている）に切り替える時間を測った。その後、食べられる種子と食べられない種子の入っているコップの色をふたたび切り替えた。

この実験法は逆転学習の能力を調べるもので、鳥が頭を切り替えて新しいパターンを学習する速度を示す基本的な目安として用いられることが多い。ルフェーブルはこう述べる。「それは思考の柔軟性を示す指標なのです。ヒトにとっても、鳥にとっても。ですから精神障害やアルツハイマーの患者には、逆転学習の検査をして思考の柔軟性を調べることがよくなされます」

アカウソが学習能力に優れているのはまちがいない。この鳥はたいてい、何度かトライアルすれば色を切り替えてもついていけるようになる。ところが、ニショクコメワリはそうなるのに時間がかかる。のみこみが悪く、用心深くもある。それでもやがて状況を理解し、最終的にはアカウソより誤った色を選ぶミスが少なくなる。

「驚くことに」とルフェーブルが口を開いた。「いや、うれしいことに、と言ったほうがいいのかもしれませんが、私たちはニショクコメワリが得意とする実験を少なくとも一つ見つけました。もし研究に協力してくれている動物がすべての実験でいい成績を出せないようなら、問題は動物ではなく、研究者のあなたの側にあるのかもしれません。つまり、あなたが鳥の世界観を正確に理解できていないのです」

認知実験の罠

科学者が鳥の知能を測る一つの方法は、実験室の中で鳥が問題を解く速度とその成否を調べることだ。彼らは、鳥が自然環境で遭遇しそうな諸問題を実験装置としてデザインしようとする。たとえば、障害物を避けたり、障壁を迂回して隠された餌を見つけたりする能力を測る。餌の蓋を開けるために、レバーを押したり、ひもを引っ張ったり、蓋を横にずらしたりするよう鳥にうながす。問題をどれだけ速く解決するか、あるいは戦略をどれほど柔軟に変えられるか（xがだめなら、yにする）を測定する。鳥がたどり着いた答えが一瞬のひらめき（あ、そうだ！）か、緩慢でより反射に近い（試行錯誤）かを見定めて、洞察の有無を導き出す。

しかし、この方法は注意を要する。こうした類いの室内実験では、あらゆる変数によって実験の成否が変わってしまうからだ。個体の大胆さや恐怖心が問題解決能力に影響を与えるかもしれない。タスクを速く終える鳥が賢いともかぎらず、ただ新しいタスクに対する違和感が少ないだけの場合もある。したがって認知能力を測定しようとする実験は、実際には剛胆さを測定しているのかもしれない。ニショクコメワリはただの小心者なのだろうか？

「残念なことに、さまざまなほかの要素に影響されない認知能力の『純粋な』指標を見つけるのはきわめて難しい」と、ルフェーブルの元学生で現在はセント・アンドルーズ大学の鳥類認知研究者のネールチュ・ボーヘルトは述べる。「ヒトと同じく、認知実験で成功したいという動機がどれほど強いか、実験という状況にどれほどのストレスを感じているか、周囲の環境のためにどれほど注意が散漫になっているか、これまでに同様の実験をどれほど受けたかは、個々の鳥によって異なる。行動生態学の分野では、動物の認知をどう測定するかについて活発な議論が進行中だ。これまでのところ、明確な答えは一つも出ていない」

実験室から出る

数年前、ルフェーブルは別種の指標の可能性に気づいた。それは実験室ではなく野生環境で鳥の認知能力を測定するためのものだ。たまたまバルバドスを散歩しているときに思いついた。「それは大きな嵐が通り抜けていったあとのことでした。ホールタウンのホール（潟湖《せきこ》）の畔を歩いていたとき、数百匹のグッピーが砂州の小さな水たまりに取り残されているのに気づきました」。グッピーが次から次へと水たまりを移動するうちに、ハイイロタイランチョウが舞い降りてきてグッピーをとらえ、梢にもっていき、小枝に打ちつけて食べた。

ハイイロタイランチョウは、アカオヒタキモドキの一種だ。飛びながら昆虫をつかまえることは知られるが、魚をつかまえることは知られていない。これが、鳥が自分本来の採餌スキルをいつもとまったく異なる獲物に使うのが観察された、はじめての例だった。

ルフェーブルは不思議に思った。「このすばらしい新しい餌を食べるようになった唯一の鳥が、なぜハイイロタイランチョウだったのでしょう?」。それは抜きん出て賢い種、または創造的な種なのだろうか? 牛乳瓶の蓋をうまく開けて中のクリームを食べたカラのように?

ことによると、鳥の認知能力を測るのに適した方法はこうしたできごとの観察ではないだろうか? つまり、野生下でふだんとまったく異なる新しいことをする鳥を観察すべきではなかろうか？　ルフェーブルはそう考えた。それは、30年前にジェーン・グドールと共同研究者のハンス・クマーが提唱したアイデアだった。野生動物の知能を知るには、その動物が環境の問題をどう解決するかを観察すべきだというのだ。必要とされているのは、実験室内での知能の指標ではなく、生態系の中での指標だと示唆した。知能は、動物が「新たな問題の答えを見つけたり、古い問題の新しい答えを見つけたりするために」自分の環境を新しくする能力に見て取れる、というのである。

ルフェーブルは、このハイイロタイランチョウの観察結果をウィルソン鳥学会機関誌『ウィルソン・ブルテン』の研究ノートの部に発表した。そこには、一般のバードウォッチャーや専門家による鳥の珍しい行動の報告がおさめられている。この種の報告を鳥類学の雑誌から集めてくれば、まさにクマーやグドールが呼びかけていたような生態学的な証拠が得られるのではないか、と考えてのことだった。野生下では、どの鳥がいちばん進取の気風に富んでいるだろうか？

「たしかに認知研究において実験や観察は重要です」とルフェーブルは語る。「しかし、このような分類群ごとのイノベーション率は貴重な情報を提供し、動物の知能研究にありがちな陥穽《かんせい》を避けることを可能にしてくれます」。たとえば、野生下とあまりにかけ離れた行動を動物に強いるような実験装置を使わずにすむ。

目撃談求む——野生下の鳥による新たな餌の発見

ルフェーブルは「風変わり」「新奇」「はじめての例」などのキーワードで鳥類関係の雑誌を75年分調べつくし、数百種の鳥類にかんする2300におよぶ逸話を発見した。なかには、奇妙な新しい餌を発見する鳥たちのさまざまな逸話がある。ハチドリ用のフィーダー（給餌器）の屋根のすぐそばに待機してハチドリをつかまえるミチバシリ、南極で生まれたばかりのアザラシの子に紛れこんで母アザラシの乳を吸うオオトウゾクカモメ、ウサギやマスクラットをつかまえるサギ、ハトを飲みこむロンドンのペリカン、アオカケスを食べるカモメ、ふだんは昆虫を食べるがウケザキクンシランの実を食べているのをはじめて目撃されたニュージーランドのキイロモフアムシクイなど。

ほかにも、巧妙に餌を得た例があった。南アフリカ共和国のコウウチョウは、小枝を使ってウシの糞に餌があるかどうか調べる。アメリカササゴイが昆虫を餌に魚を仕留めた、という目撃談も数例あった。水面に昆虫を置き、それを食べようと浮き上がってきた魚を狙うのだ。セグロカモメは貝殻を落とすというういつもの方法でウサギを仕留める。より独創的な例では、ハクトウワシがアリゾナ州北部で氷上の穴釣りをしたという。ハクトウワシは、湖面に張った氷の下に死んだコイの一種がたくさん凍っているのを発見した。氷に穴を開けておいてから氷の上で何度もジャンプし、衝撃で魚が穴から浮き上がってくるのを待った。ルフェーブルのお気に入りの逸話の一つが、ジンバブエのハゲワシの目撃談だ。ジンバブエ解放戦争中のこと、ハゲワシが地雷原を囲む有刺鉄線の上にとまって待っていると、ガゼルなどの草食動物が迷いこんできて爆弾を起爆した。これで、草食動物はばらばらになるのですぐに食べられる。しかし、とルフェーブルは付け加える。「ときには、巻き添えを食らって自分も地雷で吹き飛ばされる」

ルフェーブルは収集した逸話を鳥類の科ごとに分類し、各科のイノベーション率を算出した。また、変数の混同（とりわけ研究努力）の影響を排除するために解析結果を修正した。研究努力の影響とは、動物にはもともと目撃頻度の高い種があり、そのような種では新しい行動の報告も多くなる傾向を指す。

「正直なところ、当初私はこのプロジェクトがうまくいくとは思っていませんでした」とルフェーブルは語る。逸話は非科学的と見なされ、専門家には「弱いデータ」と呼ばれている。「1つの逸話が非科学的だとするなら、2000の逸話を集めたところでそれが科学と言えるでしょうか？　しかし私はデータを額面どおりに受け入れました。データベースに不備があるとすれば、それは分類群を超えてランダムに分散しているはずです。ならば、全体の結果に影響はないでしょう。なにかプロジェクト全体を無効にするような結果がありはしないかと気にとめていましたが、一つも見つかりませんでした」

鳥類のＩＱ

ルフェーブルのスケールでいちばん賢い鳥はなんだろう？

カラス科の鳥たちだ。この結果に意外性はない。ワタリガラスとカラスが明らかに飛び抜けて賢く、これにオウム・インコ類が続く。そのあとにムクドリモドキ、猛禽類（とくにハヤブサやタカ）、キツツキ、サイチョウ、カモメ、カワセミ、ミチバシリ、サギなどがいる（フクロウは研究対象から外した。この鳥は夜行性なので、なにか新しいことをしたにしてもまず直接観察されることがなく、糞などから推測することしかできないからだ）。やはり上位にいるのがスズメ科やカラ類の鳥たちで、下位に甘んじているのがウズラ、ダチョウ、ノガン、シチメンチョウ、ヨタカなど。

ルフェーブルは考察をスケールから少し広げた。イノベーション率が高い科の鳥はより大きな脳を持つのだろうか？　たいていの場合で相関が見られた。体重320グラムの2羽の鳥を比較してみよう。イノベーション率が16のアメリカガラスが7グラムの脳を持つのに対して、イノベーション率が1のコリンウズラの脳はわずか1・9グラムだ。より小型の2羽で比較してみると、イノベーション率が9のアカゲラは2・7グラムの脳、イノベーション率が1のウズラはわずか0・73グラムの脳だ。

ルフェーブルがアメリカ科学振興協会（AAAS）の2005年度年次総会でこれらの知見を発表したところ、マスコミが彼の研究成果に注目し、それを世界初の総合的な鳥類のIQ（知能指数）と呼んだ。ルフェーブルは、IQというアイデアが「やや安易に思えた」という。「でも、悪くないですね？」

この概念は広まり、ルフェーブルは興味を抱いたジャーナリストからさまざまな質問を受けた。世界でいちばん間抜けな鳥はなんですかと尋ねられたときは、「それはエミューですよ」と答えた。翌日の新聞の見出しはこうだった。「カナダの研究者、オーストラリアの国鳥を『世界一愚かな鳥』と呼ぶ」（エミューとカンガルーは、国家の前進の象徴としてオーストラリアの非公式なエンブレムに選ばれていたが、その理由は、どちらも後ろ向きに動けないという誤った考えが広く浸透していたからだった）。このためルフェーブルはオーストラリアでは有名にならなかった。しかし彼がオーストラリアのラジオ番組に出演し、一人のリスナーが番組に電話をかけてきた。そのリスナーがある話をすると、ルフェーブルは人気者になった。その人によれば、オーストラリアの内陸部で先住民と一緒にいたとき、体をかがめて片方の足を上げれば、エミューは仲間がいると思って見にくる、と先住民が教えてくれたという。

脳の大きさと知能

鳥の脳の大きさ、いや、その主要な部位の大きさでも、それは比較的おおざっぱな知能の指標でしかないとルフェーブルは述べる。「たとえば、シギ科のヨーロッパトウネンはその体に比して比較的大きな脳を持ちますが、この鳥がすることと言えば、波の動きに合わせて前後に動いて（「ひざを濡らしたくないの」）、無脊椎動物をついばむだけです」

大きな脳がかならずしも高い知能を示すわけではないとわかったのは、もうかなり昔のことになる。ウシはネズミの脳の１００倍の大きさの脳を持つが、より賢いとは言えない。それに脳の小さな動物も驚くべき心的能力を示す。脳が1ミリグラムのミツバチも哺乳類並みに地上を移動できるし、ショウジョウバエは互いに社会的学習をする。体の大きさに対する脳の大きさ、つまり脳化指数が問題になるようだが、この指数がどれほど知能と関係しているかについて、いまだに結論は出ていない。

「大きさだけの問題ではないのです。少なくとも、すべての動物を考慮すればそうなります」とルフェーブルが言う。「脳の体積を測るとき、私たちは情報処理能力を測っているでしょうか？」とルフェーブルは聞く。「おそらく、そうではないでしょう」

フィールド観察から神経科学まで

鳥のイノベーション能力は、現在では認知の指標として多くの科学者に受け入れられている。しかし、脳の大きさが鳥のイノベーション率を制御していないのだとすれば、それを制御しているのはなんなのだろうか？ イノベーションする者、しない者を分けるのはなんなのか？ 賢いアカウソと愚かに見えるニショクコメワリが同じ大きさの脳を持っているのだとしたら、これらの鳥の脳のちがいはなんなのだろう？

「動物の頭の中を見てみることです」とルフェーブルが言う。「全体か特定の部位かの差こそあれ、私たちはこれまで脳の体積に注目してきました。けれども、それではなにが起きているかは理解できません。イノベーションや認知能力にかかわっているのは脳の大きさではなく、ニューロンレベルで起きていることなのです」

ここで思い出されるのが、ニューロンの記憶保存の生理的基盤にかんする研究によってノーベル賞を受賞した神経科学者エリック・カンデルが、指導教官のハリー・グランドフェストから受けた助言だ。カンデルがまだ若かったころ、グランドフェストがこう話したという。「脳を理解したいと思うなら、還元主義にしたがって細胞を一個一個見ていくべきだ」。「彼はほんとうに正しかった」とカンデルは言う。

ほかの多くの認知研究者と同じく、ルフェーブルはいまや「神経科学」に手を染めつつある。鳥類における学習と問題解決の能力が、脳の活動、ニューロン、ニューロンどうしをつなぐ結合部のシナプスにどう反映されるかに迫ろうとしている。ニューロンどうしはこの結合部をとおして情報を伝達する。「動物が柔軟な発想をしてイノベーションするかどうかは、このシナプスで起きていることに依存します」とルフェーブルは語る。

鳥をバルバドスアカウソやカレドニアガラスのように賢く創造的にする要因はなんなのだろうか？　ニショクコメワリやカグーは、ほんとうに世間で言われるほど間抜けなのか？

「私たちはこれらの問いに異なる角度から挑んでいます」とルフェーブルが言う。「まずはブーツをはいてフィールドに出て、調べたい鳥を丹念に観察することです。鳥を理解したいなら、その鳥が自然の中でどんなふうに生きているかを知らなくてはなりません。つまりは、行動のフィールド観察です。それから、鳥の頭の中に入っていきます。種ごとのイノベーション率を比較し、捕獲した鳥で実験をおこない、そこでようやくフィールドで観察したことが、実験室で学んだ遺伝子や細胞とどうつながるかを探り出します」

これが、世界中の鳥の知能の研究施設でおこなわれている野心的な科学だ。科学者は生態学と行動の観察、実験室での認知研究、鳥の脳そのものの入念な探究をうまく組み合わせて、鳥の脳の謎を解こうとしている。

第2章 恐竜の子孫が進化させた脳

鳥の大傑作

アディロンダック山脈でクロスカントリースキーをしていたとき、小さな空き地でランチにしたことがある。雪が地面に厚く積もっていて、寒さが骨にまでしみた。ピーナッツバター・サンドウィッチを包んでいたアルミホイルを開いたとたん、目の端でなにかが動いて、聞き慣れた「ジーー」という声が聞こえた。牛乳のクリームが大好きなあのカラの親戚アメリカコガラ(*Poecile atricapillus*)が、空き地の外れの枝にとまった。さらに1羽、そしてもう1羽やって来た。すぐに私の足元には、この鳥の仲間が小さな群れをつくっていた。指でパンくずをつまむと、1羽が飛んできてかっさらっていった。しばらくすると、この大胆な小鳥は、私の腕に止まって手から直接パンをついばんだ。

コガラが鳥類のなかでいちばん賢いとは誰も思わないだろう。この鳥はおもに可愛さで知られる。丸っこくフワフワした体は、きれいな灰色と黒の羽毛に覆われている。クチバシは短い。E.T.のように、体に比べて頭が大きい。ムシクイやモズモドキのほっそりした体、あるいはカラスの圧倒的な抜け目なさとはまるでちがう。餌台で見せるにぎやかなさえずり、驚くような身のこなしで有名だ。かつて鳥類学者のエドワード・ハウ・フォーブッシュはこう述べた。「あるとき、コガラが昆虫を追って木の小枝から背面跳びのように飛び立ち、昆虫をつかまえたかと思うと見事な宙返りをして、傾いだ木の幹に元のようにとまるのを見た」

しかし、コガラはにぎやかさと運動能力だけの鳥ではない。理解力に富み、好奇心旺盛で、知能があり、俊敏で、すばらしい記憶力を誇る。フォーブッシュの言葉を借りれば、「鳥の大傑作」だそうだ。ルイ・ルフェーブルのＩＱスケールでは、コガラはキツツキと肩を並べる。

写真　アメリカコガラ（提供：Louis Lefebvre）

さきごろ、コガラの甲高い声と複雑な地鳴き――フィービー、ジー、ディーディー、歯擦音のシューシュー――が科学者によって解析され、あらゆる陸生動物のなかでももっとも高度で正確な連絡手段の一つだとわかった。クリス・テンプルトンらは、コガラが声を言語のように操っていて、無数のタイプの鳴き声を生成する統語法を持つことを解明した。コガラは、自分のいる場所やおいしい餌の存在を知らせる声と、捕食者の存在（捕食者の種類とその脅威の程度もふくむ）を知らせる警戒声を使い分けているという。柔らかな高音「シーッ」や鋭い「シーシーシー」は、モズやアシボソハイタカがあたりを飛んでいるという警告。いつもの「チカディーディーディー」は静止している捕食者の存在を知らせる。木の頂上にとまった猛禽や、上空の梢から見下ろしているヒガシアメリカオオコノハズクなどだ。「ディー」の反復回数は捕食者の大きさ、すなわち脅威の度合いを示す。「ディー」の繰り返しが多ければ、小型で危険な捕食者を意味する。これは直感的に逆にも思えるが、小型で動きの速い捕食者は、大型で動きの遅い捕食者より危険なのだ。つまり、スズメフクロウだと「ディー」が4回、アメリカワシミミズクだと2回のみだったりする。こうした声は応援を頼むためのもので、脅威の程度に応じて必要な規模の集団防御をほかの鳥たちに呼びかける。コガラの発声はとても正確なので、それを聞いたほかの種の鳥も用心する。

このことを知っていると、森を歩いているときに「ディー」という声を聞くときの心構えがちがってくる。もしかすると、私が歩いていくとさまざまに評価されて、危険かそうでないかを判断されるのかもしれない。

あるいは、そうではないかもしれない。ことによると、大きな物音をたてて歩くただの「でくのぼう」——図体は大きいけれども無害——とあっさり片づけられ、私の話はそれで終わりになるのかもしれない。

コガラは一般に人間を恐れない。アカウソに似て大胆で好奇心いっぱいのこの鳥は、「確固とした自信」を持っていて、人間もふくめて縄張り内を調べつくす。狩りの季節になると、狩人たちの小屋周辺をうろつき、トラックの荷台に放りこまれている獲物の脂肪をついばむ。餌台を置くと最初に姿を見せるのがこの鳥であることが多く、私の経験では人間の手から直接餌をもらう。アカウソと同じく、新しい餌を探して発見する能力に長けている。かつてクリス・テンプルトンは、つるしておいたハチドリの餌台ではちみつを食べているこの鳥に出くわしたことがある。冬場にはハチ、冬眠中のコウモリ、樹液、死んだ魚も餌にする。

1970年代、外来種のヤグルマギクの拡散を防ぐためにフシバチがアメリカ西部に導入されたとき、コガラはこの新たな機会を見逃さなかった。ヤグルマギクにごっそりついたフシバチの幼虫を見つける術をすぐに学んだ。たいへんなごちそうなのだ。この新種の植物の上を飛ぶわずかな時間で得られた手がかりは、かすかなものだっただろう。それでも、幼虫がたくさんいるヤグルマギクをかならず見つけた。飛びながら幼虫をつかまえて木に戻り、幼虫を食べた。

テンプルトンは仰天した。「ヤグルマギクにいる幼虫を一瞬で正確に見定めるコガラの能力は見事だ」と彼は書いた。同様に感心したのは、まったく新しい餌をすぐに見つけるこの鳥の能力だった。たとえば、外国から入ってきた植物についた外来種の昆虫など、縄張りに入ってきて間もない物を発見する。

コガラは驚異的な記憶力の持ち主でもある。種子そのほかの餌をあとで食べるために数千ヵ所もの場所に隠しておき、どれか一種の餌をどこに隠したかを最長で6ヵ月覚えているという。

これだけの離れ技を、豆粒の2倍ほどの大きさの脳でやってのける。

巨大な脳

しばらく前、私は自宅近くにあるマツの疎林でコガラの頭蓋骨を見つけた。手の平にきれいに収まったその頭蓋骨は真っ白で、あまりにも軽く、ごく薄い卵の殻のようだった。針のように細いクチバシに、大きな眼窩がつながっているだけのように見えた。後ろ側には、脳がおさまっていた半球状の半透明な骨が2つあった。コガラの体重は11〜12グラムで、脳はわずか0・60〜0・70グラムだ。それほど小さな脳が、どのようにしてこれほど複雑な行動を支えているのだろう？

脳にとって重要な要素が大きさだけでないのは明らかだ。しかし、じつは鳥類は大きさにかんしていわれのない悪評を買ってきた。だが一般に考えられていることとは反対に、鳥類の多くは脳がその体に比してかなり大きい。ヒトの脳が大きくなったのと同じ特別な過程によって、鳥類も同じ結果に到ったのだ。ただし、ヒトとは完璧に異なる進化の道筋をたどった。

鳥類の脳の大きさは、キューバヒメエメラルドハチドリの0・13グラムからコウテイペンギンの46・19グラムまでさまざまだ。実際、マッコウクジラの7800グラムにはおよばないが、同等の大きさの動物と比べればほぼ同じで、まったく小さくはない。チャボの脳は、同等の大きさの体を持つトカゲの約10倍ある。鳥の体と脳の比率は哺乳類に近い。

ヒトの脳は、平均的な体重の約65キロに対して約1360グラムだ。オオカミやヒツジはヒトとほぼ体重が同じだが、これらの動物の脳はヒトの約7分の1しかない。ところが、カレドニアガラスはヒトに似ていて、途方もない掟破りを犯している。これらのカラスは約230グラムしかない体なのに、脳が7・5グラムあるのだ。それはキヌザルやシシザルなど小型のサルの脳と同じくらいの大きさで、ガラゴの脳より50％大きい――ここにあげた動物はすべて体の大きさが同程度だ。

では、コガラの脳はどうだろう？　コガラの脳は、体と脳の比率が同じ範囲におさまるタイランチョウやツバメの脳の2倍の大きさがある。

こうして見てくると、鳥類の多くがその体に比して驚くほど大きな脳を持っているとわかる。人間と同じく、鳥類の脳は科学者がハイパーインフレーションと呼ぶ特徴を持つのだ。

飛ぶための進化――丈夫で軽い体

何世紀という長い時間をかけて、鳥の脳はもっともな理由から小さくなった。おかげでチュウヒは大きな円を描いて水面上を飛び、エントツアマツバメは空中生活し、コガラは30ミリ秒以下で飛ぶ方向を変えられるようになった。

脳組織は重く、代謝コストが高い。体内で心臓の次という高さだ。ニューロン（神経細胞）は小さいにもかかわらず、同じサイズのほかの細胞の約10倍のエネルギーを必要とする。自然が鳥の脳みそを小さくしたのも無理はない。私たちはそう思った。かつてピーター・マシーセンはこう書いている。「皮肉にも、私たちが鳥類最高の能力と見なす飛翔力は、その知能をヒトより大きく遅らせた進化的適応でもあった」。鳥類は知能に頼る代わりに、ヒトを見たら飛び去ることによって危険回避の問題を解決した、と私たちは推測した。

飛ぶにはたいへんなエネルギーがいる。ハトほどの大きさの鳥では、じっとしているときのおよそ10倍のエネルギーを必要とする。フィンチのような小型の鳥は、短い距離を飛ぶために高速ではばたく必要に迫られ、このために30倍近くのエネルギーを必要とする（これに比して、カモのような水鳥では、泳ぐのに必要なエネルギーは静止しているときの3〜4倍だ）。

飛ぶための条件をクリアするため、自然は強靱で空気を多くふくむ骨格を鳥に与えて体重をかなり軽くした。一部の骨は融合または消失した。歯のある重いアゴに代えて、ケラチンを多くふくむ軽いクチバシが与えられた。翼を形成する骨などほかの骨は中がほぼ空洞だが、折れないように支柱で補強されている。鳥の骨は必要な箇所のみ密度が高く、そうした場所――脚や、翼を支える空洞のない厚い胸骨――の密度は哺乳類の骨をしのぐ（翼の下方への動きはとても力強く、その鳥の体を空中に舞い上がらせるために十分な力を発生させる）。生物学者が鳥類の骨格にかかわる遺伝子を調べたところ、鳥は骨格の改変と消失にかかわる遺伝子を哺乳類の2倍持っていた。鳥類の骨は、その大半が中は空洞で壁が薄いにもかかわらず、驚くほど固くて強い。こうして私たちの頭を悩ますパラドクスが生まれた。両の翼を広げると2メートル以上あるグンカンドリの骨格が、その羽より軽いのである。

進化は鳥の体を簡素化し、不要な部位を省くほかの方法を見つけた。膀胱は排除された。肝臓はわずか0・5グラムほどになった。鳥類の心臓はヒトと同じく2バレル4腔型だが、とても小さな器官なので心拍数はヒトをはるかに超える（ヒトの毎分78回に対して、アメリカコガラは毎分500～1000回）。呼吸器系は非凡そのもので、哺乳類と比べて体重に対する割合が大きく（哺乳類の20分の1に対して体重の5分の1）、より効率が高い。頑丈な胸郭におさまった「空気が流れる貫流式」の肺はほぼ一定の容積を保ち（哺乳類では柔軟な体の中で膨張／収縮する）、肺の外側にあって空気が流入／流出する複雑な気嚢《きのう》群につながっている。近縁の爬虫類の大半とちがって、鳥類は左側の卵巣しかもたず、右側の卵巣は進化の過程で失われた。鳥の生殖器官が重いのは繁殖期のみで、一年の大半をとおして精巣、卵巣、卵管はないに等しいほど小さい。

鳥の圧縮されたゲノムも、強力な飛行のための適応かもしれない。陸上に卵を産む羊膜類（爬虫類や哺乳類をふくむ）の中では、鳥類が最小のゲノムを持つ。典型的な哺乳類のゲノムが10億～80億個の塩基対を持つ一方で、鳥類の場合はおよそ10億個にとどまる。反復配列が少なく、進化の過程でDNAが排除される、いわゆる削除イベントが多かったためだ。こうして圧縮されたゲノムを持つからこそ、鳥は飛ぶ条件を満たすために遺伝子をすばやく調整することができる。

鳥は恐竜から進化した

鳥類の羽のごとき軽さは、その祖先である恐竜の驚嘆すべき進化の道筋とかかわっている。トマス・ハクスリーは、恐竜から現生鳥類への進化を最初に見定めた一人だ。ただし、この観察によって、鳥の知能に対する人びとの考えが変わることはなかった。ダーウィンの番犬と呼ばれたハクスリーは、当時学生だったH・G・ウェルズに「黄色い顔と四角いアゴの老人で、小さなハシバミ色の目をしている」と形容されたが、観察しようにも恐竜化石をたくさん持っていたわけではなかった。それでも、手元にある化石に鳥類らしい形質を認め、当時発見されたばかりで1億5000万年前にさかのぼるとされた始祖鳥（*Archaeopteryx*）の化石に恐竜らしい形質を認めた。実際、ハクスリーはこう述べている。「孵化直前のニワトリの腸骨から趾《あしゆび》までの後四分体をそのまま瞬時に拡大し、固定化し、化石にできるなら、『鳥類』と『爬虫類』間の最後の移行を見ることができるだろう。それはまさしく『恐竜類』と呼べる特徴を備えているだろうから」

もちろん、ハクスリーは正しかった。1億5000万〜1億6000万年前のジュラ紀に、鳥類は恐竜から進化したのだ。実際、エディンバラ大学の古生物学者スティーヴン・ブルサットは、「『恐竜』と『鳥類』のあいだに明確な相違点は認められない」と語った。「恐竜はある日鳥に変わったわけではない。鳥類の体の設計図が早期にでき上がり、1億年にわたる着実な進化によって一つずつ時をかけて現実になったのだ」

鳥類に爬虫類の特徴を見出すのは難しくない。ビーズのような目、すばやく突進するような動き、サイチョウのプテロダクティルスに似た翼、頭を上に伸ばしてじっと音に耳をすますコマツグミの、トカゲを思わせる表情のない顔、そしてオオアオサギの緩慢で重いはばたき、ヘビを思わせる美しい首、しわがれた鳴き声。これらはすべて恐竜の沼へのあと戻りだ。それでも、小柄で敏捷なコガラが、遠い昔に生きた巨大な生物から進化したとは想像しにくい。

ミッシングリンク

中国北東部の片隅に、この驚くべき変化を物語る場所がある。白亜紀前期、火山灰がこの地域を覆いつくし、現在の遼寧省、河北省、内モンゴル自治区にかけて広がっていた旧熱河省に化石層を形成した。

20年ほど前、私が遼寧省の四合屯という小村近くにある化石産地を訪れたときは、村人によって化石層が発掘されたばかりで、薄く崩れやすいシルト岩層のあらゆる場所に古代の魚類、淡水甲殻類、カゲロウの幼虫の化石があった。私は、崖の地層を調べた農民と化石コレクターによる1年前の発見を調査するために、ここへやって来たのだった。そこに、頭を後ろにのけぞらせ、固い尾を真上にのばした典型的な死のポーズをした小型生物の化石が埋まっていた。全長約30センチで二本足の大型トカゲのようだった。ところが、その背中に見えたのは驚嘆すべきもの、織

写真　シノサウロプテリクスの化石（提供：O. Louis Mazzatenta/PPS通信社）

維質の羽毛らしきものだった。

この生物はシノサウロプテリクス（中華竜鳥）と呼ばれることになる獣脚竜で、鳥類と恐竜をつなぐミッシングリンクだった（「獣の脚を持つ」を意味する獣脚竜は、二足歩行する多様な恐竜の総称で、恐ろしく巨大なティラノサウルスやデイノニクスから体高30センチほどのトロオドンまで、さまざまな大きさのものをふくむ）。写真家がこの小さな獣脚竜相手に毎日10時間費やし、石に刻まれた最初の羽毛の繊細な姿を「出現させよう」と格闘するのを私は見ていた。暗い繊維質の原始的な羽毛が恐竜の尾から生えている姿は、驚くべき光景だった。

羽毛は現生鳥類のみの特徴と考えられていた。だが、旧熱河省の化石層がその考えをきっぱりと否定した。過去20年で、この化石層は約1億２０００万～1億３０００万年前にさかのぼる恐竜化石の標本を大量に産出した。化石にはうぶ毛の痕跡から、きれいに生えそろった羽毛まで、あらゆる種類の羽毛があった。当時生きていた羽毛の生えた恐竜の一種に、原鳥類（有名な映画『ジュラシック・パーク』に登場するヴェロキラプトルをふくむ）がいた。これらの生き物が滑空、急降下、樹木間の飛び移りなどの飛行パターンを試すうちに、一部が力強い飛行を手に入れた。これが鳥の誕生だった。

恐竜は、徹底的な矮小化、つまり「継続的な小型化」として知られる一種の「不思議の国のアリス」現象によってコガラやサギを生み出した。2億年以上前、恐竜はにわかに新たな生態学的地位に適応するさまざまな大きさになった。ところが、こうした大幅な変化をしつづけたのは、鳥類にいたる恐竜系統のみだった。5000万年にわたって、鳥類の祖先である獣脚類は体重163キロから1キロ未満へと小型化しつづけた。体内のほとんどすべてのものが小さくなった。どんどん小型化し軽量化したということは、これらの獣脚類が新しい餌を探すことができたし、木に登ったり、滑空したり、飛んだりして捕食者から逃れられたことを意味する。ほかの恐竜よりかなり速く新たな適応を達成することができたのだ。この小型化、柔軟な進化、新たな適応（高度に発達した羽毛による効率的な保温、長い距離を飛んで餌を探す能力）のおかげで、鳥類はほかの恐竜のいとこがほぼ死に絶えた大絶滅期を生き抜き、この地上で暮らす陸生の脊椎動物でもっとも繁栄した可能性がある。

ピーターパン症候群

では、これらの鳥類は脳も小型化したのだろうか？

じつは、それほど大幅に小型化したわけではない。鳥類につながった恐竜は、飛行が進化する以前から肥大化した脳を持っていた。木から木へと移る際に互いに衝突するのを防ぐために、大きい目と優秀な視力を制御する必要にかられ、恐竜の脳の視覚中枢はすでに膨張していた。聴覚と協調運動のための処理をおこなう脳領域にしても同様だった。一方で鳥類の脳は、新たな生態学的地位を見つけ、捕食者から逃げるために高度な神経・筋肉協調を実現するように進化した。

生物はどのようにして大きな脳を維持しつつ、体のほかの部分を小型化するのだろうか？ 鳥類はこの問題をヒトと同じ方法で解決した。答えは、ヒナのような頭と顔を維持することにあった。これは「幼形進化」（文字通りには、「幼少化」）と呼ばれる進化の過程で、成体になっても若年のころの形質をとどめるよう進化することを指す。

さきごろ、国際的な科学者グループが鳥類、獣脚類、ワニ類の頭蓋骨を比較したところ、大半の恐竜やワニ類では頭蓋骨のかたちが一生を通じて変化することを突き止めた。この研究に従事したハーヴァード大学のアークハット・アブザノフは、こう述べる。「鳥類に進化しなかった恐竜の系統では、若年から成体へ成長するあいだに、歯が生えた口吻と顔面が広がるが、脳の成長率は鈍る。このことをよく示す例は、体に比して脳が小さい竜脚類や剣竜だ」。これに対して、原始鳥類と現生鳥類ではどちらも、頭蓋骨が成長後も幼いときのかたちのままで、大きな目や脳のための空間が確保されている。アブザノフによれば、「鳥を見るとき、私たちは幼い恐竜を見ているのだ」。

人間もまた、いわゆるピーターパン症候群にも似たこの形質を共有するのかもしれない。成人後も、ヒトは大きな頭、平らな顔、小さなアゴ、霊長類の赤ちゃんのような部分的な体毛を持つ。ヒトも鳥類も、幼形進化によって大きな脳を発達させた可能性がある。

繁殖戦略と脳の大きさ

すべての鳥類が体に比して脳が大きいわけではない。あらゆる動物と同じく、大きな脳を持つ鳥、小さな脳を持つ鳥がいる。同じ大きさの鳥の比較を思い出してみよう。カラスの脳が7〜10グラムであるのに対して、コリンウズラの場合はわずか1・9グラム。より小型の2種の鳥では、アカゲラの脳が2・7グラムで、ウズラは0・73グラム。

脳の大きさには繁殖戦略も関係している。鳥類の20%を占める早成種(卵からかえったときから目が開いていて、1〜2日で羽毛が生えそろう)のヒナは、晩成種のヒナより脳が大きい。晩成種のヒナはかえったときは無毛で、目は開いておらず、自分ではなにもできない。親鳥と同じ大きさになってはじめて羽毛が生えて、ようやく巣立ちする。シギなどの早成種はたいていすぐに自立する。これらの鳥はかえったときにはすでに比較的大きく、数日で昆虫をつかまえて食べたり、短い距離なら走ったりするようになる。ところが、かえったあとは脳がさほど大きくならず、やがて晩成の鳥に追い抜かされる。

同じことは托卵鳥にもあてはまる。カッコウ、ズグロガモ、ミツオシエなどの托卵鳥は他種の鳥の巣に卵を産み、自身のヒナを育てる手間を省く。このタイプの鳥のヒナは托卵された鳥のヒナを巣から追い出したり（カッコウ）、殺したりする（ミツオシエ）。早期に羽毛が生えそろい、その時点ではすでに自分を守るために十分な大きさの脳を持つが、その後は脳の大きさがあまり変わらない。

托卵鳥はなぜ脳が小さいのだろう？　ミツオシエの脳の大きさを調べたルイ・ルフェーブルは、2つの可能性をあげる。最初の可能性は、これらの鳥は托卵される鳥より先に成長しなければならないので、脳が小さくなった。2番目の可能性は、托卵する鳥は子育てにかかわる領域をすべて排除できるので、脳が小さくなった。ルフェーブルは、その理由をこう説明する。「私たちは子どもを育てるのにどれほどのエネルギーが必要か知っている。もし人間が子どもをチンパンジーの巣に預けるなら、私たちはかなりの情報処理をせずにすむ」

鳥類の80％の種が晩成で、コガラ、カラ、カラス、ワタリガラス、カケスなどがいる。これらの鳥はかえったときには脳が小さすぎて独り立ちできないが、ヒトと同じように、親の世話のおかげで孵化したあとに脳がどんどん成長する。

つまり、巣に長くとどまる鳥は、すぐに羽毛が生えそろって巣立ちする鳥より脳が大きくなるのだ。

オオアオサギのヒナ

脳の大きさは、羽毛が生えたあとでヒナが巣にとどまって親鳥からいろいろ学ぶ期間の長さと相関している。幼年期が長ければ長いほど脳は大きくなるが、それはヒナが学んだことを覚えているためだろう。知能が高い動物種はたいていい子どもでいる期間が長い。

ある夏私は、サップサッカーウッズにある10エーカーの池の畔にある枯れたオークの木の中で、5羽のオオアオサギがゆっくり育つ様子を観察した。コーネル大学鳥類研究所が設置したウエブカムのおかげだった。過去には、コマツグミ、ルリツグミ、ミソサザイの巣の中の様子をときどき覗かせてもらったこともある。しかし、今回のテクノロジーはすべてのヴェールを取っ払い、卵からかえって間もないオオアオサギの困惑するほど細かく印象に残る映像を提供してくれた。

大きな翼を持ち、ゆったりと優雅に飛ぶオオアオサギは私の大好きな鳥だった。それでも、オオアオサギが育っていく様子をこれほど間近で見る喜びと感動は、想像をはるかに超えていた。これを見た166ヵ国のほかの50万人と同じく、私はサギに夢中になった。

私たちのチャットルームは、バードルーム「管理者」の注意深い監督の下、固く結びついたヴァーチャル・コミュニティだった。学校の児童たちが毎朝サイトに観察に訪れた。理由のはっきりしない痛みに悩む人は、サギを観察しているおかげで頭がおかしくならずにすんだ、とツイートした。

4月末に眠そうなフニャフニャのヒナがかえると、親鳥の綿毛にもぐって雨嵐やフクロウの攻撃をやり過ごし、親鳥が食べて吐き戻した魚を食べ、そのあとはなんでも(棒、カメラ、虫、親鳥のクチバシ、ほかのヒナ)つつくようになった。すべては正確に力強く魚をつかまえるための練習なのだ。ヴァーチャル・コミュニティでは、最後の5羽目のヒナがかえるとみな心配した。このヒナはほかのヒナより小さく、餌を食べるときにあまり攻撃的にならない。

▼#5がなにももらってない。心配だわ。

▼#5がまた鳴いてる。不機嫌だ。餌を十分もらってない気がする。

▼管理者:#5は元気なのに、なぜみんな#5が悲劇的な末路をたどるような話をするのかな?

ドラマがなければ、人はドラマをつくり出す。そういうものだ。

▼#5は『セールスマンの死』に出てくる近所の少年を思い出させる。彼は第一幕では根暗のオタクだが、第二幕になると最高裁で事件を担当する敏腕弁護士になっている。

睡眠中の脳活動

夜になると、私はサギが寝る姿を見た。長いあいだ睡眠を取らなくても平気な鳥もいる。たとえばアメリカウズラシギは、ずっと明るい夏の北極では活動することを好んで、何週間も眠らない。しかしサギをはじめとする大多数の鳥は、ヒトと同じく定期的に寝ないではいられないらしい。これらの鳥では、ヒトと同様に睡眠が脳の発達に必要不可欠のようだ。

ヒトのように、鳥も徐波睡眠と急速眼球運動（REM）睡眠のサイクルで眠る。脳活動のこのパターンが、ヒトと鳥類の大きな脳の発達にきわめて重要な役割を果たしている、と科学者は考えている。鳥類のREM睡眠は10秒を超えることはほとんどなく、一度の睡眠でこれが数百回繰り返される。一方、ヒトのREM睡眠は10分から1時間という長さで、一夜に数回繰り返される。哺乳類でも鳥類でも、REM睡眠はとりわけ脳の初期の発達に欠かせないと考えられている。ネコなどの哺乳類は、生後すぐのほうが成長後よりREM睡眠が長い。ヒトの新生児では睡眠時間の最大で半分をREM睡眠が占めるものの、この割合は成人では約20％にとどまる。同様に、幼いフクロウは成長したフクロウよりREM睡眠が多いという研究がある。

きっと、あのサギのヒナたちもそうなのだろう。

ヒトと同じく鳥類でも、深い眠りである徐波睡眠の長さは覚醒時間の長さに比例する。ヒトでも鳥類でも、起きているあいだによく活動した脳領域はその後の睡眠でより深く眠る。これも収斂進化による類似性と言えよう。近年になって、マックス・プランク鳥類学研究所のニールス・ラッテンボルク率いる国際研究チームが、この収斂現象を見事な研究によって発見した。彼らの研究は、ヒトにはできないことをする鳥類の能力を利用していた。鳥は、片方の目を開けたままで脳の片方だけ徐波睡眠するように、深い眠りを調整していることが知られる。飛んでいるあいだも眠るためと、もちろん捕食者に目を配るためだろう（まだ明けやらぬ暗い4月の朝に、眠っているサギがアメリカワシミミズクに襲われたときに役立つ）。研究チームは数羽のハトの片目を覆った状態でデイヴィッド・アッテンボローのDVD『BBCライフ・オブ・バーズ／鳥の世界』を見せた。動画を片目で8時間見たあと、ハトたちは眠りについた。睡眠中のハトの脳波を調べたところ、刺激を受けたほうの目につながっている脳内の視覚処理領域がより深い徐波睡眠の状態にあった。

ヒトと鳥類がともにこうした局所的な脳活動を示すということは、徐波睡眠が脳の最適な機能の維持にかかわっていることを示唆する、というのがラッテンボルクの主張だ。「哺乳類と鳥類の睡眠に認められる全体的な類似性を見れば、両者それぞれの進化がこの睡眠パターンによって可能になった機能に関連していて、結果として双方とも大きく複雑な脳を進化させたという興味深い可能性が見えてくる」

自然がヒトと鳥類に同じ睡眠パターンを与えたことで、系統樹の上では遠く離れた両者がともに大きな脳を進化させた、という考えはすばらしいと私は思う。

毎朝バードルームのサイトを訪れて、起きているサギを観察するのは、楽しい成長日記のページをめくるような感覚だった。5～6月の巣立ちの時期には、ヒナたちは巣の中でおぼつかない足取りながら歩くようになる。親鳥たちは、かえったときの約70グラムから7週間で１４０グラムにまで成長したヒナたちに餌を運ぶのに懸命だ。バックパックに入っている赤ちゃんのように、ヒナたちは動くものならなんにでも興味を示す。飛行機、ガン、ハチ、池のまわりを歩いて魚をつかまえるタイミングをはかっている親鳥まで。やがて羽毛が生え、はじめてぴょんと跳ね、はじめて巣のへりを乗り越えるときがやって来る（この時期にはチャットルームがにぎやかになる）。「ヒナ＃4は、高いところから飛び降りようと勇気を奮い起こしている子どもみたい」。「もう目が離せない」。その後、何度もへりを飛び越えようとしては失敗するが、けっしてあきらめない。夜には巣に戻る。このあいだ親鳥がずっと注意深く見守っていて、ヒナが巣に戻ってくると歓迎し、ごほうびにカエルや魚を与える。

この生き方を早成のチドリと比べてみよう。卵からかえると、チドリは羽が乾けばすぐに立ち上がって走りはじめる。つまり早成と晩成は、孵化後すぐに自立するか、あとで大きな脳を得るかのどちらかを選ぶトレードオフなのだ。

脳は生まれ変わる

渡りも、もう一つのトレードオフと言える。渡り鳥は定住性の鳥より脳が小さい。これは理にかなっている。移動の多い鳥にとって、多くのエネルギーを必要とし、発達が緩慢な脳はコストが高すぎる。また、スペインにある森林生態学研究センター（CREAF）のダニエル・ソルによれば、環境が大きく異なる棲息地のあいだを移動する渡り鳥にとって、イノベーションを必要とする学習された行動より、脳に組みこまれた生得的な行動のほうが楽だ。別の場所ではさして役に立たない情報を、ある場所で得るために心的資源を大量に使うのは賢明ではない。

ここで驚くべき事実がある。脳の大きさ、少なくとも特定の脳領域の大きさは、種内でも一定ではないらしいということだ。ネヴァダ大学のウラジーミル・プラヴォスドフと彼のチームは、10群のアメリカコガラを比較し、アラスカ州、ミネソタ州、メイン州など厳しい気候条件の下で暮らすアメリカコガラは、アイオワ州やカンザス州などのコガラに比べて海馬が大きくニューロンの数が多いことを発見した。海馬は空間学習や記憶に欠かせない脳領域である。アメリカコガラの丈夫ないとこで、アメリカ西部の山間部でよく見かけるマミジロコガラにも同様の傾向が見られる。寒冷な高地で暮らすマミジロコガラは、低地で暮らす仲間より海馬が大きい。たとえば、シエラネバダの山頂に暮らすマミジロコガラは、海抜約600メートルの低地に暮らす仲間と比べると、海馬のニューロン数がほぼ2倍ある（前者は問題解決でも高い能力を示す）。筋のとおる話だ。高地では寒冷期が長いので、鳥たちはより多くの種子を保存し、自分が保存した場所を覚えていなくてはならない。温暖な気候の土地では、保存した餌の回収はそれほど重要ではない。餌は一年をとおして豊富にあるからだ。

大きさはともかく、ほうぼうに餌を保存するこの鳥の海馬では驚嘆すべきことが起きる。新しいニューロンが生まれ、古いニューロンに加わるか、それに取って代わるのだ。この神経新生が起きる理由はわかっていない。新しい情報を学ぶのに脳が新しいニューロンを使うためかもしれないし、新しい記憶が古い記憶と混同されないようにするためかもしれない。プラヴォスドフはこう指摘する。コガラは「日常的に餌を保存し、回収し、一度保存した餌を再保存する。とくに冬には、古い餌と新しい餌をきちんと把握している必要がある」。「混同を防ぐ」という考えが示唆するのは、これらの鳥は別々の記憶のために異なったニューロンを使用することで、イベント(事象)どうしを区別する必要があるということだ。プラヴォスドフは、厳しい気候条件で暮らす(より多くの餌を保存しなくてはならない)コガラでは、神経新生が起きる割合が高いことを実証した。

いずれにしても、ニューロンが入れ替わるという事実は、ヒトをふくむ脊椎動物にかんする私たちの先入観を永遠に変えた。私たちには生存に必要なすべての脳細胞が生まれながらに備わっている、と科学者は長く考えてきた。だがヒトの海馬でも、新しく生まれてくる脳細胞もあれば、死んでいく脳細胞もある。現在では、ニューロンやニューロン間の配線を入れ替えたり再生したりするこの能力のおかげで、プラヴォスドフの言葉を借りれば「脳はミリ秒から分、週単位で自身を改変する、つまり学習する」ことがわかっている。コガラのような貯食種は、この可塑性があるおかげで、比較的かぎられた大きさの脳でも複雑きわまる世界に対処できるのだ。

ニューロンの数と分布

過去には、鳥類や哺乳類などの脊椎動物では大きな脳がより優秀で効果的であると考えられていた。しかし、この考えがようやく、知力を測る簡単で独創的な新手法——ニューロンを数える——に取って代わられた。2014年、ブラジルの神経科学者スザーナ・エルクラーノ゠アウゼルと彼女の同僚たちが、11種のオウム・インコ類と14種の鳴禽の脳内にあるニューロンとそのほかの細胞数を調べた。エルクラーノ゠アウゼルは、鳥の脳は小さいかもしれないが、「驚くほど多くのニューロンが霊長類に比肩する密度でつまっている。そしてカラスやオウム・インコ類では、ニューロン数はさらに多い」と述べた。

問題は、そのニューロンが脳内のどこに位置するかにある。エルクラーノ゠アウゼルは、ゾウの脳がヒトの脳の3倍のニューロンを持つことを示した（ヒトの平均ニューロン数の860億個に対して、ゾウは2570億個)。ところがゾウではその98%が小脳にあり、この脳部位は繊細な感覚や運動能力を持っていて、約90キロある鼻の制御に関与しているらしい。一方で、ゾウの大脳皮質はヒトの2倍の大きさがあるにもかかわらず、ニューロン数は3分の1しかない。このことがエルクラーノ゠アウゼルにとって意味するのは、認知能力を決めるのは脳全体ではなく大脳皮質（あるいはそれに相当する鳥類の脳部位）内のニューロン数である、ということだ。エルクラーノ゠アウゼルらは、コンゴウインコではほぼ80%のニューロンが皮質様の部位内におさまり、小脳内にあるのはわずか20％であることを発見した。この比率は大半の哺乳類の場合と逆である。

つまり、オウム・インコ類や鳴禽（とりわけカラス科の鳥）の皮質様の構造内にひしめく多数のニューロンは「高い計算能力」を示し、この高い計算能力が、これらの鳥類が示すとされる複雑な行動や認知を説明すると彼らは言う。

脳構造についての誤解

鳥類の脳がかんばしくない評判に甘んじてきたのは、大きさのせいだけでなく、解剖学のせいでもある。鳥の脳は小さいだけでなく、原始的で爬虫類の脳より少しましなだけと考えられていた。「鳥は決まった行動しかできない、愛らしいだけの自動人形と見なされていた」と述べるのは、カリフォルニア大学サンディエゴ校の神経科学者ハーヴィー・カルテンで、彼はこの半世紀にわたって鳥類の脳を研究してきた。

この解剖学の偏見は、比較解剖学の父として知られるドイツの神経生物学者ルートヴィヒ・エディンガーによって19世紀末に広められた。エディンガーは、進化は下位から上位へ一方向に進むと考えていた。アリストテレスと同じく、未進化の下等な魚類や爬虫類から進化した高等動物へと、階段のような「自然の階梯」という序列を生物に与え、人間をその頂点に位置づけた。この階段を一段上がった種はその下の種の改訂版なのだ。彼の考えでは、脳もまた古い部品に新しい部品を付け加えることで、原始的な脳から複雑な脳へと同じような序列をつくって進化した。高等動物の知的で新しい脳領域が、下等動物の原始的で古い脳領域の上に地層のごとく積み重ねられた。もっとも原始的な脳から進化の頂点にある人間の大脳皮質まで、魚類や両生類から大きさと複雑さが順次増えていったとされた。

いちばん下の古い脳部位はいくつかのクラスター（塊）に分かれたニューロンを持ち、本能的な行動（摂食、セックス、子育て、運動協調など）の座だった。上にある新しい脳部位は、古い脳部位を覆う細胞の平らな6層から成り、高度な知能の座とされた。ヒトでは、こちらの脳が大きく成長し、頭蓋骨内におさまるように折れ曲がってシワをつくった。

新しい層状の上部脳は高度な思考の座だった。エディンガーの考えでは、鳥類は複雑な行動に必要となるハードウェアを持ち合わせていなかった。シワのある層状になった「上部脳」ではなく、ほぼ扁平な「下部脳」構造を有していた。この下部脳は、全体が下等な爬虫類に見られるニューロンクラスターからできているとされた。つまり、鳥は基本的に本能――生まれながらに備わっている反射的行動――にしたがって生きる生き物であり、高度に知的な作業はできないと考えられた。

エディンガーが脳構造に与えた名称を見れば、彼の誤った信念がわかる。彼は鳥の脳内の構造にはpaleo-（古）ないしarchi-（原）という接頭辞を、哺乳類のそれにはneo-（新）という接頭辞をつけた。鳥の「古い」脳は「古脳」（現在の基底核）とよばれ、ヒトの「新しい」脳は「新脳」（現在の新皮質）だった。こうした用語（鳥の脳がヒトの脳より原始的であることを暗示する）によって、鳥の心的能力は大幅に軽視された。言葉にはそういう力がある。私たちはなんでも名づける種であり、私たちが動物につけた名称が、その評価やそれについて知るためにおこなう実験に影響する。鳥の脳の一部を「原始古線条体」（淡蒼球）と呼ぶことで、鳥は根本的に頭が悪いという考えが強化され、鳥の学習や知力にかんする研究がさまたげられた。

　こうして、次のような三段論法ができ上がった。

- 新皮質は知能の特別な座である。
- 鳥は新皮質をもたない。
- したがって、鳥に知能はないに等しい。

大脳皮質と同等の精緻な神経系

　エディンガーの考え方は、１９９０年代まで１００年以上にわたって支持された。ところが１９６０年代ごろから、ハーヴィー・カルテンと彼の同僚たちが鳥類と哺乳類の脳をより詳しく研究しはじめた。カルテンらは、異なる動物の脳の細胞、神経回路、分子、遺伝子を綿密に調べて相互に比較した。胚の発生をたどって、さまざまな脳領域のもととなった領域を突きとめようとした。ニューロンの配線を確かめて、異なる脳領域間の接続関係も解明しようとした。

彼らが得た結果によって、エディンガーの古くさい考え方は覆された。鳥の脳は哺乳類の脳の原始的で未発達なバージョンではないのだ。鳥類は哺乳類と別の進化の道のりを3億年にわたってたどってきたので、両者の脳が大きくちがっていたところで不思議はない。ところが、鳥類はじつは複雑な行動を可能にする大脳皮質に似た精緻な神経系を持っていたのだ。この神経系は鳥類学では背側脳室隆起（ＤＶＲ）と呼ばれる。この組織は、哺乳類の大脳皮質を生み出したものと同じ脳領域――「外套（pallium）」と呼ばれる――から胚の発生時に形成され、哺乳類の大脳皮質とかなり異なった構造を形成する。

こうした流れと並行して、鳥の複雑な行動を示す証拠が各種の実験によって集まりはじめた。たとえば、ハトには人間がいる絵といない絵（服を着た人間がいる絵と裸の人間がいる絵）を区別するという特殊な能力がある。ヨウムは数をかぞえたり物を分類したりする能力がある。カラス科の鳥の一部は、仲間が隠しておいた餌の場所を覚えている。

ウィンドウズとアップル――哺乳類の方法と鳥類の方法

こうした進展にもかかわらず、鳥の脳に対する偏見が大きく変わらなかったのは、やはりエディンガーによる脳領域の誤った命名にも一因があった。

２００４年と２００５年、ついに鳥の脳をその悪評から救い出す発表があった。デューク大学のエリック・ジャービスとテネシー大学のアントン・ライナーをはじめとする29人の神経解剖学者の国際的グループが、エディンガーの誤った見解と古色蒼然とした脳領域の名称を根本的に見直す一連の論文を提出したのだ（それは簡単な試みではなかった。ある参加者の話では、鳥の脳の専門家から一致した意見を引き出すのは、たくさんのネコを一堂に集めるほど難しかったそうだ）。「鳥類の脳構造命名法コンソーティアム（The Avian Brain Nomenclature Consortium）」は、鳥の脳にかんする近年の発見にもとづいて各脳領域の名称を改めただけでなく、鳥の脳構造を哺乳類の相同構造と関連づけた。おかげで鳥類学者は、哺乳類学者と各々の学問対象である動物が持つ非常に似通った領域について議論することが可能になった。

「私たちの前脳部のおよそ75％は大脳皮質です」とジャービスは述べる。「このことは鳥にもあてはまり、とくに鳴禽とオウム・インコ類の各種についてそうです。相対的に言えば、鳥も私たちと同じくらい『大脳皮質』を持っています。しかも組織構造が似ているだけではありません」。哺乳類の新皮質にある神経細胞は合板のように異なる6層に分かれる一方で、鳥の皮質様構造にある神経細胞はガーリックの小鱗茎のようにクラスターを形成している。それでも、神経細胞自体は基本的に同じで、高速に繰り返し発火することができ、私たちの神経細胞と同じように複雑で、柔軟で、創意に富む。また、互いに連絡しあうために私たちと同じ神経伝達物質を使っている。さらに重要と思われるのは、鳥とヒトの脳が似通った配線回路、つまり脳領域をつなぐ経路を持つことにある。このことが複雑な行動を可能にするからだ。知能につながるのは脳細胞どうしをつなぐ配線なのである。この点において、鳥の脳は私たちの脳とさほどちがっていない。

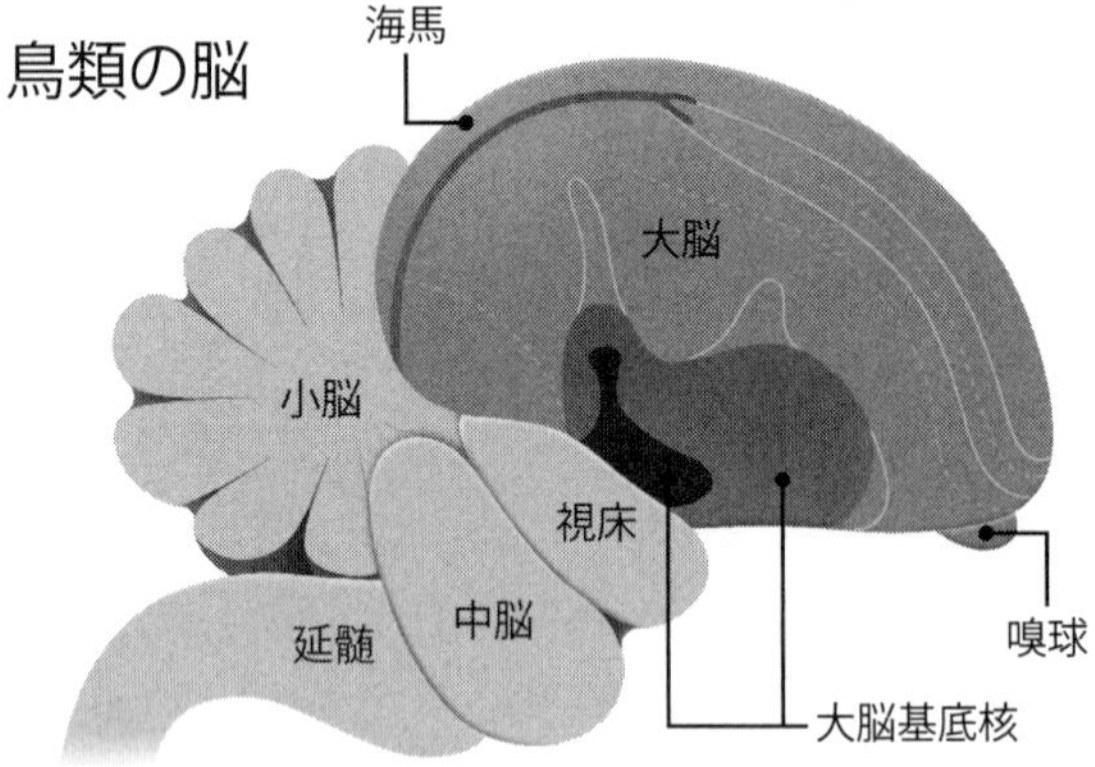

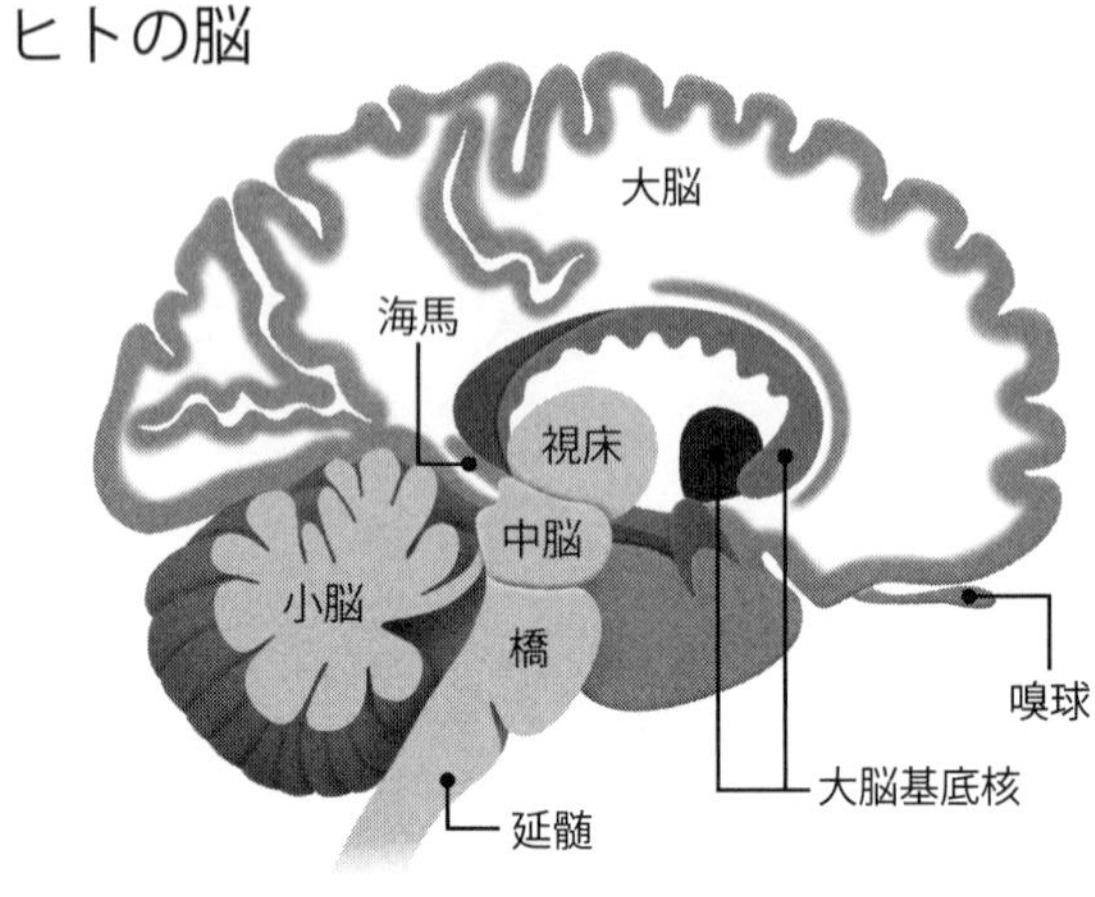

図　鳥の脳構造（新しい名称）とヒトの脳構造
（The Avian Brain Nomenclature Consortium, 2005を参考に作成）

アイリーン・ペパーバーグはコンピュータを引き合いに出す。哺乳類の脳はウィンドウズに、鳥の脳はアップルに似ているというのだ。処理がちがうとはいえ、どちらも同じ結果を引き出す。

つまり、複雑な行動を可能にする方法は一つではないということだ。エリック・ジャービスの言葉を借りるなら、「哺乳類の方法があり、鳥類の方法がある」。

鳥とヒトの作業記憶

作業記憶のはたらきについて考えてみよう。この能力は、棒と石と部屋から成る８段階のパズルでカレドニアガラスの「００７」が見せた認知能力の一つだ。スクラッチパッドメモリーとも呼ばれる作業記憶は、ある問題を解く短期間だけいくつかのことを覚えている能力だ。これがあるおかげで、私たちは電話番号を入力するあいだ覚えていられる。そして００７が、パズルの答えを得るための多数の段階を覚えていられるのだ。

鳥もヒトも作業記憶を同じように使っているようだ。私たちの脳では、作業記憶は層状になった大脳皮質に担われている。だが鳥の脳は層状の皮質をもたない。カラスはどのようにして情報を脳に保存しているのだろうか？

これを知るために、テュービンゲン大学神経生物学研究所のアンドレアス・ニーダーと彼の研究チームは、４羽のハシボソガラスに一種の神経衰弱を教えこんだ。このゲームでは、同じ画像を見つけるまである画像を覚えていなくてはならない。彼らはハシボソガラスにランダムに画像を見せた。すると、１秒後に見せられる画像から同じものを見つけるまで、ハシボソガラスはこの画像を覚えている。同じ画像が出てくるとクチバシでつつく。正しく答えると、ゴミムシダマシか粒餌をもらえた。ハシボソガラスがこのタスクをこなすあいだ、ニーダーらは彼らの脳内の電気活動を観察した。

　カラスの能力は優れていた。同じ画像を選ぶタスクを簡単に上手にやってのけたのだ。彼らの脳内でなにが起きていたのだろう？　霊長類の前頭前野に似た巣外套《そうがいとう》と呼ばれる領域で、もとの画像を見たときに活性化した２００個ほどの細胞のクラスターが、同じ画像を探すあいだ活性化したままだった。これは、ヒトがなにか作業をするときに必要な情報を覚えているのと同じメカニズムだ。

　明らかに、作業記憶は層状の大脳皮質がなくても可能なのだ。ヒトと鳥で「ちがっているのはヒトの言語能力のみです」と、ドイツのボーフムにあるルール大学の神経科学者オヌール・グントルクンは述べる。「作業記憶を可能にしている神経過程はどちらの種でも同じようです」

鳥はなぜ賢い？

　鳥はとうとう敬意を払われる瞬間を迎えた。鳥の脳は比較的小さくとも、心は小さくなかったのだ。

ここまで来れば、問いは「鳥はじつは賢い？」ではない。むしろ「鳥はなぜ賢い？」になる。鳥の知能を可能にしたのは、いかなる進化圧だったのだろう？

諸説あるが、2つの仮説が有力だ。最初の説では、おもに採餌にかかわる生態学的な問題によって脳が肥大化して、認知能力が上がったとされる。その生態学的な問題とは、厳しい季節もある年間をとおして餌をどう探すか、というものだ。種子を隠した場所をどのようにして覚えておくか？　手に入れるのが難しい餌をどのようにして得るか？　一般に、苛酷な環境や予測が難しい環境に棲む動物は認知能力が高い。これには高い問題解決能力や、新しいものを探したり試したりする柔軟性がふくまれる。

2番目の説は、社会圧によって柔軟で知的な心の進化がうながされた、というものだ。他者と仲良くし、自分の縄張りを主張して守り、盗みをはたらく個体に対処し、つがい相手を見つけ、子育てし、責任を分担するようになったということだ（野生のトキが渡りのあいだに編隊のリーダーを入れ替わるのは、一種の社会適応の認知、つまり互助性の理解を示唆する。一度リーダーを務めればほかの鳥がリーダーになってくれるし、それで群れ全体がうまくいく）。

最初にダーウィンが主張した別の説によれば、動物の認知能力は自然淘汰としての性淘汰の産物であるという。相手を慎重に選ぶメスの鳥がこの鳥の知能を決めたのだろうか？

すべての答えが出そろったわけではないとはいえ、カラスやカケス、マネシツグミやフィンチ、ハトやスズメが魅力的な手がかりを与えてくれている。

第3章 イノベーターたち

お気に入りの道具

「ブルー」と名づけられた鳥に問題が与えられた。鳥小屋にあるテーブルの上にいるブルーの横に、プラスチックの筒があって中に肉が入っている。肉はちょうどクチバシが届かないくらい奥にある。ブルーは007と同じくカレドニアガラスで、このカラスは道具をつくるのがうまく、鋭い問題解決能力を持つことで知られる。

ブルーはどうしようかと考えた。筒のまわりをチョンチョン跳び、中をのぞき、ロボットのようにカクカクと首を回す。鳥小屋の床に飛び降り、葉、小枝、プラスチックの小片などさまざまな物をつついてみる。どうやら探している物は見つからなかったようだ。テーブルの上の壺に入っている大枝に舞い上がってとまると、小首を左右に傾げて次にどうするか考える。一本の小枝を選んで大枝から折りとった。次に細かな側枝をきれいに取りのぞく。これで長いまっすぐな棒ができ上がった。仕事にぴったりの道具だ。棒を筒に入れて肉を突いて食べた。

ブルーが大枝から小さい見事な道具をつくるのを観察するのは、まるで魔法を見るようだ。野生下では、これらのカラスは棒、葉の基部、葉の縁などの材料から精巧な道具をつくる。その道具を使って倒木の穴、樹皮や葉の裏側、あらゆる割れ目、隙間、空洞にいる幼虫や昆虫をかき出す。この種のカラスは道具を持って移動することから、道具を大事にしているとわかる。いい道具を見分けられるので、いい道具は取っておいてまた使う。

この行動にはなにかしら特別なものがある。いい道具ができたので次もまた使いたい、と鳥が思っている？ たしかに多くの動物種が道具をつくる。しかし見事な道具をつくる種は少ない。実際、私たちが知るかぎり、複雑な道具を自作するのはこの地球上で4種にかぎられる。ヒト、チンパンジー、オランウータン、カレドニアガラスだ。だがつくった道具を取っておいて、また次の機会に使う種となると、さらに少ない。

イノベーションするカラス

ブルーの例は小さな手がかりながら、大きな発見につながる。鳥が賢いのは、自分が置かれた環境の問題を解決しなくてはならないからだ。つまり、困難な状況でも餌を手に入れる必要がある。この考え方は「技術的知性仮説」と呼ばれる。生態学上の困難に直面したことで、鳥の知能に進化上の刺激が与えられたというわけだ。

イギリスのスラングでは、「boffin」は一種の技術オタクで、ある専門分野に通じている人物のことを指す。カレドニアガラスはこの定義にあてはまる。彼らが道具を使用する能力は鳥類の仲間でも断トツだ。このカラスの道具をつくる能力は、チンパンジーやオランウータンなど賢いとされる霊長類に比肩する。

なぜ、こんなことが重要なのだろう？　道具がそれほど大事である理由はなんなのか？かつて私たちは、道具をつくって使う能力が言語や意識とともに人間に特有のものであり、高い知能や複雑な認知能力の証拠だと考えていた。道具を使うという行為には、人間ならではの物事の理解（因果関係などの概念）が必要とされていたのだ。それこそがヒトを他種と区別し、種としてのヒトの進化と発達に画期的な役割を果たしたとされた。ベンジャミン・フランクリンは人間を道具をつくる動物と考え、哲学者のアンリ・ベルグソンは私たちを「ホモ・ファーベル（道具をつくる人）」と呼んだ。オークランド大学のアレックス・テイラーとラッセル・グレイによれば、私たちが使う道具のリストは長く、「石斧、火、衣服、陶器、車輪、紙、コンクリート、火薬、印刷機、自動車、核爆弾、インターネットと続く。こうした道具をつくった人びとは社会に革命を起こした。どの道具も人間が環境にどう作用するか、両者がどのように相互作用するかを再定義したからだ」。

道具の使用がヒトに特有であるという考えが斥けられたのは、ゴンベ渓流国立公園のチンパンジーも道具を使用することをジェーン・グドールが発見したときだった。さらにオランウータンも、マカクザルも、ゾウも、昆虫までもが道具を使用することがわかってきた。ジガバチのメスは大あごに小石をくわえ、これで巣穴の入り口の土と小石をたたいて巣を閉じる。ツムギアリは、自分たちの幼虫を使って頑丈な巣を製作し修理する。働きアリが幼虫を集め、幼虫が糸を吐き出す。働きアリは幼虫を前後左右に動かして、葉を糸で固めて巣をつくる。それでも道具の使用は動物の世界ではきわめて例外的で、全種数の1％にも満たない。

長いあいだ、道具を使うのは霊長類のみと考えられていた。しかしこの10年ほどで、カレドニアガラスも仲間入りを果たした。これはけっして取るに足らないできごとではない。とりわけ、オランウータンやチンパンジーが使う道具の例を見てみれば、このことは明らかだ。オランウータンが使う道具には、つまようじ、歯を掃除する道具、自慰の道具、捕食者に投げつけるミサイル、ナプキンとして使う葉、コケのスポンジ、葉のついた枝の団扇《うちわ》やさじ、鑿《のみ》、フック、爪のクリーナー、ハチよけ（枝や葉を頭にかぶせてハチの攻撃から身を守る）がある。チンパンジーも便利な道具をつくる。餌を取るための熊手は3本もの棒や竹を組み合わせている。葉で一種の皿をつくり、それを液体を飲むコップにつくり変えることもある。

これらの賢い仲間の中でも、カレドニアガラスは抜きん出ている。オランウータンやチンパンジーと同じ道具はつくらないものの、さまざまな材料から精巧な道具をつくる。それぞれの目的に合った長さや太さの道具をつくるのだ。新たな問題が生じると道具を変更する。イノベーションできるのだ。８段階のパズルで００７がしたように、ある一定の順番で道具を使う。たとえば、餌に届く長い道具を手に入れようと短い道具を使ったりするのだ。いちばん感心するのは、フック状の道具もつくって使うことだ。フック状の道具をつくるのは、ヒト以外ではカレドニアガラスのみにかぎられている。

グルメなカラスの道具使い

私が野生環境でカレドニアガラスが道具を使うのをはじめて見たのは、ニューカレドニア南部のさびれた2つの町、ファカロとファリノのあいだを上る道路沿いだった。ここを見晴らせる場所に、ニューカレドニア政府が最近立派な木製ガードレールを設けた。観光客がハイウェーからここに集まってきて、森に覆われた山々やモワンドゥ湾の青い海というすばらしい景色を楽しむ。しかしその4月の朝、この場所に観光客よりたくさん集まっていたのは鳥だった。

アレックス・テイラーが、カレドニアガラスが朝の食事でクルミを割るのを見せようと、私を連れ出してくれたのだった。私たちは日に8時間労働するが、このカラスも毎日の行動パターンが細かく決まっている。夜明けから昼前まで活動し、かなり暑ければ午後早くまで昼寝し、日没までふたたび活動する。

「いま、カラスたちはいつものように餌を集めているところです」とテイラーが説明してくれる。「一日のうちで、これらのカラスが危険を冒して活動する短い時間です」

たしかに、数家族のカレドニアガラスが道路下の薮の中をガサゴソと動き回っている。枝から枝へ飛び、地面で静かに鳴き交わしている。誰かが道路のへりからゴミを捨てたらしく、そのゴミをあさっているのだ。

ネズミやヒトと同じく、カレドニアガラスは広食性で、さまざまな動植物性の餌を食べる。昆虫とその幼虫、カタツムリ、トカゲ、死肉、果物、ナッツ、人間が散らかした食べ残しなどを食べる。ここには餌がふんだんにあるので、カラスたちがクルミ割りのような手間のかかることをするとは思えなかった。彼らが食べるナッツはキャンドルナッツ・ツリーの実で、この木にはおいしい甲虫の幼虫がいる。カラスたちは道具を使ってこれらの虫を取り出す。それに、ナッツを割るのは楽ではない。ところが、私たちの背後の舗道でなにかが割れるような大きな音がした。振り返ると、道路の上の木々に数羽のカラスがいた。舗道の上に伸びた枝に止まった1羽がナッツを落とした。「バリッ」という音がしてナッツが割れると、カラスが飛び降りて割れた殻の中の実をくわえた。

こうしてナッツを割るだけでなく、もっとグルメなカレドニアガラスは同じ方法でカタツムリも割る。この島の固有種であるチブサアカネマイマイ（*Placostylus fibratus*）を、雨林にある干上がった小川の岩だらけの川床に落として、おいしい中味を食べるのだ。

多くの鳥がナッツ、貝類、卵を同じようにして割る。カツオドリの大きな卵を割るとき、ガラパゴス諸島に棲むハシボソガラパゴスフィンチは、クチバシを地面にしっかり突き刺しておいて、両脚で卵を蹴って岩にぶつけるか崖の上から落とすことで割る。オーストラリアのクロムネトビはエミューの巣に石を落とし、エジプトハゲワシはダチョウの卵めがけて石を落とす。ハシボソガラスは、とても固くて舗道に落としたくらいでは割れないナッツを、道を行き来する自動車に割ってもらう。いまや有名になった日本のある町で録画されたカラスのビデオには、歩行者用の横断歩道の上にとまっているカラスが映っている。信号が赤になると、ナッツを交差点に置き、もとの場所に戻る。信号が変わって自動車が通るのを待つ。信号がまた赤になったら、割れたナッツを安全に回収する。ナッツが割れていなければ、別の場所に置き直す。

厳密に言えば、硬い表面に餌を落とすのは道具の使用ではない。しかし、カレドニアガラスはちょっとしたひねりを加えている。私たちから少し離れたところで、1羽のカラスが新しく設けられた木製のガードレールに止まった。ナッツをガードレールにある大きな丸い穴に入れた。穴には大きな金属のボルトが見える。こうしてナッツを置くと、ボルトをナッツに押し当てて割り、割れたナッツをさらにクチバシでこじあける。うまいものだ。

身のまわりの物を使う

ほかにも、まわりにある物を道具として使う鳥がいる。鳥類学の雑誌やロバート・シューメイカー、クリスティーナ・ウォーカップ、ベンジャミン・ベックの魅力的な概論『*Animal Tool Behavior*（動物の道具使用）』を読むと、鳥が周辺で見つけた物を道具として使う、楽しくて驚くような事例が見つかる。水を入れたり、背中をかいたり、体をきれいに拭いたり、獲物を誘い出したりする。たとえば、コウノトリは湿ったコケの塊を巣に持ち帰り、コケを絞ってヒナのクチバシに水を注いでやる。ヨウムは喫煙パイプやボトルの蓋で水を運ぶ。アメリカガラスはフリスビーで水を運んで粉餌を湿らせ、止まり木にプラスチックのばね状のおもちゃの一方の端を固定してもう一方の端で頭をかく。サバクシマセゲラは樹皮から木のさじをつくり、はちみつをヒナに持ち帰る。アオカケスは、アリを食べる前に自分の体をナプキン代わりに使って毒性のある蟻酸を拭き取る。

さまざまな物を武器に使う鳥もいる。オクラホマ州スティルウォーターに棲むあるアメリカガラスは、一人の科学者が巣に上がってこようとすると3個のマツカサを彼の頭にぶつけた。オレゴン州に棲む2羽のワタリガラスは、同じような方法で2人の研究者からヒナを守ろうとしたが、もっと激しい戦略を使った。「ゴルフボールほどの石が私の顔をかすめて足元に落ちた」と一方の研究者が書いている。彼らは、巣の上にとまっているワタリガラスが動いたので、たまま石が落ちてきたのだろうと思った。ところが、石をクチバシにくわえたワタリガラスが目に入った。頭をすばやく振って、そのカラスは石を標的の研究者目がけて投げ落とした。次々と6個の石が投げ落とされた。一方の研究者の脚にあたった石は、半分土に埋まっていたものを掘り出したようだった。

魚をおびき寄せるのに物を使う鳥もいる。アメリカササゴイは、餌を使って見事に魚をつかまえる。パン、ポップコーン、種子、花、生きた昆虫、クモ、羽根、ペレット状の魚の餌まで使って魚をおびき寄せる。アナホリフクロウは動物の糞をおとりに使う。糞の塊を巣の入り口にばらまき、なにも知らないコガネムシがおとりに引っかかるのをヌマワニのようにじっと待つ。

ゴジュウカラは樹皮にクチバシを挿し込んで木からはがし、下にいる虫をつかまえる。クロイロコガラはトゲを使って脂肪フィーダーから種子を取り出すのを目撃されている。鳥が棒や小枝、大枝をさまざまな道具として使う事例もある。クロヤシオウムは棒などをばちとして使うことが多い。野生下で、空洞になった木の幹をばちでたたいて縄張りを主張したり、メスの気を引いてつがうための穴に誘いこもうとしたりする。コバタンやヨウムは背中（あるいは頭、首、喉）をかくのに孫の手を使う。ハクトウワシは、クチバシに棒（棍棒）をくわえてカメを脅しているのを観察されたことがある。いちばん珍しいのは、カラスとカケスが種子をめぐって争っていた例で、小枝を一種の銃剣のように使っていたという。

最後の事例は、鳥が物を武器として使っているのが目撃されたはじめてのケースなので、少し説明しよう。しばらく前、4月の早朝に鳥類学者のラッセル・バルダは、アリゾナ州フラッグスタッフでアメリカガラスが餌台でゆっくりと餌を食べるのを見ていた。この餌台には、付近の鳥たちのために毎日さまざまな種類の種子が用意されていた。ここなら楽に餌にありつけるので、ステラーカケスがよくやって来て、種子をくわえては近くの場所に保存した。カラスの食べっぷりがあまりに悠然としているので、1羽のカケスがしびれを切らしたと見えて、自分より大きなカラスに注意をうながすため体当たりしたが効果はなかった。カケスは近くの木に飛び移り、クチバシを使って枯れた大枝から小枝を懸命に折り取った。小枝が折れると、とがっていない端をくわえ、鋭いほうの端を外に向けたまま餌台に飛んで戻った。カケスは小枝を槍のように振りまわしながらカラスに向かって突進したが、狙いが数センチ外れた。今度はカラスが突進してきて、カケスは小枝を落とした。カラスがそれを拾って鋭い端を外に向け、カケスを突こうとした。カケスは飛び去ったが、カラスはまだクチバシに小枝をくわえたまま猛然と追いかけた。

試行錯誤による能力の向上

これまで紹介したのは、たまたま道具を使用した例だ。カレドニアガラス以外で日常的に道具を使う数種の鳥の中に、ガラパゴス諸島に棲むキツツキフィンチ（*Cactospiza pallida*）がいる。

ダーウィンがガラパゴス諸島で発見したたくさんのフィンチは、それぞれが暮らす島に豊富な餌に適応したかたちのクチバシを持っていた。ある小型のキツツキフィンチはつるはしのような強いクチバシを持ち、それで樹皮や幹をはがして虫をほじくり出す。そのときに木の小片が出るので、それを使ってクチバシの届かない木の穴や裂け目の奥まで探る。小枝、葉柄、サボテンのトゲなどを使って、クチバシの届かないあらゆる穴や割れ目から節足類をかき出す。ウィーン大学の行動生物学者ザビーネ・テビッヒはこの鳥を15年以上にわたって研究し、環境変化が予測しづらい乾燥地（餌が少なく入手しにくい）に棲むキツツキフィンチのみが道具を使い、摂食時間の半分で道具を使うことを発見した。一方で、より降雨の多い土地（餌が豊富で入手が容易）に棲むキツツキフィンチはほとんど道具を使わない。

鳥が道具使用の能力をどのようにして獲得するかを調べる初の実験で、テビッヒはキツツキフ

写真　キツツキフィンチ（提供：Science Source/PPS通信社）

ィンチが生まれながらにこの能力を備えていて、その能力を磨くために大人の鳥（成鳥）から教わる必要がなく、成長するにつれて試行錯誤で能力が高まることを発見した。

研究のために捕獲した1羽のおかげで、テビッヒは、この鳥が持つ道具をつくって使用する能力がゆっくり成熟していく様子をじっくり観察することができた。のちに「ウィッシュ」と名づけられたオスのキツツキフィンチをテビッヒが見つけたのは、サンタ・クルス島に生えているスカレシアの高木の枝にコケや草を使ってつくられた丸い巣だった。まだかえって数日のヒナは、ハエの幼虫に襲われたせいか障害があった。それからの数ヵ月、チャールズ・ダーウィン研究所の科学者数名がこのヒナの世話をし、うち2人がヒナの成長を綴った楽しい記録を残している。

最初、このヒナは物にはほとんど興味を示さなかった。ところが孵化から2ヵ月に届こうかというころ、花の茎や小枝で遊ぶようになった。そういう物をクチバシでいじったり、横向きにくわえたりした。やがて、自分のまわりにある物ならなんにでも興味を示すようになった。ボタンを引っ張ったり、鉛筆をなめたり、ソフト帽の小さな空気穴から髪の毛をほじくり出したり、クチバシと道具を使って研究者のつま先を広げさせようとしたり、耳やイヤリングをいじったりした。3ヵ月になるまでには、ヒナは道具をうまく使えるようになり、道具の種類も増えた。小枝、羽根、海の波で摩耗したガラス片、木片、貝殻のかけら、大きな緑色のバッタの後肢などで割れ目を探るのだった。研究者の靴下とブーツのあいだに小枝を差しこんだりもした。

「ウィッシュにとって、どんな割れ目も探ってみる価値があるようだった」とテビッヒらは書いた。「人間の顔だって調べてはいけない場所ではなかった。ウィッシュは誰かの顔に飛んでいき、鼻の曲がった部分にしがみつく。そこで逆さになって、鼻の穴をのぞき込む。ヒゲがあればそこにとまることもある。コケが生えた木の幹にとまるようなものだ。そこで両唇のあいだにクチバシを差しこんで、口を開かせる。口が開くと、クチバシの先で歯を調べる」

さきごろ、テビッヒと彼の同僚たちは、野生のキツツキフィンチ2羽（成鳥と幼鳥）が新しい行動をするのを観察した。2羽の鳥は新種の道具を発見し、それに手を加えて使い勝手のいいものに変えた。成鳥がブラックベリーの茂みからトゲのある小枝を折り取って葉と側枝を取り除いた。スカレシアの樹皮の下に獲物の虫をほじくり出すような向きで差しこんで、その道具を動かした。幼鳥は成鳥がこうして道具を使うのを見届けると、自分も見よう見まねで道具を使った。

ここまで考えてくると、私たちが思うより優れた能力を持つ鳥がまだまだいるのではないかと思えてくる。私たちがその場に居合わせなかっただけかもしれない。羽冠のある小型の白いシロビタイムジオウム（*Cacatua goffini*）を考えてみよう。このオウムは好奇心が強く遊びを好む。捕獲されて鳥小屋などに入れられると、とてもじょうずに錠前を開ける。原産はインドネシアのタンニバル諸島にある熱帯性の乾燥した森で、この自然の棲息地で道具を使用するのを観察されたことはない。ウィーン大学のアリス・アウエルスペルグと彼女のチームは、捕獲されて「フィガロ」と名づけられたこのオウムを観察した。フィガロはごく自然に小屋の木の梁からクチバシで長い木片をはがした。この木片を使って届かないナッツをかき寄せた。後日の実験で、フィガロはクチバシが届かないいろいろな場所に置かれたナッツそれぞれのために、新しい道具をつくった。異なる材料と技術を使って「巧みに、確実に、繰り返し」この道具をつくって修正した。

ヒトより器用なカラス

それでも私たちが知るかぎり、野生環境での道具づくりと使用の能力においてカレドニアガラスに勝る鳥はいない。

数年前、セント・アンドルーズ大学のクリスチャン・ルッツと彼のチームが野生環境の7ヵ所でモーションセンサーのついたビデオカメラを設置し、道具を使うカレドニアガラスを詳しく観察した。およそ4ヵ月にわたって記録したその場所の映像を精査したところ、カレドニアガラスが飛来した様子が300回、道具を使って木から虫をかき出す様子が150回写っていた。カラスの器用さには驚くばかりだった。虫をかき出すカラスは、ジェーン・グドールがゴンベ渓流国立公園で観察したシロアリを釣るチンパンジーによく似ていた。虫が強力なアゴで道具の先端にかみつくまで、道具で虫を何度もつつく。慎重に道具をゆすりながら、左右にやさしく振り、ほんのわずかにひねると、虫を落とさないように道具を引き抜く。これは簡単に聞こえるかもしれないが、細かな作業に向いた指を持つヒトですら簡単にやってのけられるものではない。ルッツらはこの作業を自分たちでも試してみたが、「驚嘆すべきレベルの運動制御」を必要とし、「習得は驚くほど難しい」ことがわかった。

道具職人

道具づくりの基本について言えば、カレドニアガラスのレベルと同じかこれを超えるのはチンパンジーとオランウータンのみだ。それに、これらの有能な霊長類ですらフック状の道具はつくれない。これでは不足とでも言わんばかりに、カラスは1種ではなく2種のフック状の道具をつくる。片方は小枝から、もう片方はパンダナスの葉のトゲのある縁からつくる。

大いばりだ。

小枝からフック状の道具をつくるには、二股になった枝の片方の小枝を取り除き、残った小枝を二股のすぐ下で折り取る。側枝をすべて取り除く。残った枝の先端を、小さな虫を引っかけるのにぴったりの小さなフック状に整える。

もう一方の道具はパンダナスのトゲのある葉を長く切り取ってつくる。広い、狭い、階段状の3種のデザインがある。階段状のデザインがいちばん高レベルだ、とアレックス・テイラーは言う。上のほうが広くて丈夫でくわえやすくなっていて、下に行くにしたがって段階的に薄く、よくしなるようになる。この道具をつくるには、多くの作業をきわめて正確にこなさなくてはならない。まず葉の一ヵ所に切りこみを入れ、そこから葉の縁と平行に引きさく。もう一ヵ所に切りこみを入れ、そこから葉を引きさく。これを何度か繰り返していく。最後にでき上がるのはミニチュアのノコギリのような道具で、バッタ、コオロギ、ゴキブリ、ナメクジ、クモそのほかの無脊椎動物をクチバシの届かない場所からほじくり出すのに使われる。

これらの道具には驚くべき特徴がある。ほかの動物がつくった道具（チンパンジーが段階を踏んでつくる、先がブラシのようになった道具など）とちがって、パンダナスの階段状の道具の場合は、それができ上がる前に最終的なかたちとデザインが決まっている。カレドニアガラスは、道具がまだ葉にくっついている状態で道具全体をつくる。それが道具として使えるのは、カラスが最後の切りこみを入れて葉から切り離してからだ。このことは、カレドニアガラスが一種の精神的なテンプレートにしたがって作業していることを示す、と考える科学者もいる。

文化の継承

もう一つ面白いことがある。道具を葉から切り取ると、残された葉は道具を補完するかたちになる。オークランド大学のギャビン・ハントとラッセル・グレイは、ニューカレドニア島全域に分布する数十ヵ所で、この残った葉のかたちを計5000個以上について調べた。すると、道具づくりのスタイルは場所によって異なっていて、それぞれのスタイルは数十年にわたって存在していたと思われた。島の一部の地域では、カラスはおもに幅の広い道具をつくる。ほかの地域では幅の狭い道具をつくる。階段状の道具が島全体でいちばん普及しているデザインだった。ニューカレドニアの隣にあるマレ島では、カラスは幅の広い道具しかつくらない、とハントは述べる。つまり、その地域に特有の道具づくりのスタイルないし伝統が世代を超えて継承されているのだ。

各地域に特有の道具のデザインが実際に継承されているのだとすれば、それは「文化」と呼ぶに十分にふさわしい。

さらに、ハントの考えでは、カレドニアガラスが道具のデザインをどんどん改善していることを示す証拠があるという。つまり、これらのカラスは、「累積的な技術変化」を示すことが現在知られる唯一の霊長類以外の種ということになる。ニューカレドニアの大半の場所では、カラスはパンダナスの葉からつくる3種の道具のうちもっとも複雑な階段状の道具のみをつくる。「パンダナスの道具をつくったことのない未熟なカラスが、まず簡単な道具をつくらずに階段状の道具をつくることができたかは、非常に疑わしいと思います」とハントは語る。ところが、もっと基本的なデザインの道具をつくったことを示すパンダナスの葉が、これらの場所では見つからない。「カレドニアガラスは初歩的で簡単な道具はつくらないようです」とハントは語る。「最初からいちばん複雑な道具をつくります。人間が最新モデルをつくり、そのデザインにいたった技術的段階をすべて省くのと同じですね」。もちろん、これは状況証拠でしかないが、「私たちは完璧な証拠がなくとも貧弱な説明を受け入れることもあります」。すでに得られている証拠を見れば、パンダナスの道具にかんする技術が累積的に改善されたことがわかる、というのがハントの考えだ。

それでもクリスチャン・ルッツは、この考えを正当化する証拠はまだ出そろっておらず、さらなる研究が必要だと述べる。しかし、カレドニアガラスは自分のフック状の道具のはたらきを理解しているように見えるし、このことは、累積的な改善がどのようにして可能になったかを知る手がかりになる。ルッツと同僚のジェームズ・J・H・セントクレアは、捕獲されたカレドニアガラスを対象に一連の実験をおこない、このカラスが道具のどちらの端がフック（鉤《かぎ》）状になっているかによく注意を払い、道具を正しい方向に向けることを突き止めた。この発見が「道具が改善された過程」について重要な意味を持つかもしれない、と2人は述べている。つまり、これらのカラスは自分が道具をどのような向きで置いたかを忘れても再利用できるし、ほかの個体が捨てた道具でも使うことができる。2人によれば、このことが「社会的学習とカラスの集団内での道具にかんする情報伝達の重要なメカニズムである可能性がある」。また道具の機能を識別して変更する（少し良くする）カレドニアガラスの能力が、道具の複雑度の進化をうながしているかもしれないという。

ニューカレドニア島の生物たち

カラス科には絶滅種をふくめて117種の鳥がいるのに、なぜカレドニアガラスだけがさまざまな道具を使うという驚くべき才能を開花させたのだろう？ このカラスがこれほどすばらしい能力を獲得したとき、どんな力がはたらいたのだろうか？ ほかのカラスも賢い。熱帯地域に暮らしてもいる。この場所が特別なのだろうか？ あるいは、このカラスが特別なのか？

ニューカレドニアはいろいろな意味ですばらしい土地だ。ニュージーランドとパプアのあいだに延びる長さ約400キロのこの島は、上空からながめるとハワイやバリ島、すぐそばのヴァヌアツなど太平洋上に浮かぶほかの島々と同じく、火山性の力によって形成されたように見える。高い緑の峰々、白い砂浜、青い潟湖。ところが、この暖かい海に散在する多くの島々とちがって、ニューカレドニアはさほど古くなく火山性でもない。それは古代の超大陸「ゴンドワナ大陸」の残骸なのだ。6500万年前にオーストラリアから分かれ、現在ほぼ全域が海中に没しているジーランディアの最北端にあたる。3700万年前に最終的に出現するまで海中にあった。

この島は、私が訪れた中でもっとも静かな場所だった。ニュージャージー州ほどの面積だが、人口はその3％にも満たない。だから、多くの場所では人の気配がしない。先住民のカナク人が人口の5分の2以上、現地でカルドーシュと呼ばれるヨーロッパ人（おもにフランス系）が約3分の1を占め、残りが周辺の島々の人びとだ。さびれた道路には、オーストラリアセイケイと呼ばれ、明るい赤のクチバシと紫の胸毛を持つ大型のバンが頻繁に出没する。有名な探検家のジェームズ・クック船長にちなんで名づけられた細長いクックパインの木が空高くそびえる。1774年、クック船長らがこの島に近づいたとき（島にはじめてやって来たヨーロッパ人の一人だった）、彼と船員たちは「背の高い物が多数そびえている」のを目にして、それが木か石柱か賭けた。これらの木は、「生きた化石」と呼ばれることもある樹木の科に属する。恐竜が地上を闊歩していた時代に繁茂していた古代の常緑樹に似ていたからだ。島の中央部から山々の尾根が延び、東側の斜面には原生林が散在する。林冠の下の暗闇には、現実のものとは思えないカグーという鳥がひそんでいる。この島はゴンドワナ大陸時代の残存種かもしれない。

かつてニューカレドニア島を覆いつくしていた原生林はつぎはぎだらけになった。それでも、この島は多様性のホットスポットだ。昆虫の種数は2万を超えると考えられ、これには70種のチョウの固有種と300種を超えるガがふくまれる。島で見かける3200種ほどの植物の4分の3は固有種で、この地上のほかのどこでも見ることはできない。そのため、ニューカレドニアの植物はこの島に固有の亜界を形成していると考えられることも多い。

写真　カワリサンコウチョウのオス（提供：Alamy/PPS通信社）

この島には大型の生物が多い。たとえば、「木にひそむ悪魔」という意味の名を与えられたツギオミカドヤモリは約35センチあり、60センチ近いトカゲもいる。巨大な陸貝のチブサアカネマイマイは13センチほどにも成長する。現地でノトゥとして知られるオオミカドバトは、世界最大の樹上性のハトで、体重が1キロを優に超える。カワラバトの2倍ほどだ。すでに絶滅した地上性のタカへ（*Porphyrio kukwiedei*）はシチメンチョウほどの大きさだったし、巨大な飛べない鳥のツカツクリ（*Sylviornis neocaledoniae*）は170センチ弱の体長と約30キロの体重があった。

島では不思議な現象が起きる。巨大化もその一つだ。矮小化や、あらゆる種類のけばけばしい装飾や異形もある。ボルネオ島で私はコマツグミより小さなカワリサンコウチョウのオスを見かけたことがある。この鳥は奇妙に長い一対の中央の尾羽と、オパールのような光を放ちながら、鮮やかな緑の雨林を背景に凧の尻尾《しっぽ》のように波打つ、30センチほどもある尾羽を持っていた。

進化の実験フィールド

島は濠にかこまれた実験の地でもある。大陸より生存競争が激しくなく捕食者も少ないため、無残にも進化の実験が早期に中止されることが少ない。そうした実験には、道具で遊ぶなどの行動実験もある（この地上で日常的に道具をつくり使用する唯一のほかの島が、ガラパゴス諸島のキツツキフィンチであるのも当然なのだろう）。

クリスチャン・ルッツと彼の同僚たちは、カレドニアガラスは3700万年前のニューカレドニア島の出現後のある時点でこの島に達したのだろうという。頭蓋骨などの骨の化石がこの島のモワンドゥ地域にあるメオーレ洞窟で発掘されている。しかしこれらの化石はわずか数千年前にさかのぼるだけなので、このカラスの進化史をより深く理解する手がかりにはならない。

カラス科は数千万年前に2系統に分かれたが、カレドニアガラスの祖先の系統はそれほど古くないと思われる。このカラスの祖先は、おそらく東南アジアかオーストララシア［訳注：オーストラリア、ニュージーランド、ニューギニア、近海の島々をふくむ地域］から外洋を長距離飛んでニューカレドニアに到達したようだ、とルッツは示唆する。現生のカレドニアガラスの飛翔力は弱く、枝から枝くらいしか飛べない。長距離を移動する必要に迫られたときでも、飛行は遅く、たいへんな体力を消耗する。それでもルッツは、カレドニアガラスの祖先は飛翔力の強い種だったか幸運な外来種だったと考えている。そして、この島にやって来たあとの数百万年で、このカラスは道具をつくり使用する特殊な能力を獲得したらしい。

競合種と捕食者の脅威

ニューカレドニアには、賢い動物のために栄養豊富でおいしい獲物が隠されている。カミキリムシやそのほかの無脊椎動物の幼虫が樹木の奥深くにもぐりこんでいるのだ。幼虫はタンパク質とエネルギー源となる脂肪を多くふくむ。ルッツによれば、カラスは数匹の幼虫を食べれば一日に必要とされるエネルギーを摂取できるという。これらの自然のエネルギー源をめぐる競争は激しくはない。キツツキ、サル、類人猿、アイアイ、あるいはフクロシマリス、そのほかの餌をほじくり出すスペシャリストに、穴から餌を取り出す種はいないのだ。

天地のどちらを取っても、カラスに脅威を与える天敵は多くなかった。フエナキトビ、ハヤブサ、ムナグロオオタカなど、ニューカレドニアには空からの捕食者が少数ながらいた。だが、これらの捕食者は一般にカラスにとって脅威ではないと考えられている。ニューカレドニアにはヘビらしいヘビはおらず（例外は穴居性ヘビで、このヘビは本島に隣接した小さな島々に棲息する）、この島に固有の捕食性の哺乳類もいない。この島に固有の唯一の哺乳類は9種のコウモリで、これらのコウモリが多くの雨林の樹木の種子を拡散するおもな役割を果たしている。クック船長がこの島に到達したとき（そして彼が、自ら愛するスコットランドにちなんで島を「ニューカレドニア」と命名したとき）、彼は先住民のカナク人へのみやげに2頭のイヌを連れていった。これは良くない考えだった。いまではネコやラットなどほかの外来種とともに、野犬が増える結果となった。イヌはカグーの数を減らしたものの、カラスにはほぼ危険をおよぼしていない。

　競合種や捕食者の脅威がこれほどなかった結果、カラスは警戒する必要がなくなった。つまり、空を見上げることもなく、棒やトゲのある葉でつついたり、探ったり、噛みついたり、引きさいたり、そしてまた探ったりと、いろいろ試す時間と心の余裕ができたのだ。脅威から解放されたことで、幼鳥期をよりゆったりと過ごせるようになった。親鳥に見守られながら、幼鳥は安全に道具づくりに精を出し、ひもじい思いをすることなく長いあいだ技術を磨くことができた。

長い幼年期

　子ガラスは巣立ってすぐに完璧な道具をつくるわけではない。キツツキフィンチと同じく、カラスにも道具を使う遺伝的な素質がある、という証拠は得られている。捕獲された子ガラスを使ったある実験では、親ガラスに教えられなくとも子ガラスは基本的な棒の道具を自作して使った。しかしより複雑な道具づくりとなると、子ガラスは明らかに親ガラスの教えとお手本を必要とする。

たとえば、親ガラスと一緒に時間を過ごしてからでないと、完全なパンダナスの道具をつくることはできない。この学習プロセスはとかく厳しい千本ノックになりがちだが、片方か両方の親ガラスの存在によって和やかに進む。オークランド大学のラッセル・グレイとギャビン・ハントとともに博士課程にあったジェニファー・ホルツァイダーは、ニューカレドニアで子ガラスがパンダナスの道具づくりと使用を学習する過程を2年にわたって観察した。彼女とグレイが制作した、「イエローイエロー」（2つの黄色い足環をつけていた）という名の子ガラスのビデオを見るのは、小さな子どもが食べ物をこぼさずにスプーンで食べられるようになるのを見ているような感覚だった。それは緩慢なプロセスで、不運なできごとやあと一歩という結果の連続だった。

認知の進化にかんする講義で、グレイは子ガラスの学習の進み方について説明した。最初、イエローイエローは自分がなにをしているのかまったく理解していなかった。かえってから2～3ヵ月になると、母ガラスの「パンドラ」の行動をじっと見つめるようになる。母ガラスが道具を使って昆虫をつかまえるのをながめたあと、母ガラスの道具を借りて穴に横向きに差しこもうとする。道具の目的はわかっているようだが、それをどう使うかはわかっていない。母ガラスの道具を使いながら一緒に動くことで、子ガラスはどのような植物や棒がいい採餌の道具になるか、道具をどう使うかを大枠で理解する。

道具を自作するようになると、子ガラスは母ガラスの動きをまねることはない。母ガラスの向こうを張って独自の道具をつくろうとする。このことが、道具づくりのスタイルに「地域差」がある理由を説明してくれるのかもしれない。親ガラスのつくった道具を観察して使うことによって、子ガラスは「その土地でつくられている道具が持つデザインのメンタルテンプレートを形成し、それにもとづいて自分自身の道具をつくるのかもしれません」とグレイは語る。「歌（さえずり）については、ある種のテンプレートマッチングがおこなわれていることがわかっています。試行錯誤によって、子ガラスは自分のさえずりを親ガラスのものに似せていくのです。ことによると、道具づくりのテンプレートマッチングでもこれと同じ神経回路が使われているのかもしれません」

その後のプロセスはほぼ実験になる。数ヵ月にわたって、子ガラスはパンダナスの葉を手（いや、クチバシ）で手当たり次第に引きさく。引きさかれた葉はめちゃくちゃかもしれないが、少なくとも葉をさく練習にはなっている。

かえってから5ヵ月、子ガラスは道具らしきものをつくることができるようになっている。それでも、パンダナスの葉の誤った部分（トゲのないところ）を使ったりするので、役に立たない道具ができることもある。裏返して使ってみるが、やはりそれでは使えない。さらに数ヵ月後、とうとう「製作工程」をものにして、すべての正しい動きをするようになる。パンダナスの葉の正しい部分を切り取り、順を追って葉を切る工程をきわめて慎重におこなう。それでも最初に切り取る場所がちがったり、道具を上下逆さまに入れたり、トゲが誤った方向を向いていたりする。

イエローイエローがつくった道具の半分は餌に結びつかなかった。親鳥並みの道具をつくって効率的に餌を手に入れるようになるまでには、ほぼ1年半かかる。なかなか長い学習期間だ。それも親鳥が幼鳥の教育を怠らないからこそ可能になる。親鳥は幼鳥を連れ回して自分の道具を使わせ、幼鳥が餌を手に入れられなければ、大きな幼虫を1～2匹、幼鳥のクチバシに入れて腹を満たしてやる。この島ではカレドニアガラスは、ヒナの時期に長い時間をかけて学び、見習いからアマチュア職人、そして見事な道具職人へと、死ぬまでずっと腕を磨きつづけるのだ。

この点において、カレドニアガラスはヒトの生存戦略を理解する手がかりを与えてくれそうだ。ヒトは霊長類の中でも親に依存した幼年期が長く、その期間に生存戦略をしっかり学習する。オークランド大学のチームによれば、ヒトとカレドニアガラス双方における採餌にかんする高い技術レベルと親に養育される長い幼年期は、相互に因果関係があるらしい。この考え方は「早期学習仮説（early learning hypothesis）」と呼ばれる。学習を必要とする道具づくりがあるために、幼年期が長期化するというのだ。つまりカレドニアガラスは、鳥だけでなくヒトにおいても、道具の使用が生活史に与える進化的な効果を解明する良好なモデルになるかもしれない。

なぜカレドニアガラスなのか？

樹皮の下などに隠れているおいしくて豊富な餌、競合種や捕食者の少なさによって、道具をつくる条件が整った可能性もあるが、クリスチャン・ルッツが指摘するように、これらの要因のみで道具づくりを十分に説明することはできない。太平洋地域のカラスの多くは同じような生活をしていてパンダナスの葉も周辺にあるが、道具をつくることはない。オーストラリア北東部には、カレドニアガラスのいとこにあたるミナミガラスがいる。このカラスはオーストラリアに棲むカミキリムシの幼虫に恵まれ、この栄養豊かな食料源を争う競合種もいないにもかかわらず、道具を使ってこの幼虫をつかまえる術を知らない。また、カレドニアガラスにおそらく最近縁でソロモン諸島のソロモンガラスにしてもそうだ。

カレドニアガラスの肉体と精神になにか特別な要素があるのだろうか？　身体か脳にほかのカラス仲間とちがう部分があるのだろうか？

謎めいた因果関係

私がカレドニアガラスをはじめて見たのは、ニューカレドニア中部にあるラ・フォアの宿泊先を出たある早朝のことだった。

そのカラスは、私から1メートルほど先の場所に生えたちっぽけな木の低い枝にとまっていた。私の自宅付近でのさばっているアメリカガラスとさほどちがわないのがうれしい気もした。漆黒のクチバシ、脚、羽。表面の羽毛は光の加減で紫、濃い青、緑と玉虫色に輝いていた。体は……どちらかと言えば……小さめのカラスほどで、アメリカガラスよりやや小型で、標準的なカケスやニシコクマルガラスより丸々としていた。

カラスがこちらを向いた。キラキラ光る濃い茶色の目は大きく目立っていて、知性を感じた。目は頭の前寄りについている。そのおかげで、道具をつくるときに回転して正面を向くことができるので、ほかの鳥類より特別に広い視野の「重なり」を形成する。この広い両眼視野があるおかげで、カレドニアガラスは道具を使うときにクチバシを正確に操ることができるのだ。

オックスフォード大学のアレックス・カセルニックらは、新しい研究でもう一つ別の視覚的要素を指摘する。ヒトと同じように、カラスには優位な目（利き目）がある。カラスは道具をどちらかの目に寄せて持つ。そうすることで、利き目で道具の先端と目標物を見る。カセルニックは、こう説明する。「ハケを口にくわえることを考えてみましょう。どちらかの目がもう一方の目よりハケの長さをうまく測れるとすれば、人間はこのよく見えるほうの目の視野に先端が入るようにハケをくわえます。カラスもこれと同じことをしているのです」

カレドニアガラスのクチバシはまっすぐな円筒形をしていて効率重視で、ほかのカラスの仲間を特徴づける立派な鉤や曲がった部分がない。道具をしっかりくわえて、その先端を強力な両眼視野に入れるのに適している。

クチバシは、鳥が餌を探すために使う唯一の身体部位だ。一般には、クチバシのかたちによってその鳥に食べられる物が大きく制限される。タカやワシはウサギの肉を引きさく鉤形のクチバシを持つ。サギのクチバシはすべりやすい魚をしっかりつかまえるためにトングのようなかたちをしている。キツツキのクチバシは木をけずるために鑿に似たかたちをしている。カラスのクチ

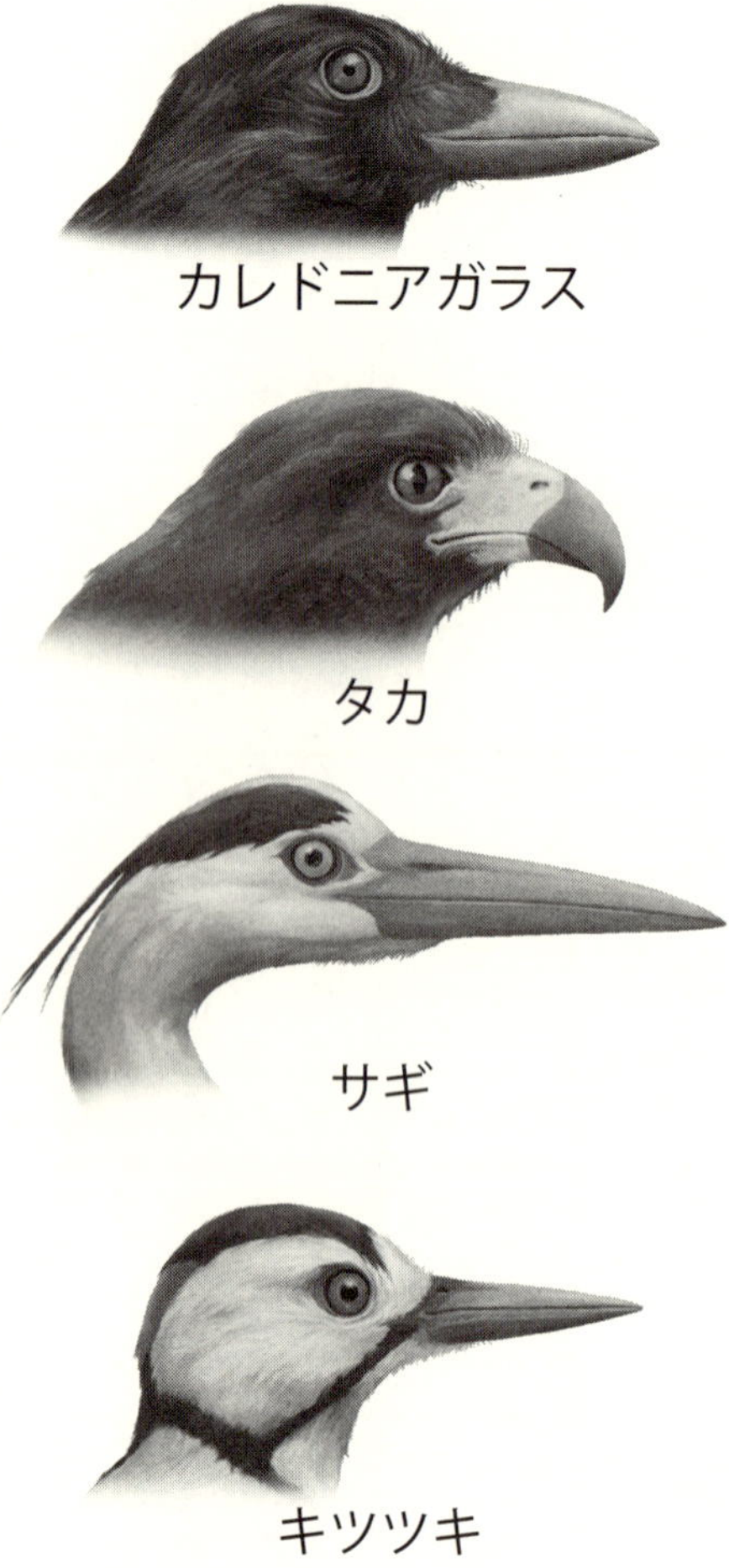

図　カレドニアガラスとその他の鳥のクチバシ

バシは、鉤形、ピンセット形、槍形などいろいろだ。

カレドニアガラスのクチバシの場合もできることはかぎられている。しかし、このカラスは道具という奇跡のおかげで、クチバシが届く範囲を広げる方法を見出したのだ。

道具づくりあるいは肉体の特別な適応のどちらが先に起きたのかはわからない。このカラスは独自のクチバシのかたちと特別な視覚を持っていたおかげで、道具をつくって使うようになったのだろうか？ あるいは、このカラスの道具づくりは、特殊な生態学的条件（隠されたおいしい幼虫）に応じてゆっくりと視覚系とクチバシを発達させた結果なのだろうか？ これこそ生物学者が愛すると同時に嫌悪もする、謎めいた因果関係だ。

科学者によれば、この答えのいかんにかかわらず、これら2つの形質（特殊な視覚系とまっすぐな円筒形のクチバシ）は、カレドニアガラスがほかのカラス仲間には不可能な精密な道具制御をできる理由であり、ヒトが道具を巧みに操ることを可能にした形質（物を正確につかんだりつまんだりするための両眼視、そして柔軟な手首と手の反対側についている親指）に似通っている。

ギャビン・ハントが指摘するように、カレドニアガラスの道具づくりにはヒトとの類似点がさらにいくつかある。親の世話を必要とするとくに長い幼年期は、道具をつくり使用するための学習を可能にする。さらにハントの言葉を借りれば、「ヒトとカラスのどちらにおいても、道具の使用は世代を超えて継承される一方で、状況に応じて変化もします。このために、道具づくりが普遍的とまではいかなくとも、広範囲に見られるのです。道具の使用が起きるのは、ヒトとカラスのどちらでも絶対とは言えないようです。ですが、伝達プロセスがあるために両者ともにきわめて似通った結果が得られるのです。ただし、ヒトよりカラスの場合のほうが社会的学習は少ないでしょう」。

学習と思考のあいだ

カラスが私を見返した。その目は一心になにかを問うようだ。なにをそんなに驚いているのか、と尋ねているようだった。あの黒い頭の中にある脳がほかのカラスの仲間とどうちがうのだろう、と私は思った。研究によれば、いくらかちがいがあるようだ。ある研究で、カレドニアガラスの脳は少なくともハシボソガラスやカササギ類、カケス類より小さいことがわかっている（しかし、ご存じのように脳全体の大きさはおおまかな指標でしかない）。細かな運動制御や連合学習［訳注：新しい刺激にもとづいて学習する過程］に関連すると考えられている前頭部の領域が少々大きい。これがこのカラスの器用さと集中力（いかなる精神的作業でも大きな利点となる）を高めているのかもしれない。またラッセル・グレイが指摘するように、カレドニアガラスの脳はグリア細胞の数が他種よりわずかに多く、このグリア細胞はヒトでは学習と記憶のメカニズム、すなわちシナプス可塑性に関係することが知られている。要するに、このカラスの脳には「奇跡の新しい構造があるわけではなく、ただわずかな調整があるだけなのです」とグレイは語る。

では、カレドニアガラスは高度な思考をするのだろうか？　因果関係のような物理の法則を理解するのか？　推論し、計画し、洞察を生み出すのだろうか？

この10年あまり、オークランド大学のチームと同僚たちはカラスの心の中を探ってきた。さまざまな側面からカラスの心を調べ、彼らがどのような特別な理解（もし、あるとすれば）をしているのか突き止めようとしてきた。彼らは、カラスの全体的な知能より、問題解決に貢献する「独自の」認知メカニズムの解明に興味を抱いていた。それは洞察、推測、想像、計画などヒトの高度な認知能力の構成要素あるいは基盤かもしれない。この認知能力は、自分の行動の結果に気づき、因果関係を把握し、さまざまな材料の物理的特性を見て取る能力をふくむ。

「問題解決にあたるとき、これらのカラスは単純な学習とヒトの思考の中間にある認知形式を使っているのかもしれません」とテイラーが説明する。カラスの行動にはっきり表れている認知の特徴は、シナリオの想像や因果関係の推測など、ヒトの複雑な認知能力にいたる途中の段階を示している可能性がある。「ですから私たちは、モデル種としてのカレドニアガラスに深い関心を抱いています」とテイラーが語る。「これらのカラスが使う認知メカニズムを特定すれば、ヒトの思考と知能一般の進化にかんする洞察に結びつくかもしれません」

007の問題解決

8段階のメタ道具パズルのビデオで007がやってのけたことを考えてみよう。あの賢いカラスは洞察なしに問題を解決したように見えた。彼はまず問題全体について調べているようだった――クチバシでは届かない箱の中に餌がある。そして、頭の中で複雑なシナリオを追うことで、一瞬の理解によって問題を解決した。自分の行動の順序を計画し、その行動を順次実行し、そのあいだずっと最終的な目的を頭に描いていた。

最初にメタ道具実験をテイラーとおこなったラッセル・グレイによれば、実際に007が成し遂げたことはこれより目覚ましいわけではなかったが、それでもやはり好奇心を煽《あお》った。007が実際に問題を把握していたのは事実だという。とはいえ、あのカラスは私たちがするように想像力をはたらかせたり、物事のシナリオを構築したり、ひらめきで問題を解決したりはしなかったと思える。しかし、彼は実際に物理的に存在し自分が慣れ親しんだ物にはたらきかけた。物どうしがどうはたらくのかを知っていたのだ。自分の道具がほかの物とどう相互に作用するかをしっかり見定めようとしていた。物との過去の経験から、目的の達成に適した一連の行動を取った。もしあのカラスがシナリオ構築をしていたのだとしても、それはかなりかぎられたものだっただろう、とグレイは示唆する。それは文脈と経験に依存していたのだ。

007の行動はじつはこれより複雑かもしれないし単純かもしれない、とアレックス・テイラーは述べる。「一種の行き当たりばったりの行動で、精神的なシミュレーションはまったく関係ないのかもしれない。私たちにはまだわかっていないのだ。これはどちらが正しいか実証しなくてはならない、相反する仮説なのである」

実験に参加するカラスたち

カラスの心を探ろうとオークランド大学チームが実験を重ねている鳥小屋は、ファカロ山中の小規模な研究所の裏に広がる、うらさびれた草地に建つ。雨期にはこの場所を川が蛇行して流れ、嵐になると洪水が起きる。現在、川床は枯れていて、くねくね伸びるコバノブラシノキやまばらなパンダナスの木が木陰をつくっていた。あたりは静かで、網で仕切られた小屋にいる7羽のカラスが、ときおりしわがれた声で「カー」と鳴くだけだ。草地を歩き回っている馬の群れが小屋に近づきすぎると、カラスたちは騒がしい警戒声を発した。

この鳥小屋で暮らしたカラスは十分に研究され、その中に007と左脚に青い環をつけたブルーがいた。チームは、研究を終えたカラスを野生に返す前に数ヵ月ここで飼育する（007は、ニューカレドニアのコギ山にある故郷の森に返された）。さまざまな色の環はカラスの個体識別に使われ、もう少し想像力に富む名前に落ち着くまでの仮名となる。150羽を超えるカラスを名づけたあとでは（ほんの少し例をあげると、イカルス、マヤ、ラズロー、ルイジ、ジプシー、コリン、キャスパー、ルーシー、ルビー、ジョーカー、ブラットなど）、アレックス・テイラーは思いつく名前を使いつくしてしまったので、いい名前があったら教えてほしいと言う。そんなわけで、ブルーの娘たちのレッドとグリーンは、私の娘たちのゾーイとネルの名前をもらった。

科学者はカラスを「ウィッシュ」網でとらえるが、できれば家族単位でつかまえようとする。

カラスがたくさんいる場所では（1平方マイル〔約2・59平方キロ〕あたり20羽）、この戦略はうまくいく。しかし島の多くの場所、とりわけ高地の森ではカラスの数が少ない（1平方マイルあたり2〜3羽）ので、捕獲はとても難しい。テイラーの同僚であるギャビン・ハントは最近、パニエ山でカラスの捕獲に悪戦苦闘した。そのときは、カナク人が正式にノトゥ（ハト）の狩りを許されるシーズンだった。ときおりハト狩りの巻き添えを食うので、カレドニアガラスはこの時期にはふだんより警戒心が強かった。ハントは一羽も捕獲できずに戻ってきた。銃声の影響を抜きにしても、カラスの捕獲には忍耐が必要だった。

捕獲後に鳥小屋に連れてくると、カラスはすぐに新しい住まいに慣れる。慣れないはずがない。テイラーと同僚のエルザ・ロワゼルが熟れたトマト、角切りの牛肉、パパイヤ、ココナツ、卵などを与えるのだから（「一般の方は、科学は思考と実験をすることだという誤った印象を持っていると思います」とロワゼルは言う。「でもじつはトマトを切ったり、牛肉を角切りにしたりする時間が長いんですよ」）。捕獲されたカラスはすぐに小屋に落ち着き、実験のためにテーブルに飛んでくるようになる。「大切なのはカラスを楽しませることです」とテイラーが語る。「カラスのタスクをつねにほんの少しだけ難しくしていれば、カラスは興味を持って実験に参加してくれます」

「私たちが知りたいのは、このカラスたちがどのような思考をするのかです」とテイラーが教えてくれた。彼らはどのようにして複雑な問題を解決するのだろうか？　洞察や推論だろうか？

あるいはもっと平凡なプロセスなのだろうか？

カレドニアガラスに洞察はあるか？

007が挑んだ8段階の実験にあった、ひもを引くタスクを思い出してみよう。このカラスは、止まり木にぶら下がったひもにゆわえつけられた棒を自然に引っ張る、という驚嘆すべき能力を見せた。この能力を洞察の証拠と考える科学者もいる。カラスは問題の心的シミュレーション（ひもを引くことが餌に与える影響を想像する）をして、瞬時にこの問題を解く計画を実行するというのだ。

この考えが正しいかどうかを知るため、テイラーと彼の同僚たちは褒美の肉がついたひもを使って少し趣向を変えた実験をおこなった。この実験では、カラスはひもを引っ張ったときに近づいてくる肉を見ることはできない。これでカラスはとまどった。肉が自分に近づいてきて、もっとひもを引っ張れという視覚的なフィードバックがないとき、肉を得るために十分な回数にわたって自然にひもを引っ張ったのは、11羽のうちわずか1羽だった。この成績は状況を読めないイヌにも劣る（ヒトもこの実験には失敗する。科学者が50人の大学学部生を対象にこのひも実験をおこなったところ、9人が失敗したとテイラーが教えてくれた）。次に、なにが起きているかを確認できる鏡を設置したところ、カラスはふたたびこの問題を解決できた。もしここで問題になっているのが洞察――因果関係の突発的で瞬間的な理解（ひもを引けば肉が近づいてくる）――

であるなら、カラスはひもを引っ張りつづけるために視覚的フィードバックを必要とはしないだろう。

カレドニアガラスに洞察があるかどうかについてはまだ結論が出ていない。しかし、この実験結果を見るかぎり、これらのカラスは自分の行動の結果に気づき、物どうしの相互作用に注意を払うという特別な能力を有することがわかる、とテイラーは語った。この能力は道具づくりや使用においてとても有用な心的道具になる。

因果的推論——目に見えない力を理解できるか？

オークランドチームは、カラスが基本的な物理の法則を理解するかどうかも突き止めようとしている。この目的のためのカラス版パラダイムは、テイラーの言葉を借りれば「カラスと水差し」という古いイソップ童話の実験版だという。

童話では、喉の渇いたカラスが水が半分ほど入った水差しを見つける。水を飲みたくてもクチバシが届かないため、カラスは水差しに小石をどんどん入れていく。すると水面が上がって水を飲むことができた。

だが、この童話はただの昔話ではなかった。カレドニアガラスは、これとそっくりなことをするのだ。つまり、水の入った筒に小石を入れて水位を上げる。オークランドチームと実験に取り組んでいたサラ・ジェルバートは、重い物と軽い物、空洞の物と中が詰まった物を与えられると、カラスが水に浮く物ではなく沈む物を選ぶことを発見した。カラスは物の素材を知っていて、90%の割合で正しい選択をする。このことは、カラスが水位の変化を理解することを示す。これはきわめて高度な物理学的な概念であり、人間の5〜7歳児の理解に相当する。さらに、このことはカラスが物の基本的な物理的特性を理解し、それについて推論する能力があることも示唆する。

最近では、テイラーとグレイ、そして2人の研究仲間が、カラスが原因と結果の関係、とくに目に見えない力の結果を理解するかどうかを探ろうとしている。彼らが突き止めようとしているのは因果的推論と呼ばれ、ヒトが持つ最強の心的能力の一つだ。因果的推論は、この世にある物の動きは予測可能で、目に見えないメカニズムや力がさまざまな事象の原因かもしれない、という理解の前提となっている。

「私たちはつねに、目には見えない事柄について推論しています」とグレイは語る。家の中にいて、フリスビーが飛ぶのが窓の外に見えたら、私たちは誰かがそれを投げたのだろうと思う。ヒトはある出来事の原因にかんする理解を生後きわめて早期に発達させる。お手玉がスクリーンの向こうから飛んできたあとでスクリーンを取り払ったときに、人間（手など）という原因が見当たらず、おもちゃのブロックしか置かれていないと、わずか7〜10ヵ月の乳児でも驚く。グレイが指摘するように、この能力が雷や鼻かぜ、磁石や潮汐、重力や神々の把握の基盤をなしている。それは周囲の人びとの行動を理解し、道具づくりと使用を可能にし、新たな状況に応じて道具を調整するヒントにもなる。つまり、かつて人間に特有と考えられていたもう一つの強力な能力だ。

カラスも見えない力（いわば隠れた原因）にかんする推論をすることができるのだろうか？じつは、この考えを実証する実験をしてみようとアレックス・テイラーに思わせたのは、一羽のカラスだった。

すばらしい実験パートナー

鳥の行動を研究する科学者は、ほかの多くの科学者に比べて予測しづらい人生を送っている。実験対象である鳥に裏をかかれたり、幸運にもなにかを教えてもらったりするのだ。鳥はとても精巧にできた実験装置を台無しにして、想像もできないほど早く科学者の自信をなくさせることがある。反対に、十分に注意を払っていれば、大きな見返りを与えてくれることもある。今回の場合には、ローラという名のカラスの行動のおかげでテイラーはひらめきを得たのだった。

それは、イソップ実験のトライアルを始めてすぐのことだった。テイラーがコルクに餌をつけて水を入れた筒に落とした。テイラーはこの作業をかならずカラスに背を向けておこなう。このあと繰り広げられるシナリオは、たいていこうだ。水位を上げてコルクをくわえることでパズルを解くと、カラスはすぐに小屋の奥にある止まり木に飛び上がる。コルクから肉を外して食べるとコルクを落とす。コルクにふたたび餌をつけるために、テイラーは小屋のうしろからコルクを拾わなくてはならなかった。「一度のトライアルなら問題ありません」とテイラーは言う。「でも100回すれば、いいかげん嫌になります」。小屋は鳥に合わせてつくってあるので、コルクの回収はきわめて難しい。「とても広いテーブルと、たくさんの止まり木があるのです」とテイラー。「つまり、鳥小屋の中はある種のジャングルのようで、人間が動くにはとても不都合です。床に手とひざをつけて這うことが多くなります」

ローラの場合はちがった。ほかのカラスと同じように、餌のついたコルクをくわえて飛び上がったが、肉を食べるとコルクをくわえてテイラーのそばにあるテーブルの上に置いたのだ。置いた場所はテイラーが立っていた場所にとても近かった。「私は、『ありがとう、君はなんてすばらしいんだ』と言いたくなりました」。コルクを回収するためにテーブルの下を這わなくてすんだ上に、すぐ餌をコルクにつけて実験速度を上げられたのだ。

このことでテイラーは考えた。ローラは彼がコルクに餌をつけるのを一度も見たことがなかったのに、餌が出現した原因が彼にあるとわかったのだ。「私は思いました。コルクを早く私によこせば、次の餌をより早くもらえるとローラは理解したのだ、と。自分は作業をとても効率よくこなしている。だから、私が実験速度を左右する因子であり、私の作業速度を上げれば餌をもらう速度が上がる、と」

ローラの行動を見たことで、カレドニアガラスはこれまで考えられていたより高度な因果的推論をするのではないか、とテイラーは考えるようになった。人間の行動が隠れて見えない場合でも、このカラスは人間が原因であることを理解するのだろうか？　彼らは目に見えない原因と結果のメカニズムを推論することができるのだろうか？

カラスにできることとできないこと

この答えを求めて、テイラーたちは創意工夫をこらした実験を考えだした。見えない場所から棒が出たり入ったりするとき、カラスはその場所に人が入るのを見れば、その人が棒の動きの原因だと推論できるかどうかを探ろうというのだった。なにもない鳥小屋の中に、チームは防水シートで隠れ場所を設けた。餌の入った小さな箱を隣に置いた。餌は、カラスが簡単な道具を使えば取り出せるようになっていた。餌を箱から取り出すには、カラスは防水シートに背を向けなくてはならなかった。ところが、防水シートに穴があってそこから棒が突き出るので、餌を探しているカラスの頭に棒がぶつかって危険だった。

テイラーの説明によれば、実験では、穴から棒が出てくる2つの異なるシナリオを8羽のカラスに見せた。最初のシナリオでは原因（棒を動かしている人）が隠されていた。人が隠れ場所に入り、棒が何度か穴から出たり入ったりしたあとで、人が隠れ場所から出ていった。2番目のシナリオでは、人が隠れ場所に出入りしなかったにもかかわらず、棒が出たり入ったりした。

それぞれのシナリオを見たあと、カラスは箱の中の餌を探す機会を与えられた。彼らの行動を観察すると、カラスが目撃したことをつなぎ合わせて、隠れている人が棒を動かしていると推測できることがわかった。棒が動くのを見たあとに人が隠れ場所から去っていくのを見ると、カラスは安心してテーブルに舞い降り、餌を探そうと隠れ場所に背を向けた。ところが、原因がわからないままに棒が動くのを見たあとでは、カラスは用心深くふるまったのだ。テーブルに舞い降りたものの、隠れ場所を不安そうに調べ、餌を探すのを止めることもあった。棒を動かした正体のわからないなにかがまた動くのではないか、と恐れているようだった（人の手がないのにお手玉が飛んできたときに乳児が見せた驚きの表情に似ている）。テイラーらによれば、カラスの行動にちがいが出るということは、彼らがかなり高度な因果的推論をする能力を持つことを示唆する。

「因果的な介入」と呼ばれる別の実験では、カラスの成績はあまり振るわなかった。因果的な介入は因果関係の理解を一歩進めたものだ。それは、なにかが起きるのを見たあとで、同じ効果を起こさせる行為をすることを意味する。たとえば、あなたは木を揺すって果実を落としたことがないとしよう。ある日、風で枝が揺れて果実が落ちるのを見たとする。この経験から、あなたは枝を揺すれば風と同じように果実を落とせると類推するのだ。

これを調べる実験にまさに最適なのがブリケット・ボックスと呼ばれる装置だ。この小さな箱は上になにか物を置くと音楽が鳴る。2歳児にこの様子を見せてから、この箱と物を与えて尋ねる。「音楽を鳴らせる?」。すると2歳児なら問題なく音楽を鳴らせる。ところがカラスはこの実験には成功しない。「ただ物をくわえ、箱の上に置くだけでいいのです」とテイラーは言う。「それは人間にはとても簡単に思えます。え？　難しいことなんてなにもないじゃない！　そう思いますよね？　ところが、カラスには無理なのです」

テイラーには、カラスの失敗が成功と同じくらい興味深い。認知メカニズムの進化に興味があるなら、カラスの失敗もやはり面白いと彼は言う。「私たちは因果関係の理解のどの部分が一緒に進化し、どの部分がそうならなかったかを突き止めようとしています」と彼は語る。「私はあのカラスたちになにかを教えこもうとしているわけではありません。彼らの心のはたらきを知りたいのです。ある部分で『愚かで』、別の部分で賢いのだとしても、できることとできないことがあるのだとしても、やはり興味深いことにちがいはありません。カラスの面白いところは野生環境での行動と道具の使用です。それがカラスのカラスたる所以です」

鳥は遊ぶか？

テイラーはもう一つ知りたいことがあると言う。さほど学術的ではないかもしれないが、だからといって面白くないわけでもない。それは、カレドニアガラスがなにを楽しむのかという問いだ。

「私の印象では、このカラスは一種の仕事中毒です」と彼は言う。「餌を手に入れるのにとても集中しますが、いったん餌が手に入ると、それでもういいんです。すわって毛づくろいしたり、飛んだり、鳴いたりします。ミヤマオウムのように、つねに新しい物と遊んだりはしません。これはとても面白いことだと思います。誰に聞いても好奇心と遊びは知能と結びついていると言いますからね」

鳥は遊ぶのだろうか？　ただ楽しいから遊ぶのだろうか？

ロンドン大学クイーン・メアリー校で動物の知能について教える上級講師ネイサン・エメリーとケンブリッジ大学のニコラ・クレイトンは、鳥類のうち脳の大きい晩成種は（哺乳類の多くも）遊ぶと主張する。だが、それは「鳥類では比較的めずらしい」と2人は書く。「1万種のうちわずか1％にしか見られず、カラスやオウム・インコ類など発達期間の長い種にほぼかぎられている」

遊びはかならずしも生存に不可欠ではない、とエメリーとクレイトンは述べる。それはストレスを軽減し、社会的な絆づくりをうながし、純粋な楽しみを与えてくれる。「人間と同じように、鳥はただ楽しいから遊ぶのかもしれない」と2人は説明する。「遊びは楽しい経験になり、脳内麻薬（オピオイド）を内分泌する」。言い換えれば、遊びは自己完結する行動、いわばそれ自体が報酬なのだ。

動物学者のミリセント・フィッケンによれば、複雑な遊びができるのは賢い鳥だけだという。これらの鳥は遊びをとおして自分の行動と外界との関係を発見し実験する。つまり、遊びは知能を必要とする一方で、それを育むのだ。

オウムやインコは自然と遊ぶのが好きなようだ。私の両親が数十年前に家で飼うために小型のインコを買ったとき、2人は鳥小屋と一緒にさまざまなおもちゃを買い入れた。はしご、鏡、ベルなど、みな鮮やかな色をした安物のプラスチック製だった。それから、奇妙なかたちのおやつも何種類か買った。当時は、それがふつうだった。「グリグリ」と名づけられたそのインコは、どのおもちゃもクタクタになって壊れてしまうまでそれで遊んだ。このごろのペットショップでは、オウムやインコ用の特別なおもちゃがたくさん売られている。大型のインコであるヨウムは、紙、段ボール、木、生皮などでできていて、千切ったり、噛んだり、壊したりできる物ならなんでも好む。トイレットペーパー、ダイレクトメール、ポプシクルの棒、紙コップ、プラスチック製のボールペンのキャップなど手当たりしだいだ。ときには遊びに夢中になって、止まり木から落ちることもある。

専門家によれば、遊びに長けた鳥と言えばミヤマオウムだという。このカラスほどの大きさのインコはニュージーランドの南アルプス山脈に暮らす。彼らに「山猿(mountain monkeys)」のあだ名があるのは、その生意気な態度と霊長類並みの知能ゆえだ。この鳥の学名*Nestor notabilis*について、ある本は次のような説明を加えている。「ネスター(Nestor)は長寿と博識で知られたギリシャの伝説のヒーローで、この名前は明哲な相談役やリーダーを指して使われることが多い」。興ざめなのは、リンネがこの鳥に名称を与えたとき、おそらく「なにも特別な理由はなかった」と言われることだ。

そうかもしれない。でも、そうではないかもしれない。

悪ふざけの王者

ミヤマオウムを長い間研究してきた2人の科学者ジュディ・ダイアモンドとアラン・ボンドは、この鳥はことによると世界でもっとも賢くていたずら好きかもしれないと考えている。「ミヤマオウムの遊びは儀式化された行動というより、外界に対する態度だ」と彼らは書く。なにかで遊ぶとき、ミヤマオウムはカラス科の鳥たちと大きくちがう。ミヤマオウムは「大胆で、好奇心にあふれ、途方もなく壊し上手だ」とダイアモンドは述べる。（尋ねる相手によって）遊びが大好きな戯《たわ》け者――「山のピエロ」――だと言う人も、なんでも壊したがる不良（車のワイパーやビニールの内装をはがし、キャンプする人のテント、バックパック、雨樋《あまどい》、キャンプ道具をバラバラに解体するなど、手当たりしだいに物を壊す）だと言う人もいる。ミヤマオウムは物で遊ぶのが好きなので、新たな状況や予期できなかった餌不足などに対処する「ツールキット」を発達させるのかもしれない。

ミヤマオウムは悪ふざけするのが大好きだ。遊びたいときには、相手になってくれそうな仲間に向かって頭をもたげてにじり寄っていく。2羽は互いにクチバシでつついたり受け流したりする。頭を引っこめ、相手をつつき、また頭を引っこめる。取っ組み合いになり、クチバシを絡ませ、咬み、脚で蹴り、キーキーわめいて脚をばたつかせながらひっくり返り、相手の腹に乗る。勝者も敗者もない（どちらも凱歌をあげる）。

写真　ミヤマオウム

ミヤマオウムは、ときには腕白な子どもか冗談好きのようにふるまう。ダイアモンドとボンドによれば、この鳥は家々からテレビのアンテナを盗み去り、自動車のタイヤの空気を抜く。あるミヤマオウムは玄関マットを丸め、階段の下まで落とすところを目撃されている。数年前、ニュージーランドの『サンデー・モーニング・ヘラルド』紙が、ミヤマオウムがスコットランドからの観光客の１１００ドルを盗んだが、この観光客は盗まれたときにはなにも気づかなかった、と書いていた。南アルプス山脈でいちばん高い山道にある休憩所で、ピーター・リーチはキャンピングカーの窓を開け、眼下の景色と近くの地面にいる不思議な緑の鳥の写真を撮ろうとしていた。すると彼が気づく間もなく、その鳥が車の中に飛んで入った。ダッシュボードにあった小さな布製のバッグをくわえると、そのまま飛び去った。「有り金をみんな持っていかれた」とリーチは笑いながら言った。「いまごろ鳥たちは50ドル札で巣をつくっていることだろうね」

悪ふざけの王者はミヤマオウムだが、カラスも負けていない。ワタリガラスは単独で物を放り投げて遊ぶ。小枝を空中に放り上げて自分で受け止めるのだ。あるとき、2羽のシロエリオオハシガラスが「お山の大将ごっこ」をして遊ぶところを目撃された。一羽が糞の塊を得意げに振り回しながら小さな山の上に立ち、もう一羽がこれに体当たりして糞を横取りしようとしていたという。

ある2月の晴れた朝、日本の北海道の中央に延びる山脈でナチュラリストのマーク・ブラジルが、2羽のワタリガラスが急な斜面に積もった新雪の上にいるのを見かけた。一方が雪に胸をつけて斜面を滑った。もう一方は脚を上げて、羽ばたきながら転がり下りた。「2羽は10メートル以上もこの『雪そり遊び』と『斜面の滑り降り』をしては、斜面の上に飛んで戻って」また滑った、とブラジルは書いた。このようにカラスも斜面を滑り降りることが知られ、これも遊びらしい。日本では、ハシボソガラスが子ども用の滑り台で遊ぶのが見かけられている。しばらく前、家の屋根の上に積もった雪の上を瓶の蓋に乗って滑り降りるロシアのカラスのビデオが話題になったこともある。

おもちゃ遊びと道具使用

さきごろ、アリス・アウエルスペルグと国際科学者チームが種々のカラスとオウム・インコ類がおもちゃで遊ぶ様子を入念に調べ、遊びの性質がこれらの鳥の認知能力（遊びと道具の使用の関係についても）について手がかりを与えてくれるかどうか知ろうとした。霊長類でも鳥類で

写真　シロビタイムジオウムとアリス・アウエルスペルグ（提供：Alice Auersperg）

も、物と遊ぶことはそれを道具として使うことにつながる場合が多い。74種の霊長類について調べたところ、遊ぶときに物を組み合わせるのはオマキザルや大型類人猿など道具を使う種のみであることがわかった。人間の子どもは8ヵ月で物を壊すようになる。10ヵ月で、おもちゃを穴に入れたり、棒を輪に通したりする。それでも、なんらかの目的のために物を道具として使うのは2歳ごろからだ。

チームの科学者は、9種のオウム・インコ類と3種のカラスにさまざまなかたち（棒、輪、立方体、ボール）と色（赤、黄、青）の小児用の木製おもちゃのセットを与えた。さらに、物を差しこむ穴や輪を重ねる筒のある一種の遊び場「アクティビティ・プレート」も与えた。

大半の鳥がおもちゃで遊び、うち数種は遊びの名手だった。カレドニアガラス、バタンインコ、ミヤマオウムは、2個のおもちゃを組み合わせたり、おもちゃを遊び場で使ったりしがちだった。チームの科学者によると、物を使っていちばん複雑な遊びをしたのは、技術的なイノベーションと道具の使用にいちばん長けた種――シロビタイムジオウムとカレドニアガラスだった。シロビタイムジオウムは黄色のおもちゃを好み（このことは、この鳥の翼の下に黄色の縞模様があり、この縞が社会的ディスプレーに使われることが多いことと関連があるかもしれない）、カレドニアガラスはなぜかあらゆる物の中でボールを好んだが、遊び場の穴に棒を差しこむのも好きだった。3つの物を組み合わせたのはシロビタイムジオウムと若いカレドニアガラス、筒やポールに輪を重ねたのはオウムとインコのみ、シロビタイムジオウムはどの鳥よりもうまく一方の脚とクチバシを協調させて作業を成功させた。これらのインドネシア産の鳥は、高度な問題解決能力を持つことと捕獲環境で創意に富んだ道具使いをすることで知られる。

「私たちの研究によって、これらの脳が大きい鳥では、物を使った遊びと機能的行動のあいだに関連性があることがわかりました」とアウエルスペルグが語る。「しかし、遊びの行動が問題解決能力に果たす役割が明確になったわけではありません。それは一般的な運動スキルの練習、あるいは物のアフォーダンス――鳥に行動を『うながす』、物と鳥、物と環境の関係――にかんする学習かもしれません」。あるいは、と彼女は付け加えた。「それはたんに鳥たちの探索心の産物かもしれません」

一つ興味深いことがある。鳥たちはみな遊びでは喜んでいろいろ共有した。一つ以上のアクティビティ・プレートやおもちゃを独り占めしようとはしなかった。「あからさまな攻撃や物の独占はほぼ見られませんでした」と研究者たちは語った。

テイラーは、鳥小屋にいるカレドニアガラスがただ遊びたくて遊ぶわけではないらしいことを見て取った。「このカラスはいろいろな物をなんでもクチバシにくわえるのが好きです」と彼が言う。「小屋に道具を入れておくと、棒を隠したり、くわえたり、別の物に入れてみたりして長い時間を過ごします。でもそれは遊びとは呼べません。野生環境では、それが生きる術なのですから」

最近、テイラーは、カレドニアガラスにちょっとした楽しみをタイミングよく与えれば餌代わりの褒美になるかどうかを知りたくなった。彼が褒美に使ったのは小さなスケートボードで、これらのカラスが日本やロシアのいとこたちと同じく、滑りを楽しむのではないかと思ったのだ。「残念ながら、実験はうまくいきませんでした」とテイラーが教えてくれた。「このカラスは滑るのが好きではなかったのです。だから、このプロジェクトはあきらめました」

脳が先か道具使用が先か

カラスの心についてオークランドチームとほかの科学者が知りたいのは、道具の使用とこうした優れた認知能力のどちらが先なのか、という問いの答えだ。カラスは道具の使用によって賢くなったのか？　あるいは最初からとても賢かったので、優れた認知能力のおかげで道具の使用にかんする一種の「基盤」、つまり精神的なツールキットを得られたのだろうか?

ガラパゴス諸島のキツツキフィンチのように、この島のカラスもここの暮らしによって知能が強化されたのかもしれない。予測が比較的難しい環境が進化圧となり、そうした課題に対処できるような高度な認知能力が進化した可能性がある。そして、この適応が道具の使用の進化をうながす基盤となったのかもしれない。

あるいは、道具の使用そのものが高度な認知能力の進化をうながした可能性も考えられる。ことによると、カラスは棒を道具に使って餌を得ることに賭けたのかもしれない。これによって、カラスは物理的な問題の解決能力を刺激するような新たな種類の精神的な課題に直面した。道具を使う生き物は自然淘汰では有利になるが、それはとても栄養豊富な幼虫をつかまえられるからだ(幼虫はとても栄養豊かなので、ニュージーランド固有のインコであるカカは、長いクチバシで1匹の幼虫をつかまえるのに80分以上費やす)。いったんテクニックが広まると、高い効率につながる極端な両眼視などの形質の進化が、自然淘汰によって次世代に伝えられたのかもしれない。

アレックス・テイラーによれば、この卵とニワトリの問題はカレドニアガラスの研究者のあいだでは聖杯だという。「仮に高度な道具が知能に影響するのであれば、より高度な道具をつくってきた集団が賢くなる。だとすれば、それが技術的知性仮説が正しいという証拠になる」

もちろん、ギャビン・ハントが指摘するように、道具を使おうと思いつくには、カラスはさまざまな情報から正しい結論を導き出すために、高度な心的能力を持っている必要がある。「ところが、カレドニアガラスが最初からほかのカラスより賢かったかどうかは確証がありません」とハントが述べる。「それでも、いったん道具を使用しはじめたら、それによって現在わかっているようなかなり高いレベルまで認知能力が強化されたのです」

つまり、道具の使用は遊びとさほどちがわない。どちらも知能を必要とするとともに、知能を育むのだ。

認知能力と遺伝的多様性

007と名づけられたカラスはコギ山の出身で、この山のカラスは高度なフック状の道具をつくる。このカラスはほかのカラスとどこかちがっているのだろうか？「はい、大胆さと忍耐力がちがっていますね」とテイラーが言う。「彼は3羽いる家族のうちの1羽で、この3羽はどれもボールが好きでした」。007と一緒に研究したある研究者がただ指差しただけで、007は「実験の時間だから下りてくるように」という合図だと理解した。テイラーはときどき、007が鳥小屋の扉のところで実験が始まるのを待っているのに出くわした。「ぼくはこう言うしかありませんでした。『待たせてごめん。この先にいる馬鹿なカラスの実験が終わらないんだ』」

しかしテイラーは個々のカラスのちがいより、島の異なる地域からやって来たカラス集団間のちがい（道具の使用と認知能力の差）に興味を持っている。

オークランド大学の研究者たちが次に掲げる目標は、カレドニアガラスの知能の遺伝学的基盤と集団間のちがいを野心的な国際協力によって見きわめることだ。一つのアプローチは、カレドニアガラスと近縁種のＤＮＡの比較だ。すなわち、まずカレドニアガラスで世代を超えて継承されたが、近縁種では継承されなかった遺伝子を同定し、その上でこれらの遺伝子が認知能力の差にどう関連しているかを突き止める。

オークランド大学の鳥小屋でおこなわれているもう一つのアプローチは、カレドニアガラス集団内で認められる認知能力と遺伝子の多様性の観察だ。たとえば、コギ山からやって来たフック状の道具をつくる００７のようなカラスの集団は、ニューカレドニア中央部にあるラ・フォアからやって来た基本的な棒状の道具をつくるブルーのようなカラスの集団とは異なる遺伝子を持つかもしれない。ニューカレドニアの異なる地域出身で、異なるタイプの道具をつくるカラスには認知能力にちがいがあるのだろうか？　そして、そのちがいは遺伝的な多様性と相関があるのだろうか？

進化が生んだ天才

ニューカレドニア滞在の最後の日、私はジグザグになった狭い道路を００７が生まれたコギ山の山頂へと車を走らせた。この山の斜面をおおう原生林は、オオミカドバト、ツギオミカドヤモリ、コギ・カウリの巨木の故郷だ。この木は直径が２・５メートル近くあり、樹冠が約18〜20メートルの高さにある。

テイラーによると、007にはすでに自分の家族があってもおかしくないという。コギ山のカラスを一目なりとも見たかったが、すでに日が暮れかけようとしていた。私は、ゆっくりと空が赤く染まっていく夕暮れの景色を見慣れていた。ところが、赤道直下では日は一瞬で暮れる。とりわけ薄暗い雨林ではそう感じる。森は突然に気味の悪い場所になった。

森はそれぞれに性質が異なり、その森に特有のささやくような音と匂いがある。ニューカレドニア山中の原生林は原始的な植物や鳥類の名残をとどめていた。じめじめした暗い下生えには、地球にはじめて出現した顕花植物に最近縁のアンボレラ科の常緑樹が見える。2億7500万年前のペルム紀に繁茂したような原始的なヘゴ科木生シダの巨木が約20メートルもの高さまで伸び、その葉は3メートルはあろうかという、植物界でも最大級に属する長さだ。カナク人の言葉では、木生シダの名称は「人間の国のはじまり」を意味するという。彼らの創造神話では、シダの木の幹にできた空洞から生まれ出た最初の人間の祖先が語られる。

ここでは時間がほかの場所とは別の次元で進むように感じられる。熱帯雨林では時間が速く過ぎていくのだ。その不思議さに心が鎮まる。

歩きながら鬱蒼《うっそう》とした樹冠を見上げ、双眼鏡で下のほうの枝をとらえたと思ったとき、木の根につまずいて巨大なクモの巣に出くわした。この森にたぶんおびただしい数のコガネグモがいると気づいたのは、そのときだった。クモが紡いだ入り組んだ円形の巣が、森に差しこむ筋状の太陽光の中で黄金色に輝いていた。この薄暗い森ではほぼ見分けられないが、樹木のあいだの空間にはみなこのクモの巣が張られ、どの巣でもその真ん中で巨大なクモが静かに獲物を待っているように思われた。ふと思い出したのは『ファーサイド』というアニメだった。その中では大きな巣で獲物を待つ2匹のクモが、太った少年が歩いてくるのを待ち受けている。一方のクモが他方に言う。「あいつをつかまえたら、王様みたいにたらふく食えるぜ」

私はどんどん暗さを増す緑の森をより慎重に進んでいった。

すると右手の木で、静かに「ワー、ワー」と親鳥に餌をねだるカレドニアガラスのヒナの声がした。しかし、見えるのは揺れる葉だけだった。ことによると、そこに007がいて、フック状の道具でつかまえた幼虫をヒナにやっているのかもしれない。007がヒナに受け継がせた遺伝子は、地上に棲むあらゆる鳥類の中で、なぜこの種の鳥がこうした高度な道具をつくるのかを説明してくれるだろうか？　フック状の道具をつくるカラスの遺伝子はブルーの遺伝子と異なるのだろうか？

カレドニアガラスについては、まだ答えの出ていない問いがたくさんある。カラスの道具の使用とずば抜けた知能のどちらが先だったのだろう？　道具づくり、あるいはそのためのクチバシのかたちと視覚のどちらが先だったのか？　問題解決を可能にするDNAが先に生まれたのだろうか？　それとも、絶妙な環境条件が遺伝子をかたちづくったのだろうか？

これらの生物学の謎が私の励みになる。その謎はまとまりがなく、未解決で、いまだその過程の途中にある。宵闇が迫るなか、この謎について思いをめぐらせるのは楽しかった。時間はこの島とこの鳥を組み合わせて、長い進化の過程を経てゆっくりと確実に、道具づくりの達人を生み出した。

まさに天才そのものだ。

第4章 社会をつくる知能、知能を生む社会

私たちは「他人との接触によって知恵を磨く」。

——ミシェル・モンテーニュ

鳥のフェイスブック

鳥類の多くはとても社交的だ。コロニーを形成して繁殖し、群れをなして水浴びし、集団で眠り、一団となって餌を食べる。盗み聞きする。論争する。浮気する。だまし、ごまかす。誘拐する。離婚する。公平を期す。贈り物をする。小枝、サルオガセモドキの茎、ガーゼの切れ端などで境界線を引いて勢力争いをする。隣人から盗む。見知らぬ者に近づいてはいけない、と子に注意する。からかう。共有する。社会網を形成する。地位をめぐって争う。キスして互いを慰め合う。子を教育する。親を脅迫する。仲間が死ぬときにほかの仲間を呼ぶ。死を悼むようにすら見える。

ごく最近まで、鳥にはこうした社会的な能力はないと考えられていた。たとえば、鳥が他者がなにを考えているかを知ろうとする、などというアイデアは馬鹿げていると思われていた。最近

になってこの見方が覆され、一部の鳥は人間に迫るほど複雑な社会生活を送っていることが、科学研究によって示された。これほど複雑な社会生活を送るには、きわめて高度な心的能力が必要となる。

世界に数千種いる鳥類はさまざまに異なる社会組織を持つ。アメリカヤマセミやエンビタイランチョウ（テキサス州のゴクラクチョウとしても知られる）は単生で縄張り意識がとても強く、つがいでのみ行動する。群れを形成する鳥もいる。たとえば、カラス科の中でもきわめて社交的な旧世界産のミヤマガラスは、イギリスから日本まで大群をなして群生地に巣づくりする。北極の沿岸水域に棲む大型のカモは、最大で1万羽という想像を絶する群れをつくる。

ユーラシア大陸に広く分布する鮮やかな黄色の胸をした小型の鳥シジュウカラ（*Parus major*）は、「同じ羽毛の鳥」云々という古い言い伝えに新たな意味合いを付け加えるような興味深い社会組織をつくる。さきごろオックスフォード大学の研究者たちが、シジュウカラの一種のフェイスブックとでも言うべきものを構築した。ウィザムの森に棲む1000羽のシジュウカラ集団に属する個体どうしの関係性のパターンを示す「関連性行列」を作成したのだ。ウィザムの森はオックスフォードの西側に広がる、よく研究された古い森林地帯である。研究では、どの鳥がどの鳥と仲がよく、どの鳥どうしがいつも同じ場所で一緒に餌を食べるか、などが明らかにされた。するとシジュウカラは複雑な社会網を形成していて、鳥どうしがその性格にもとづいたゆるやかな採餌集団を形成することがわかった。

ニワトリにも複雑な社会関係がある。数日かけて互いを知ると、ニワトリは明確な階層を持つ安定した社会集団をつくる。「つつきの順位」という表現が生まれたのは、ノルウェーの動物学者トルライフ・シェルデラップ＝エッベによるニワトリの社会関係の研究のおかげだった。彼は、ニワトリの集団には序列があり、最高位のニワトリは餌や安全性において大きな利点を得るのに対して、最下位のニワトリは立場が弱くリスクにさらされることを突き止めた。

社会的知性仮説

こうしてつがい相手、家族、友だち、仲間の近くで暮らすことによって、鳥は賢くなったのだろうか？　機転の利く柔軟な性質は、予測しづらい環境の物理的な課題のみならず、互いにうまくやっていくという社会性の課題のおかげで生まれたのだろうか？　この考えは科学者のあいだでは「社会的知性仮説」あるいは「マキャベリ的知性仮説」などと呼ばれ、最近これに同調する人びとがかなり増えている。

社会生活の要請によって脳が進化するという考えは、1976年にロンドン・スクール・オブ・エコノミクスの心理学者ニコラス・ハンフリーによって提唱された。

ハンフリーは、彼の同僚の実験室で8〜9頭の集団に分けられているサルについて考えていた。サルたちは質素な金網の檻で暮らしていたが、この貧弱な環境によって子ザルの認知能力が悪影響を受けるのではないかと心配した。物やおもちゃなど刺激となるような物が環境内にまったくなく、捕食者を避けたり餌を探したりする必要もなかった（定期的に餌を与えられていた）。つまり、これらのサルには挑戦すべき問題がない、とハンフリーは思った。こう考えてくると、殺風景で能力を高めるとも思えないこの環境で、サルたちが鋭い知性とすばらしい認知能力を見せることに疑問を抱いた。

「そこである日、私はもう一度サルたちを観察した」とハンフリーは書く。「目に入ったのは、母ザルを困らせている乳離れしかけた子ザル、悪ふざけしている2頭の若いサル、メスの毛づくろいをしている老いたオスの気を引こうとする別のメスだった。私は突如としてこの光景を新たな目で眺めた。物がないことなど忘れよう。このサルたちには互いに操り合い、互いを探り合う相手がいたのだ。社会環境が相互に対話する機会を与えてくれるかぎり、知的能力が失われることはないのだ」

ハンフリーによれば、豊かな社会環境はサルにとって「アテナイの学堂」にも似て、特別な認知能力と社会的な計算を必要とする。サルたちは、自分の行動が集団にどのような結果をもたらすかを推し量らなくてはならない。互いを評価し合う必要があるのだ。仲間の行動、ほかのサルどうしの社会関係（支配、序列、競争力）を知り、互いの利害関係を評価しなくてはならない。こうした計算は「とらえどころがなく、あいまいで、変わることもある」ため、つねに再評価する必要がある。それは社会的な策略と裏のかきあいのゲームであり、これによってより高度な知的能力が生まれた、とハンフリーは主張した。効果的に相手と渉《わた》り合うには、社会的動物は「生まれながらの心理学者」にならなくてはいけないのだ。

鳥類の社会的行動

現在、科学者は鳥類の多くもあまり変わらないと考えている。社会集団をつくって暮らす鳥は、社会的な接触を理解し、羽毛を立てて威嚇せず、小競り合いを避けなくてはいけない。仲間の行動を観察して、協力するか競争するか、誰と連絡し合うか、誰から学ぶかを決めなくてはいけない。大勢の仲間を認知し、仲間の動静に目を配り、誰が最後になにをしたかを思い出し、今度はその仲間がどうするかを予測する必要がある。鳥類の多くは霊長類に知能をもたらしたものと同質の社会的課題を共有するので、これらの鳥の脳は私たちと同じように、社会関係を調整するように「デザイン」されたのかもしれない。

鳥類には、すぐれた社会的な知能を示す種が一部にいる。カササギは鏡に映った自分の姿を認知する。これは自己認識の一種であり、かつて私たちは、この能力が人類とほかの一握りの高等で社会的な哺乳類にかぎられていると考えていた。ある実験で、6羽のカササギの喉元に赤い点をつけておいたところ、2羽が鏡の中の自分ではなく自分の体についた点を脚で取り去ろうとした。

ヨウムはすばらしい協力関係を示す。野生下では、数千羽の集団をつくって眠り、30羽ほどの群れで餌を探し、生涯同じ相手とつがいを形成する。捕獲されていないかぎり、1羽で行動することはめったにない。実験室の環境では、ペアを組んで物理的なパズルを解いたり、一緒にひもを引っ張って餌の入った箱を開けたりする。互恵性や共有の利点を理解し、自分だけで褒美の餌を食べるより人間と共有することを選ぶ。ただし、それはその人間も共有すると知っている場合にかぎられる。

贈り物をするという互恵性は人間以外にあまり見られないもう一つの社会的行動だが、カラスをはじめとする一部の鳥類でかなりよく見られる。20年前、私は、家族の友人がいつも餌を与えているカラスから贈り物をもらった、という話をはじめて聞いた。贈り物はガラス玉、小さな木のビーズ、瓶の蓋、色づいたベリーなどで、どれも彼女の玄関の階段に残されていたという。私はうさんくさく思った。ところが、最近ではアメリカ全土から同様の話が次々と舞いこんでいる。カラスがジュエリー、金属製品、割れたガラス、サンタの人形、おもちゃの銃のソフトダーツ、ドナルドダックのキャンディーディスペンサー、バレンタインデーの直後に届いた「love」と印刷されたハート形の飴まで、ありとあらゆる贈り物を届けてくれるという。

2015年には、シアトルの8歳の女の子ガビ・マンの例が報道された。彼女はまだ4歳のころから、バス停の行き帰りにカラスに餌をやり始めた。その後、自宅の庭で毎日ピーナッツをトレーにのせてカラスに与えるようになった。やがて、ピーナッツがなくなったあとのトレーにプレゼントが置かれるようになった。イヤリング、ボルトやネジ、蝶番《ちょうつがい》、ボタン、小さな白いプラスチックの管、腐りかけたカニの爪、「best」と印刷された小さな金属片、そしてガビちゃんお気に入りのオパールっぽい白いハート。彼女は「気味の悪くない」贈り物をビニール袋に入れ、もらった日付を書いて保管した。

「贈り物を置いていくという行動は、カラスが過去の行為に報いる利点と、未来に褒美をもらえるという期待を持っていることを示唆する」と、生物学者のジョン・マーズラフと共著者のトニー・エンジェルは共著『世界一賢い鳥、カラスの科学』に書く。「それは計画的な行為だ。カラスは贈り物を持参し、それを残すことを計画したのだ」

カラスとワタリガラスは、同じ作業をしたのに自分のもらう褒美が仲間より少ないと作業を止める。この不公平さに対する感受性は、かつて霊長類とイヌだけが持つと考えられていたもので、ヒトの協力行動の進化にとって不可欠な認知ツールと見なされている。

カラス科の鳥とバタンインコは、褒美が待つに値すると思えば、いま食べる満足感を先送りすることができる。これは一種の情動の知能であり、自己制御、持続性、自分に動機をもたせる能力を要する。いま1個のマシュマロを食べないで、あとで2個のマシュマロをもらうことを選ぶ幼児は、これらの翼を持つ生き物の意志の力に勝っているとは言えない。ウィーン大学のアリス・アウエルスペルグと彼女のチームは、ピーカンナッツをもらったシロビタイムジオウムが、もっとおいしいカシューナッツをもらうためなら最長で80秒待てることを突き止めた。「オウムはこの待ち時間のあいだずっと、褒美が味覚器官に直接触れたままでクチバシにくわえています」とアウエルスペルグは言う。これはかなりすごい自己制御だ（子どもが舌の上にレーズンを置いたままチョコレートを待つのを想像するといい)。カラスの場合は、褒美がもっとおいしい物なら数分待てる。ただ、待ち時間が数秒を超えた時点で、最初にもらった褒美を見えない場所に置く。「カラスがこうするのは、彼らに餌を保存する習性があるためで、それはカラスの重要な生態です」とアウエルスペルグが説明する。満足感を先送りする決定には、自己制御のみならず、褒美の質と待つコスト双方の利得を評価する能力が必要になる。もちろん、褒美を与えてくれる人間の信頼性を評価しなくてはいけないのは当然だ。こうした能力は経済的な意思決定の前駆体と見なされ、人間以外ではめずらしいと考えられていた。

ワタリガラスは社会関係を記憶する高い能力を持つ。若いワタリガラスはいわゆる離合集散社会に属する。つがいと縄張りを形成する前には、社会集団を形成して、その集団内で友だちや家族と重要な同盟関係を結ぶ。餌を分け合い、一緒に時を過ごし(互いにクチバシが届く距離にいる)、互いに羽づくろいし合ったり遊んだりする特別な仲間を選ぶ。しかし安定したニワトリの群れとちがって、ワタリガラスの社会集団は季節や年間をとおして変化し、分裂し、元に戻る。つまり、この鳥は自分と特別な関係にある仲間とそうでない仲間を記憶するという課題に直面する。では、彼らは長期間離れていたあとで同盟関係にあったことを覚えているのだろうか?

この問いに対する答えを得るため、ウィーン大学の認知生物学者トーマス・バグニャールが、オーストラリアアルプスに棲む16羽の若いワタリガラスの社会集団を研究した。科学者が知るかぎり、鳥類の長期記憶は、ある繁殖期から次の繁殖期まで近くにいた仲間を覚えていることにかぎられていた。しかしバグニャールは、ワタリガラスは大切な友だちを最長で3年間、離れていたあとでも覚えていることを発見した。

カラス科の鳥が仲間の鳥だけでなく人間も認知することは注目に値する。これらの鳥は大勢の中からよく見知った人の顔を見つけられるし、そういう人を長いあいだ覚えていることができる。とくにその人が脅威になる場合にはそうだ。ワタリガラス相手に、服を着替えても自分が誰かわかるかどうかを試してみたベルンド・ハインリッチに聞くといい。彼は和服を着たり、かつらをつけたり、サングラスをしたり、跳んだり、脚を引きずって歩き方を変えたりした（ワタリガラスはだまされなかった）。あるいはジョン・マーズラフに聞いてみよう。彼がワシントン大学構内を歩くと、アメリカガラスは数千人いる人びとの中から、自分たちをつかまえて足環をつけた危険な人物として彼を認識する。憤慨したカラスは数年たってもまだマーズラフを覚えていて、彼を見つけるといつも嫌がらせをして文句を言うらしい。最近おこなったアメリカガラスの脳イメージング研究で、マーズラフは、これらのカラスが人間と同じ視覚および神経回路を使って人の顔を認知することを発見した。

マツカケスは、見事な社会推論によって自分がその集団の社会組織に溶けこんでいるかどうかを見きわめる。社交家ぞろいのカラス科に属するこのカケスは、ニワトリのように堅固な社会的な階層構造を持つ永続的な大集団を形成する。彼らは第三者との関係にかんする理解にもとづいて、見知らぬカケスにどう反応するか（攻撃的になるか従順になるか）を決める。こう考えてみよう。見知らぬカケス（シルヴェスターと呼ぼう）が集団に舞いこんできた。集団内のピートがシルヴェスターの上位にいるのははっきりしている。ヘンリーはピートより上位だ。では、ヘンリーとシルヴェスターのどちらが上位になるのだろう？　マツカケスは新参者の社会的立場を、そのカケスがほかのカケスに対してどうふるまうかによって推論し、無用な衝突や怪我を避けようとする。こうした間接的な証拠にもとづいて個体どうしの関係を判断する能力は推移的推論と呼ばれ、高度な社会的スキルと見なされている。

心を読む鳥

私はカケスが好きだ。とても生意気で、口論好きで、相手を小馬鹿にする。私が住む地域のアオカケス（*Cyanocitta cristata*）は、家族の固い絆、複雑な社会制度、鋭い知能、ドングリを好むことで知られる。よく感情を爆発させる。互いに叫び合い、からかい、小馬鹿にし、文句を言い、詩人のエミリー・ディキンソンの言葉を借りれば「青いテリヤのように」吠える。アオカケスは88％の確率でおいしいドングリを選ぶ。少なくとも5まで数えることができる。カタアカノスリの「キーアー、キーアー」という甲高い声を見事にまねる。おそらく、ほかの鳥たちに付近に猛禽類がいると思いこませ、ドングリを独り占めするためだろう。アオカケスが、チヌーク族などアメリカ北西沿岸の先住民にいたずら好きな英雄として崇められたのも不思議はない。

旧世界のある種のカケスはとくに人の心を引きつける社会的能力を持つ。知的なカラス科に属するこの派手なカケスのオスは、つがい相手のメスの心——少なくとも食べたい物——を読めるらしく、メスがいちばん食べたい物を与える。

　このカケスの学名（*Garrulus glandarius*）がすべてを説明してくれそうだ。カケスはおしゃべり好きだ。それでも、混雑した繁殖地に巣をかける近縁のミヤマガラスやニシコクマルガラスほど社交的ではない。この鳥はペアボンディング〔訳注：雌雄による安定したつがいの形成〕をする。

写真　アオカケス（提供：Pete Myers）

　ほかの多くのカラス科の鳥と同じく、カケスは餌を分け合うが、それはつがい相手の気を引くためだ。オスはメスにおいしい贈り物をして求愛する。最近、ケンブリッジ大学のリエルカ・オストイッチと彼女の同僚たちが、この贈り物の習慣を利用して、この鳥がほかの個体（この場合は、つがい相手）の欲求や願望を理解できるかどうかを調べた。この能力は「心的状態の帰属（state attribution）」などと呼ばれる高度な社会的能力だ。

　エレガントな実験で、カケスのオスは、メ

スがハチミツガとゴミムシダマシの幼虫という特別なごちそうのうち一方を食べるのを、コンピュータの画面で見た（これらの幼虫はごちそうには思えないかもしれないが、カケスにとっては「ダークチョコレート」だ）。その後、オスは2種の幼虫のうちどちらかを選んでメスに贈り物として与えた。

人間と同じく、鳥もいろいろな物を食べたいので、おいしい物でもたくさんはいらない。この傾向は「感性満腹感（specific satiety effect）」と呼ばれる高度な社会的能力だ（この感覚はわかりやすいと思う。チーズをずっと食べていると、もうあと一かけらも欲しくなくなる。そこで果物を食べる）。カケスのメスがなにを好むかは、経験によって異なる。オスにとって、メスのこの変わりゆく好みを知ろうとするのは当然の流れだ。なにしろ、メスがいちばん望んでいる餌をあげることが、互いの絆を強力にしてくれるのだから。果たして、この実験でカケスのオスはメスが食べたい餌を察することができたらしく、これまで食べていなかったほうの幼虫をメスにあげた。

だが、オスは自分がおいしいと思うほうの幼虫をあげただけかもしれない。メスがハチミツガの幼虫を食べるのを見たオスは、この幼虫を食べたいという気持ちが薄れ、このことがメスにあげる餌の選択にかかわっていたかもしれない。しかし、メスがどちらの幼虫を食べるかを見ることは、オスが次にどちらの幼虫を食べるかに影響しないことがわかった。メスに餌をあげる機会がなければ、オスは自分の好みで選ぶ。メスと分け合う場合には、オスは自分の好みを棚上げにし、メスの気持ちを探る。まるでメスの感性満腹感を知っているかのようだ。女たらしの男が彼女の好きなチョコレートケーキをうやうやしく捧げるのと同じように、カケスのオスもメスが好きなごちそうをあげるのだ。

鳥は「心の理論」を持つか？

これは、人間の心的状態の帰属（他者にも自分と同じく内的世界があるが、その内容は自分とはちがうかもしれないと推論する能力）とまったく同じではないかもしれない。とはいえ、かなり近い。カケスは、オスがメスの好み（これが欲しいのであって、あれは欲しくない）を理解できることを証明した。メスの好みが自分と異なることを理解するのだ（自分はハチミツガの幼虫を食べたばかりだが、彼女は食べていない）。そして、オスは自分の餌の共有行動をメスの好みに合わせることができるし、実際にそうするのだ！

「これらの実験は、オスがつがいのメスの欲求に合わせて行動できるという考えを裏づける刺激的なデータを与えてくれる」とオストイッチは述べる。「でも、オスが正確にはどのような手がかりにもとづいてメスの欲求に応えているのかをあぶり出す研究をさらに続ける必要がある。オスがメスの観察可能な特徴のみに反応しているのか、あるいはその特徴にもとづいてメスの欲求を推論しているのかを知る必要があるのだ」

オスのカケスが観察によってメスの食べたいものを直感的に知ることができるのであれば、この鳥は「心の理論」（他者が自分とは異なる信念、欲求、視点を持っているかもしれないという理解）に不可欠な能力を持つのかもしれない。

「他者の欲求を知ることは、認知の上では他者の信念を知ることよりやさしい」とオストイッチは言う。「人間では、これが完全な『心の理論』の発達にいたる初期のステップだ。カケスのオスにほんとうにメスの欲しい物がわかるなら、人間以外の動物に『心の理論』のこの重要な側面が備わっているという証拠になるだろう」

動物の認知にかんする何十人かの専門家に、人間以外の動物に「心の理論」があるかどうかと尋ねれば、さまざまな答えを得るだろう。大雑把に言えば、2つの陣営がある。第一に、人間以外の種に高度な認知らしきものはないと言う、自称ネクラの人たちがいる。第二に、ダーウィンと同じように、人間の精神は動物と程度がちがうだけで種類はちがわないと言う人びとがいる。ペンシルヴァニア大学の2人の科学者、ロバート・セイファーとドロシー・チェイニーは後者の陣営に属する。両者は、人間が持つもっとも複雑な「心の理論」ですら、その基盤は彼らが言うところの「他者の意図や視点を無意識に悟る能力」に根差していると論じる。最悪でも、アメリカカケスは「心の理論」のこうした基本的な側面を持つようだ、というのである。

社会的な鳥たちの情報ネットワーク

社会的であることには大きな見返りがある。捕食者や餌を見つける可能性、他者から学ぶ機会が増える。このことが意味するのは、ナッツの割り方を考えたり、毒を持つベリーを見きわめたりする無駄な時間が減るということだ。いいアイデアをまねて、群れの行動にしたがうことによって、より豊かで安全な食料源にたどりつくことができる。たとえば、ミヤマガラスやワタリガラスは群れのほかの個体に頼って食料がふんだんにある場所を探し出し、とくにおいしい餌がある場所に集まる。

ルーシー・アプリンによれば、カラは社会的なつながりを利用して食料を探しあて、互いの戦略をまねることで情報を群れから群れへ、別の種にすら受け継がせるという。オックスフォード大学で研究するアプリンは、ウィザムの森に大群をなして棲むカラの社会的性質を研究する。この鳥の社会網と関係性（彼らのフェイスブック）を調べるため、アプリンと彼女の同僚たちはカラに小さな電子認識票をつけて餌場への飛来を記録した。同時に、チームは個々の鳥の大胆さと探究行動を測定するテストで個性を評価した。

鳥にも個性がある。個性という言葉には人間の性質を指す響きがあるため、この言葉を嫌って、気質、対処法、行動様式などの用語を好む科学者もいる。しかし、なんと呼ぼうと、個々の鳥には人間と同様に時と場所を超えて安定し、一貫している行動パターンがある。大胆な者といくじがない者、好奇心に満ちた者と慎重な者、冷静な者と神経質な者、学ぶのが速い者と遅い者がいる。「個性のちがいは、リスクに対する反応の個体差を反映すると考えられています」とアプリンは説明する。

最近、科学者はコガラの個性のちがいを識別したが、これが新鮮な餌を補給したばかりの餌場付近で見られるさまざまな行動を説明してくれる。まるで王様のようにどんどん種子を独り占めするコガラもいれば、端のほうでおびえているコガラもいる。大胆で、食べるのが「速く」、がむしゃらで、無謀なコガラもいれば、食べるのが「遅く」、慎重で、小心なコガラもいる。私たちは、ヒトという種なら個性にちがいがあると認めている。ほかの種にそうしたちがいがあってはいけない理由があるだろうか?

アプリンのチームによる研究は、似通った性格の個体どうしが同盟関係にあることを示してくれただけではない。大胆な個体は群れのあいだを行き来して自分の社会網を拡大し、食物源にかんする情報に容易にアクセスする。「このことはとくに冬場には重要です。新しい良質な餌場を探し出す能力は生死にかかわるのですから」とアプリンは語る。「でも、この行動は社会的な『リスク』をともなう戦略でもあり、捕食や病気にさらされる可能性が増えます」。このリスクが、鳥類に用心深い形質がいつまでも残る理由かもしれない。チームは、カラの異なる種(シジュウカラ、アオガラ、ハシブトガラ)が餌にかんする情報を共有することも発見した。「ハシブトガラがいちばんの情報通です」とアプリン。「情報の世界では、この鳥が一種の『中枢種』の役割を果たしています」

スウェーデンとノルウェーの研究では、ある種が別の種から餌だけでなく良質な餌場の条件も学ぶらしいことがわかった。実験者は、カラと渡り鳥のヒタキがどちらも巣をかける地域の巣箱に白い円や三角形の印をつけた。渡りの季節の終わり頃になって飛来したヒタキのメスは、カラがすでに巣をかけている巣箱と同じ印のついた巣箱を選ぶことでリスクを回避した。

言い換えれば、社交的な鳥はほかの鳥が与えてくれる情報を利用することができるのだ。ほかの鳥には親、同じ種の鳥、別種の鳥もふくまれる。実験をおこなった科学者は、こうした社会的情報源を利用するように仕向ける圧力は、生存と繁殖をかけた戦いにおいて利点を与えてくれるばかりでなく、体に比して大きな脳への進化にも関与したかもしれないと考えている。

世代を超えて継承される文化的多様性

鳥は仲間から学ぶのにきわめて長けている。

20世紀はじめ、牛乳瓶の蓋を開けたあの有名なイギリスのカラを思い出していただきたい。この能力はあるカラから別のカラへと順次伝えられ、１９５０年代までにはイギリス全土の牛乳瓶が犠牲になった。この社会的学習がどのようにして起きたのかを知ろうと、アプリンと彼女の同僚たちは最近すばらしい実験を編み出した。ウィザムの森にいるシジュウカラの大集団に新しい行動を教えこみ、その行動がどう伝わるかを観察したのだ。

チームは数羽のシジュウカラを捕獲し、簡単な採餌クイズの解き方を教えた。ドアの向こう側に隠されているフィーダー（採餌器）にたどり着くには、そのドアを右か左に開けなくてはならない。一部のシジュウカラにはドアを右に、残りのシジュウカラには左に押すことを教えた。す

写真　シジュウカラ（提供：Pete Myers）

べてのシジュウカラが森に戻されたが、森には餌がもらえるパズルが仕かけられていた。パズルには特殊なアンテナが装着され、シジュウカラにつけられた小さな電子認識票を検知できるようになっていた。これで、個々のシジュウカラが餌場に来ると、その情報が保存される。

実験結果は驚異的だった。ドアの開け方を教えこまれたシジュウカラはそのとおりにふるまい、数日のうちに地元のほかのシジュウカラもこれにならうようになった。それぞれの集団の大半をつなぐ社会網をとおして、情報がすばやく広がったのだ。ドアを反対に開けても同じ餌にたどり着くとわかったあとでも、シジュウカラはその地域の習慣を守った。また、森の中で異なるやり方をする地域に移ったシジュウカラは、移った先の習慣にならった。人間と同じく、鳥も他者にならうのだ。1年後、シジュウカラたちはまだ自分たちのやり方を覚えていた、とアプリンは言う。「そしてこのバイアスは、世代を超えて広がっていたのだ」

チームによれば、この種の社会的学習——地域的な環境内にいる仲間の行動にならう——は、危険な試行錯誤による学習抜きで成功につながる新しい行動を身につける、早くて簡単な方法なのだ。ネールチュ・ボーヘルトは、それはまた「かつては霊長類だけのものと考えられていた、新たな採餌テクニックの学習に見られる、継続的な文化的多様性を示す初の実験的証拠だ」と述べる。

さまざまな社会的学習

社会的学習が鳥の暮らしで大きな役割を果たしているのは明らかであり、これは餌だけの話ではない。キンカチョウのメスは、仲間のメスからオスの選び方を学ぶ。オスとつがったことのないメスが、別のメスが白い足環をしたオスとつがっているのを見たとしよう。後日、このメスは見知らぬオスに出会う。どちらのオスも足環をしているが、一方の足環は白、他方の足環はオレンジだったとする。すると、メスは白い足環のオスを選ぶ。

さらに、捕食者や脅威に気づくための学習もある。猛禽やヘビなどの捕食者への対応は鳥の本能に組みこまれていると思われがちだ。たしかに、一部の反応は生まれつきのものだ。しかし、自分が出合ったことのない危険性に気づくには、仲間の行動を模倣するのが手っ取り早い。ある実験によると、クロウタドリは仲間がほぼ無害に思われる種の鳥——ミツスイ——を襲うのを見かけたあとでは、自分もその鳥を襲うという。

鳥は托卵種についても同じようにして学ぶ。たとえば、ルリオーストラリアムシクイのヒナは、マミジロテリカッコウが巣の中にいても当初は気にしない。ところが、ほかのヒナがこのカッコウのヒナを襲うのを見たあとでは、自分も態度を変えてむずかるような声や警戒声を出す。これで、カッコウは襲われる。

ワシントン大学のジョン・マーズラフと彼の同僚たちがこの5年以上にわたっておこなった見事な一連の実験によって、アメリカガラスは個々の人間の顔を認識するだけでなく、危険と思われる人物の情報を仲間に伝えるという、並外れた能力を持つことがわかった。ある実験では、人間が数チームに分かれ、その人たちはチームごとに異なるお面をかぶってワシントン大学の構内をはじめとするシアトル近辺を歩いた。各チームの中で、1人は「危険」を表すお面（大学構内では穴居人のお面だった）をかぶった。危険なお面をかぶった人は数羽の野生のカラスを捕獲した。「ふつうの」お面をかぶった人やお面をかぶらなかった残りの人はただ歩いただけだった。

9年後、お面をかぶった科学者が同じ場所に戻った。これらの場所のカラス――なかには数羽のカラスが捕獲されたときにはかえってもいなかったカラスもいた――は、危険を示すお面をかぶった人が脅威であるかのように反応した。急降下してぶつかったり、文句を言ったり、攻撃したりした。実際の捕獲現場を見たカラスとその後の襲撃に加わったカラスは、どのお面が危険を意味するかを覚えていて、その情報をヒナもふくめてほかのカラスに教えたようだった。危険を示すお面をかぶった人を襲う傾向は最初にカラスが捕獲された場所から半径1キロ近くまで、カラスの「情報網」によって広まったようだった。

教育は人間特有か？

ここまでは、観察や模倣による学習について述べてきた。だが教師の指導の下で学ぶのはまた別の話だ。200年以上前、イマヌエル・カントは「教育を必要とするのは人間だけである」と述べた。この見方——教育が人間ならではの社会的学習であるという考え——は長く支持されてきた。現在でも、懐疑論者は人間以外の動物界に教育が存在するという見方に疑問を呈する。彼らによれば、真の教育には、ほかの動物には備わっていない認知能力（予知や意図）や、他者が無知であることを知っているなどの「心の理論」の一部が必要だというのだ。

しかし、人間以外にもなんらかの教育を施す動物がいることを示唆する証拠は増えている。たとえば、ミーアキャットはヘビやサソリなど（人間をも殺傷するほどの神経毒を持つものもいる）危険な獲物の取り扱い方を子に教える。大人のミーアキャットは、経験がとても浅い子には死んでいるか反撃できない獲物（たとえば、頭や腹に噛み傷を負ったサソリ）を与える。子が成長するにしたがって、親は与える獲物をだんだん取り扱いが難しい生きた獲物へと変えていく。無知な子に暴れるサソリやヘビを与えれば、その獲物は子の口をするりと抜け、教えるほうも教えられるほうも餌を失ってしまう。それでもやがて努力は報われて、子は狩りと獲物の取り扱いのスキルをマスターする。アリですら教えることがあるらしい。無知な子アリがついてきている場合には、大人のアリは列をつくって行進する途中で動きを変えることを科学者は観察した。彼らは行進を中止して生徒である子アリに地形を学ばせ、子アリが触角で大人を軽くたたいて合図すると、行進を再開する。

とはいえ、動物による教育のたしかな事例はめずらしい。シロクロヤブチメドリが教育しているように思われる事例が興味をそそるのは、このためだ。

シロクロヤブチメドリの教育

シロクロヤブチメドリ（*Turdoides bicolor*）はアフリカ南部の低木林やサバンナに暮らす白い鳥で、暗いチョコレート色の翼と尾羽を持つ。5〜15羽の固い絆で結ばれた小家族単位で行動し、とても社交的でおしゃべりだ（哺乳類の社会性のモデルであるミーアキャットに似ている）。アフリカーンス語で「笑う白ネコ」を意味する名を持つこの鳥は、うるさいことでつとに知られ、つねに群れておしゃべりし、「チャック、チャック」あるいは「チョー、チョー、チョー」と鳴く。互いから離れることはなく、一緒に餌を探し、身じまいし、悪ふざけし、固まって過ごす。一羽が飛べば、みな飛ぶ。

「シロクロヤブチメドリ研究プロジェクト」の主任研究者アマンダ・リドレーは、南部アフリカのカラハリ砂漠南部でこの鳥を研究している。この鳥は協同繁殖する。家族集団には一対の優位な繁殖ペアがいて、ほかの数羽の大人は配偶行動をしないが、ヒナに餌を与えるなど世話を焼

写真　シロクロヤブチメドリ（提供：Alamy/PPS通信社）

く。優位なペアは社会的に一夫一婦制（単婚）であるだけでなく、配偶行動でも単婚を貫く。鳥類の世界ではめずらしい。どの集団でも、95％のヒナがこの優位なペアの子だ。それでも、集団内のすべての大人がヒナをかわいがり、卵を抱き、ヒナに餌を与え、ヒナの世話を焼く。繁殖ペアが卵を産まない場合には、別の集団からヒナをさらってきて、自分たちの子として育てる。

シロクロヤブチメドリは起きている時間の95％を、落ち葉をつついて甲虫、シロアリ、昆虫の幼虫、アシナシトカゲなどを探すのに費やす。背中を無防備に上に向けたままで餌を探すのは危険な行為だ。食物連鎖の上位に位置し、虫を探す鳥を求めてうろついている動物には、リビアヤマネコ、シママングース、ケープコブラ、パフアダー、アフリカワシミミズク、コシジロウタオオタカがいる。シロクロヤブチメドリにとって頭を下げた姿勢は危険きわまりないので、順番に見張り番に立つことで、餌探しをする仲間を地上や上空の脅威から守る。見張り番は餌を探す仲間の上の場所に陣取り、捕食者の襲来に目を光らせる。危険が迫ると鋭く甲高い警戒声を繰り返し発して、自分の集団に周囲監視の結果を「見張り番の声」として伝える。

他種の鳥は、シロクロヤブチメドリの注意深い見張りの恩恵を受ける。小型で単生種のカマハシ属の鳥は、見張りをするシロクロヤブチメドリの声を盗み聞きしていることが知られる。この小さな「公的情報寄生種」は、シロクロヤブチメドリの近辺にいて警戒声に耳をすませている。このおかげで、群れていないカマハシだが、多くの場所で長い時間を餌探しにあてることができ、餌を探すのに成功することが増え、捕食者の心配をせずに開けた場所に出ることすらある。

クロオウチュウはもっとずる賢いやり方でほかの鳥の見張り行為を利用する。とても賢くて声色を真似るのがうまいこの鳥は、シロクロヤブチメドリなどの偽警戒声を出す。すると、シロクロヤブチメドリがくわえていたゴミムシダマシの幼虫を落として逃げる。クロオウチュウは落ちた餌を哀れな犠牲者の目前で一瞬の差でかすめ取る。最近、リドレーと彼女のチームは、クロオウチュウが警戒声を変えることで、シロクロヤブチメドリがだまされていると気づかないようにしていることを突き止めた。

シロクロヤブチメドリの見張り番は危険な仕事だ。見張り番は餌を探している仲間より捕食者につかまることが多い。とくにタカとフクロウの犠牲になる。しかし、いずれにしてもすべてのシロクロヤブチメドリにとって生きることは危険と隣り合わせなのだ。そこで、教育の出番になる。

リドレーと彼女の同僚のニコラ・ライハニは、シロクロヤブチメドリのヒナが巣立つ数日前、大人が巣に餌を持ち帰るときに小さな「グルルル」という声を出しながら、翼を静かに羽ばたかせることに気づいた。この時期は訓練の期間で、「グルルル」という声は餌を意味する。大人がこの声を使うのは、ヒナが巣立ちを控えた時期になってからだ。「ヒナにこの鳴き声を餌と関連づけさせておくと、大人は餌をくわえたままでヒナを呼べるし、声にきちんと反応するまで餌をやらずにいられます」とリドレー。「ヒナが餌にクチバシを伸ばそうとすると、大人は届かないところまで後ずさりします。巣から離れる方向に動いて、ヒナをそちらに導くのです。この『おびき寄せ』作戦によって、親はヒナに巣立ちを『強いる』ようなのです」。巣立ちは急を要する。ヒナが大きく育てば、巣の中で捕食される可能性は高くなるのだ。

ヒナが巣立つと、大人はヒナを危険から引き離し、良好な餌場に導くためにこの声を利用する。これは思うより複雑な作業だ。大人は餌場の位置などの簡単な事実をヒナに教えているわけではない。位置の情報はどちらかと言えば役に立たない。シロクロヤブチメドリの餌場はたいていつねに変化しているからだ。大人がヒナに教えているのはむしろ、どんな餌場がいいのか――餌がふんだんにあり、捕食者から離れている――を見定めるスキルなのだ。また、捕食者が近くにいた場合、その危険な場所を離れることで脅威に適切に対処することも教える、とリドレーは言う。「したがって、この声は巣立ちのあとで2つの目的に使われます。いい餌場を知ること、そして捕食者からうまく逃れることです」

ところで、ヒナは受け身の生徒ではない。リドレーと彼女の同僚たちの研究によれば、ヒナは少なくとも2つの巧妙な戦略を使ってより多くの餌を得ようとする。第一に、模倣する相手を吟味して選ぶ。獲物をつかまえるのがうまい大人に学ぼうとするのだ。第二に、腹が減ると、危険な開けた場所にあえて出ていくことで、もっと餌をくれと大人を「脅迫する」。餌を食べて満足すると、奥まった場所や比較的安全な樹木の中でじっとしている。

シロクロヤブチメドリの教育が複雑な認知能力を必要とするかどうか、という問いにまだ答えは出ていない。たとえばミーアキャットの教育にも見られるようなより反射的な反応などは、単純な過程によって起きている可能性がある。子が成長するにつれて餌をせがむ声が変化するので、大人のミーアキャットはこれに反応して本能的にいろいろ教えるのかもしれない。生まれて間もない子の声を聞けば死んだ獲物を、成長した子の声なら生きた獲物を与える、というように。しかしリドレーが指摘するように、「シロクロヤブチメドリとミーアキャットでは教育法が異なります。ミーアキャットが機会教育（教師は新しいスキルを学ぶような状況に生徒を置く）をする一方で、シロクロヤブチメドリはディスプレー教育（教師は生徒の行動を直接変える）をするのです」と彼女は説明する。「シロクロヤブチメドリに見られる教育が反射的反応である可能性は否定しきれません。さらなる研究が必要とされています。ですが、あれほどのコーチングをするには、なんらかの認知能力が必要であるように思えるのはたしかです」

アラビアヤブチメドリ、オオツチスドリ、フロリダカケス、マミジロヤブムシクイなど他種の鳥では、ヒナが餌を探す大人の鳥についてまわって、そこでの手がかりから餌を見つけるのかもしれない、とリドレーは推測している。「研究仲間の多くが、研究対象の鳥がするこうした行動に気づいていますと彼女は語る。「ですから、このタイプの教育が、私たちが現在考えているより広くおこなわれているとも考えられます」

社会集団のサイズと脳の大きさ

科学者は、この種の驚くべき社会的知性を多くの鳥類種に見出している。まだ見つかっていないのは、発見できると期待されていたもの、つまり鳥の社会集団のサイズと脳の大きさ間の相関だ。

社会的知性仮説は、大きな社会集団を形成する動物は複雑な社会的圧力のために脳が大きいことを予測している。実際、オックスフォード大学の人類学者で進化心理学者のロビン・ダンバーが異なる霊長類種の脳の大きさを比較したところ、大きな社会集団を形成する種ほど脳は大きかった。サルや類人猿では、ある種の脳の大きさはその種の社会集団の大きさに応じて増える。霊長類では、集団の大きさが社会の複雑さの指標であり、複雑さがより高度な認知につながるように思われる。

最近おこなわれたある見事なコンピュータ・シミュレーションによって、こうした見方を裏づける証拠となるデータが見つかった。ダブリンにあるトリニティ・カレッジの科学者が、「ミニ脳」としてはたらく人工神経網を使ったコンピュータモデルを構築した。ミニ脳は繁殖することができる。進化することも可能で、ランダムな突然変異を起こすことで、その小規模な神経網内に新たな情報を組み入れる。この新たな情報が神経網にとって有利なら、神経網が発達して繁殖し、わずかながら知力があがる。互いに協力することが求められるような難しいタスクをおこなうようミニ脳をプログラムしたところ、ミニ脳は一緒にはたらくことを「学習した」。これらのミニ脳が「より賢くなると」、協力作業が加速し、大きな脳への進化圧も強まった。この知見は、協力のような複雑な社会的相互作用が、霊長類の祖先に大きな脳の進化と高度な認知能力に必要な淘汰圧を与えたことを裏づけている。

しかし、ダンバーと彼の同僚たちが鳥類やそのほかの動物を調べたところ、大きな社会集団がそのまま大きな脳を意味するという図式は成立しなかった。脳の大きな鳥は大きな集団を形成しないのだ。それどころか、これらの鳥は結束の固い小規模な集団で暮らし、たいてい生涯をとおして同じ相手とつがいつづけた。

鳥類では、知力の向上には関係の量よりも質が必要とされるようだ。鳥の頭脳が対処しなくてはならないのは、大集団や棲息地の何百という個体の性格を覚えることや、多数の因果関係を管理することではないのだ。本当に難しい作業——少なくとも心理学または認知科学的な見地からすると——は、強固な同盟（とくに、つがい相手との絆）を結び、ヒナを長期にわたって世話することにある。

関係性の知能——パートナーの心を読む

私たちもみなこうした課題について知っている。協議し、相談し、協調し、妥協し、日々の計画における相手の欲求を考慮することが求められるのだ。

このことは多くの鳥に当てはまる。

鳥類種の約80％が社会的な単婚ペアで暮らす。つまり、一度の繁殖期またはもっと長い期間を同じ相手と暮らすのだ（同じような単婚形態を示す哺乳動物の割合が約３％しかないのとは大きなちがいである）。これはおもに、ヒナに餌を与える負担があまりに大きく、両親による世話を必要とするためだ。とくに晩成種の親にとって、ヒナに餌を与えるのは大仕事だ。メスとオスの協力がなければ、たいていの晩成種のヒナは巣立ちまで成長できないだろう。だから仕事を分担するのは理にかなっている。だがそうする——両親ともに抱卵し、ヒナがかえると餌を与えて外敵から守る——ためには、慎重な協調と活動のすり合わせが必要になる。このことは、つがい相手のちょっとした気まぐれや願望、欲求、日々の行動変化に敏感でなくてはならないことを意味する。

認知生物学者のネイサン・エメリーによれば、このように1羽と固く結びついているためには一種の特別な認知能力が必要になる。これは「関係性の知能指数（RQ）」と呼ばれ、パートナーが出しているかすかな社会的信号を読み取り、これに適切に対処し、その情報を使って相手の未来の行動を予測する能力だ。この作業はかなりの心的能力を必要とする。

協調された体の動きや鳴き声という、難しい行為によって絆を深める鳥もいる。たとえば、ミヤマガラスのつがいはお辞儀したり尾羽を広げたりするディスプレーを完璧に同期させる。アカオマユミソサザイは、アンデス山脈の雲霧林深くに暮らすおとなしくて静かな小鳥だが、ペアで順番をすばやく入れ替わりながら完璧に協調してうたうので、1羽の鳥がうたっているようにしか聞こえない。このデュエットは一種の複雑な声によるタンゴで、驚嘆すべきレベルの協調がうかがえる。ペアのうち一方のみでうたうこともあるものの、そのときは歌のフレーズのあいだに長い無音区間を置く。それは、いつもならパートナーがうたう部分だ。つまり、各パートナーは自分がうたうべき音部を知っているが、パートナーの声を頼りにいつ、どううたうかを決めているのだ。それは会話の応酬によく似ている。これほどの協調によってデュエットするには、つがい相手を深く「知る」ことが求められ、ペアの絆の強さと相互の献身ぶりがうかがわれる。

セキセイインコ（*Melopsittacus undulatus*）のオスは、つがい相手に対する献身の度合いをその相手の「呼び声（contact call）」を完璧に真似ることで示す。呼び声とは、つがいの一方が飛んでいるとき、餌を食べているとき、そのほかのことをしているときにパートナーとの連絡を絶やさないために発する声だ。社交的な小型のセキセイインコは単婚だが、とても集団を好む。大集団

写真　セキセイインコ（提供：Gerard LACZ/PPS通信社）

で移動するのだ。数日一緒に暮らしたあと、つがいのセキセイインコは同じ呼び声で集まる。オスがメスと寸分たがわない呼び声を出すようになる。メスの呼び声がオスの呼び声でもあるのだ。模倣の正確さを基準にして、メスはオスの求愛の本気度とパートナーとしての適性を判断する。

セキセイインコを研究するカリフォルニア大学アーヴァイン校のナンシー・バーリーと彼女の同僚たちは、インコが新しい音をすぐに学習して模倣するのは、これが進化上の理由ではないかと推測している。「このことは、ペットのセキセイインコのうち声音を真似するのがいちばんうまいのが、とても幼いときに捕獲されてほかのセキセイインコと一緒にいなかったオスであることが多い、というインコ好きの話も説明してくれそうだ」とバーリーらは述べている。「こうした条件で育てられたセキセイインコはおそらく人間を刷りこまれ、人間に求愛しているのかもしれない」

鳥の神経ホルモン

社交的な鳥の頭の中ではなにが起きているのだろうか？　強固なペアボンディングをする鳥もいれば、そうでない鳥もいるのはなぜなのだろう？　単独で暮らす鳥と社会的な鳥がいるのはなぜなのか？

これらの問いに答えを出すべく、故ジェイムズ・グッドソンは鳥の脳の奥深くに分け入った。2014年にがんで不慮の死を遂げるまでインディアナ大学の生物学者だったグッドソンは、鳥類の社会集団形成にかかわる神経回路を研究した。彼は、鳥が集団をつくる相手やその集団の大きさを決める脳のメカニズムを解き明かそうとしていた。

グッドソンによれば、社会行動を制御する鳥類の脳内回路は私たちのものとよく似ているという。これらの回路は起源が古く（すべての脊椎動物と共有されているほど古い）、鳥類、哺乳類、サメ類の共通祖先が生きていた4億5000万年前にさかのぼる。これらの回路をつくるニューロンは、ノナペプチドと呼ばれる進化上かなり古い分子の一群に反応する。これらの分子の本来の機能は、古代の左右対称な体を持つ祖先（左右相称動物と呼ばれる）の産卵を調節することだった。しかし、ほかの社会的な機能がこれから進化した。鳥類では、社会行動のちがいがこれらの分子にかかわる遺伝子の発現のわずかな多様性に根差していることを、グッドソンは突き止めた。このことは人間にも当てはまるだろう。

私たちの脳内では、ノナペプチドはオキシトシンとバソプレシンとして知られる。オキシトシンは脳内の海馬でつくられ、愛の化学物質、抱擁ホルモン、信頼ホルモン、モラルホルモンなどと呼ばれる。哺乳類では、このホルモンは出産、授乳、母親と子の絆形成などに重要な役割を果たす。1990年代はじめ、神経内分泌学者のスー・カーターがオキシトシンのはたらきにペアボンディングを加えた。彼女とほかの研究者らは、生涯つがいで暮らすプレーリーハタネズミでは、乱婚のハタネズミと比べてこの分子の濃度が高いことを発見した。

新たな研究によれば、チンパンジーでは毛づくろいより食べ物のシェアのほうがオキシトシン濃度を高めるという。これは、「恋人の心をつかむいちばんの方法は胃をつかむことだ」という格言（そしてたぶん、カケスのオスがメスの食べたい物を知っていること）を裏打ちした格好だ。

ヒトでは、オキシトシンは不安感をなくし、信頼感、共感、思いやりを育むことがわかっている。たとえば、最近の研究では、鼻からオキシトシンを投与すると、スポーツチームのメンバーどうしの協力が促進され、人びとはロールプレイングゲームでより寛容になり相手を信用するようになる。また、このホルモンは、ほかの女性と比べたパートナーの美しさに対する男性の脳の報酬反応を強化して、彼の恋愛感情を強化する。

鳥類もメソトシンとバソトシンと呼ばれる神経ホルモンを持つ。グッドソンと彼の同僚のマーシー・キングスベリー、そして彼らのチームは、これらのペプチドが集団サイズのちがうさまざまな鳥類種でどうはたらくかを探った。

小型で社交的な鳴禽のキンカチョウについて考えてみよう。この鳥はつがいで暮らし、数百羽の集団をつくる。生物学者は、この鳥のメソトシンのはたらきを抑制すると、パートナーや同じ檻の親しい仲間と一緒に過ごす時間が短くなり、大きな集団を避けることを突き止めた。一方で、抑制剤の代わりにメソトシンを与えられたキンカチョウは、より社交的になり、パートナーや同じ檻の仲間、大きな集団により近づくようになった。

オキシトシンのはたらき

グッドソンは、集団サイズの嗜好（大小）が異なる鳥類種の脳内にあるペプチド受容体をマッピングすることにした。ことによると、社交的な鳥とそうでない鳥がいることには、受容体の密度と分布が大きくかかわっているのかもしれない。彼はカエデチョウ科の鳥たちに注目した。カエデチョウ科は、132種のフィンチ類、カエデチョウ、キンパラをふくむ。これらの鳥はみな似通った生態と繁殖行動を示すが、集団サイズが相互に大きく異なる。グッドソンは遠く南アフリカ共和国まで出かけて3種のカエデチョウを捕獲した。うち2種は静かな暮らしを好み、つがいでのみ過ごすニシキスズメとムラサキトキワスズメ、1種は「そこそこ」社交的なフナシセイキチョウだった。バランスを考慮して、非常に社交的で大きなコロニーを形成する2種、キンカチョウとシマキンパラを加えた。シマキンパラは熱帯性アジア地域産のきれいな鳥で、数千羽という大集団で暮らす（ある研究室では、フィンチ類の「ヒッピー」または「平和主義者」と呼ばれる。その理由は攻撃性をまったく見せないからだという）。

グッドソンがこれらの鳥の「オキシトシン」受容体をマッピングしたところ、果たして驚嘆すべきちがいが観察された。つがいでのみ暮らす鳥に比べて、非常に社交的で集団をつくるキンカチョウとシマキンパラは、背側の外側中隔核——社会行動に関係する脳領域——により多くのメソトシン受容体を持っていた。

「オキシトシン」ペプチドが鳥類のペアボンディングに主要な役割を果たしているかどうかを知るため、グッドソンと同僚のジェイムズ・クラットはふたたびキンカチョウの脳内に分け入った。

キンカチョウのペアに絆があるかどうかは、2羽が「くっついて」、横並びになり、互いを追っかけ、互いに羽づくろいし合い、巣の中で一緒にいることからわかる。キンカチョウの脳内でのペプチドのはたらきを抑制すると、この鳥たちはふだん見せるペアボンディング行動をしなくなった。脳内でペプチドが活性化している場合にのみ、これらの鳥はいつものようにつがいを形成するようだった。

オキシトシンがヒトでも同じような作用を見せるという研究もある。イスラエルにあるバル＝

イラン大学の心理学者ルース・フェルドマンは、ヒトではオキシトシン濃度と恋愛の持続期間のあいだに相関があることを発見した。つまり、オキシトシンの多いカップルのほうが長く恋人や夫婦でいられるのだ。

しかしキングスベリーも指摘するように、ヒトにおけるオキシトシンと鳥類における類似のホルモンが「抱擁ホルモン」であるという見方は変化しつつある。最近のフィンチ研究によれば、状況いかんでは、いわゆる愛情ホルモンが実際には「攻撃性をもたらし、ペアボンディングを損なう」ことを示唆する、とキングスベリーは語る。これがヒトにも当てはまるかどうかはまだ明らかになっていないが、脊椎動物の異なる綱のあいだでこれらのホルモンの内分泌系の解剖学と機能が似ていることを考慮するなら、ヒトにも当てはまるだろうと、キングスベリーと彼女の同僚たちは考えている。実際、人間のカップルを対象とした研究の中に、予想と正反対の結果が得られたものがある。オキシトシンと不安感や不信感などのネガティブな情動のあいだに相関が見られたのだ。

キングスベリーらは、脳や身体に「よい」、あるいは社交性を強化するような神経伝達物質は存在しないと論じる。これらのホルモンが与える社会的効果については、鳥類でもヒトでも文脈や個体間のちがいが問題になるらしい。

鳥だって浮気する

いずれにしても、抱擁ホルモンの濃度が高いつがいも貞節の鑑《かがみ》ではない。ニューメキシコ大学の生物学者リアノン・ウェストは、このことが一部の鳥が賢い理由の一つではないかと言う。ウェストは、鳥類の知力を高めた要因はつがいを維持する難しさだけではないと主張する。「知力向上に寄与しているのは、ペアボンディングと婚外交渉の双方を達成する難しさにあります」。彼女は、これを「異性間の軍備拡大競争」と呼ぶ。

数十年前、科学者は鳥類を配偶的な単婚モデルだと考えていた。マイク・ニコルズ監督の映画『心みだれて』では、主人公の女性が夫の女遊びを嘆くと、父親がこう答える。「浮気が嫌なのかい？　なら白鳥とでも結婚するんだね」。だが長年の現地調査と分子「フィンガープリント」技術の登場により、現在では、白鳥も他種の大半の鳥もまったく浮気しないわけでもないことがわかっている。ＤＮＡ解析によれば、鳥類でも約90％に婚外交渉が認められた。任意の巣を調べると、ヒナの最大70％は世話をしているオスの子ではない。つがいで暮らす鳥は社会的には単婚でも、配偶的な（あるいは遺伝学的な）単婚であることはめずらしいのだ。もしウェストが正しいなら、このことも知力向上という進化につながった可能性がある。

ニシヒバリ（*Alauda arvensis*）と呼ばれる旧世界のヒバリはヨーロッパやアジアの開けた草地、湿地、ヒースに暮らし、飛びながら最大で７００フレーズもふくむきわめて長く複雑な歌をうたうことで知られる。この鳥について考えてみよう。ヒバリは一般的には社会的な単婚だ。この鳥のオスは巣作りや抱卵を手伝うわけではないが、ヒナの餌やりの半分を分担するし、ヒナが巣立

写真　ニシヒバリ（提供：UIG/PPS通信社）

ったあとはもっと子育てに参加する。ところが、ヒバリのヒナの20％が巣を守っているオスと遺伝学的にはつながっていないことを、科学者は発見した。

オスにとって、乱婚が有利であるのはよくわかる。多くのメスと関係すれば、多くの子孫を残せる。だがメスの場合はどうなのだろう？　自分の子である可能性が減れば、つがいのオスは子育てを放棄するかもしれない。メスはなぜそんなリスクを冒すのだろう？

これについては諸説紛々としている。最有力の説によると、メスはヒナの遺伝的な多様性を増やすためにほかのオスと交尾する（そうすれば、ヒナの世話をするオスが気づかないかぎり、ヒナの生存率を高められる）、あるいはパートナーより優秀な遺伝子を得るためにそうするという。

行動生態学者のジュディ・スタンプは、メスの婚外交渉について別の仮説を立てた。彼女の「再ペアリング仮説（re-pairing hypothesis）」、いわば一種の離婚・再婚シナリオによると、密会するメスはほかのオスの縄張りと子育て能力をチェックしているのだという。もし羽振りのいいオスが現在のパートナーを失ったり見限ったりして新しい相手を探しているなら、このオスはすでに慣れ親しんでいる新たな恋人の自分に目を向けるかもしれない。このオスと関係を続ければ、メスは彼のいちばん大切な相手になれるし、彼が自分にとって現在のパートナーより優秀かどうか、また彼の縄張りの善し悪しについての情報も得られる。

ノルウェー大学の２人の生物学者は、浮気するメスは近隣の協力関係を改善しようとしているのだと言う。「これによってメスは恩恵を受ける。なぜなら、婚外交渉で生まれた子の父権があることによって、近隣に子がいる可能性が高くなったオスは、１羽のメスのみというより近隣全体に注意を向けるようになるからだ」。これらの生物学者は、このことはいくつかのポジティブな効果を生み出すと述べる。縄張り争いが減り、捕食者からの集団保護が可能になる（これらの知見は、ハゴロモガラスにかんする、次のような先行研究と同じ筋書きだ。巣の中に婚外交渉で生まれたヒナがいると、メスは捕食者の犠牲になることが少ない。つがい相手ではないがヒナと血縁のあるオスも巣を守ろうとするからだ。こうした巣ではヒナが腹を空かせることも少ない）。要するに、すべての卵を一つのかごに入れないことで、メスは公益を図り、安全で繁栄する界隈をつくるのだという。「母親ははっきりしているので、メスは自分の子の世話をする。また、父親がはっきりしないことから、オスは複数の巣に自分の子がいるかもしれないと考え、地域全体の安全と公益のためにはたらくようになる」、とノルウェーの生物学者たちは言う。つまり、あるガンについていいことは、オスでもメスでも近辺のガンすべてにとっていいことなのだ。

進化生物学者のナンシー・バーリーが指摘するように、オスに婚外子がいる理由は一つにかぎられないだろう。「メスがつがい相手以外と交尾する理由は、種間で大きく異なると思われる」と彼女は述べる。「種内にかぎれば、その選択は個々の状況を反映するのだろう」

結婚生活と浮気を両立するための脳

いずれにしても、オスもメスも浮気性であるのはたしかだ。それでも、どちらも社会的なパートナーとの絆を維持して子育てに励む。リアノン・ウェストによれば、この二重生活が、社会的に単婚である鳥の大きな脳を説明する鍵かもしれない。定期的に婚外交渉するかたわら、社会的なパートナーとも良好な関係を維持することは、複雑な社会生活、そしてウェストの見解によれば、異性間の軍備拡大競争につながるのだ。

考えてもみてほしい。オスはこっそり出ていってはほかのメスと浮気する一方で、熱心にパートナーを守ってほかのオスに寝取られるのを防ぐ。そんな神経をすり減らすような暮らしをしているのだ。たとえば、見知らぬオスがパートナーと浮気するのを防ぐために、ヒバリのオスはパートナーが卵を産むまで彼女を注意深く守る。ところが、彼には縄張りの維持という重要な別の仕事もある。だからパートナーを守りながら、「ここは俺のものだ」と宣言する驚嘆すべき空中ディスプレーも続ける。翼をばたつかせ、滑空し、旋回し、急降下する空中ディスプレーは何分も続き、たいて約180メートル以上の高度でおこなわれる。パートナーと縄張りを守るには派手な動きが必要だが、自分自身の逢い引きの時間と機会も確保しなくてはならない。

さて、メスのほうでも逢い引きするだけでなく、未来のパートナー候補の遺伝子と縄張りを評価し、もちろん現在のパートナーの元に戻るコースの記憶を失わないためにも、一連の認知能力が必要となる。実際、パートナー以外と子をもうけることの多い種のメスはオスより脳が大きく、その反対の場合には脳が小さい。

このように鳥類が浮気をしながらも長期にわたるペアボンディングを維持してきた結果はなんだろうか？　雌雄ともに脳が大きくなることだった。

カケスの二面性――貯食家で盗人

鳥の知能向上には、別の社会的な軍備拡大競争が貢献しているかもしれない。こちらはセックスではなく、餌を盗む行為だ。

ここでふたたびカケスの話になる。今度はアメリカカケス（*Aphelocoma californica*）だ。その英名「western scrub jay」が示すとおり、この小生意気なカケスは開けた西部（western）の低木林（scrub）で圧倒的な存在感を示す。敏捷に跳ね、大胆に突進し、尾羽を振り動かし、頭をくるりと回してあたりをうかがう。この鳥の目を逃れられる者はまずいない。いとこのアオカケスに似た淡空色で（ただし羽冠はない）、同じようにあつかましく、「泥棒」「悪党」「低木林のジャッカル」の異名をとる。ある鳥類学者によれば、このカケスはトリックを使ってまんまとネコの餌を奪うという。ネコの尻尾を強くつつき、「ネコが反撃しようと振り向いたときに餌に飛びついて、喜びの叫びを上げながら飛び去るのです」。

アメリカカケスは一年をとおしてつがいで暮らし、群れを形成することが多い。繁殖期になると、どのオスもその場所が自分のものであるかのようにふるまう。相手に突進して飛んだり鋭い鳴き声を上げたりして、ライバルたちから強力に縄張りを守る。「このカケスの『ジー、ジー』という警戒声は驚くほど大きく聞こえ、木立が一瞬直立しそうになる」と、あるナチュラリストは書く。「それは血も凍るような声で、そのように意図されてもいる」

カケスは貯食する。秋のあいだは、下生えの中をかけずり回って、どんぐりなどのナッツ、昆虫、幼虫を何千個も集める。こうして集めた食料を、後日食べるために自分の縄張り内の数千ヵ所に蓄えておく。

この習性はとても立派で勤勉でもある。とはいえ、一つ但し書きがある。カケスは一種の二重生活を送る。将来のために食料を貯めこむ一方で、ほかの鳥が保存している食料を失敬するのだ。たしかに貯食家だが、泥棒でもある。隣人が苦労して集めた餌をさらっていくのだから。

カケスは埋めておいた食料を1日で最大30％失うこともある。長く厳しい冬をやり過ごすのに十分な食料を貯めなくてはならない鳥にとって、けっして小さな損失とは言えない。盗み（貯めておいた食料の損失）は大問題で、明らかに社会的生活の欠点だ。

だが、この話には面白いひねりがある。カケスのコミュニティに食料を貯める者と盗む者がいることによって、驚くほど賢い行動が進化したらしいのだ。それは、食料を貯める側（貯めた食料を守ろうとする）と盗む側（貯めたカケスとほかの盗人カケスを出し抜いて食料を盗む）が繰り広げる戦略的欺瞞の数々だ。

一連のすばらしい研究で、ニコラ・クレイトンと彼女の同僚たちは、カケスが餌のありかを盗人に知られないようにするために、涙ぐましいほどの努力をすることを突き止めた。別のカケスに見られている場合にかぎって、カケスは遮蔽物の陰や明るく目につきやすい場所の奥などに食料を隠す（見ているカケスの視線が遮られている場合には、あえてわかりづらい場所に隠そうとはしない）。相手に音は聞こえるが姿は見えない場合には、カケスは音がしづらい場所（小石の下ではなく音のしない地面の中）に食料を隠す。食料を隠すところを別のカケスに見られた場合には、もう一度その場所に戻って食料を

写真　アメリカカケス（提供：Animals Animals/PPS通信社）

別の場所に移したり、そのふりをしたりする。盗みをしそうな相手を攪乱《かくらん》させる一種の豆隠し手品だ。また、食料をある場所に隠したあとで、新しい場所に隠しなおすような素振りを見せることすらある。盗人を攪乱させて食料のありかをわからなくさせる作戦だ。これほどあからさまなずる賢いペテンがほかにあるだろうか？

ただしカケスは、相手が誰であってもこれほど念入りな戦略をとるとはかぎらない。パートナーが見ていても、カケスのオスはぜったい隠し立てはしない。ある場所に食料を隠そうとしているのをライバルのオスに見られたときだけ、このライバルは脅威と見なされるのだ。方法はわからないが、カケスはどのカケスがいつどこで自分を見ていたかを覚えている。特定の貯食行為を目撃されたかどうか、どのカケスに目撃されたかを覚えていて、どうしても必要な場合にのみ食料を移す。

盗人を知るのは盗人のみ

ここでほんとうに驚くような事実がある。カケスがこれらのあざやかな食料防御戦略を実行するのは、このカケス自身に盗みの経験がある場合のみなのだ。盗んだ経験のないカケスがいったん隠した食料を別の場所に移すことはまずない。つまり、とクレイトンらは述べる。「盗人を知るのは盗人のみということです」

盗む側のカケスは、別のカケスが餌を隠すのを目立たないように物陰から静かに見ている。隠しているカケスが餌を守る戦略を取らないようにするためだ。

ここで見えてくるのは一種の「情報操作」で、盗もうとするカケスが身を隠しつつ活発に情報を収集する戦略を立てる一方で、隠しているカケスはこの戦略をかわし、情報を隠蔽し、偽りの情報をつかませるためのマキャベリ的な作戦に長けていく。

カケスを研究するクレイトンやほかの多くの科学者は、この鳥の欺瞞的で相手を操ろうとする行動はかなり高度な思考プロセスを暗示する、と考えている。つまり、誰がいつどこにいたかを記憶（「エピソード記憶」と言われる）し、自分が盗んだ経験から盗みをはたらこうとする相手の行動を予測し、視点を転換する――自分以外の鳥の視点（相手が知っていること、知らないこと）を想像する――などのプロセスだ。他者の視点からものを見る能力――別の生き物の頭の中でなにが起きているかの把握――は、「心の理論」の重要な概念として知られる。

食料の保存と盗みがこれらの知力の進化にかかわったかどうかはわかっていない。こうした能力がもともとカケスに備わっていて（おそらくパートナーとのやり取りの結果によって）、ただそれを貯食に適用しただけかもしれない。これはまたしても「ニワトリが先か卵が先か」の問題であり、「カラスと道具」の場合と同じだ。

情動的能力

鳥類は、共感や悲嘆など人間のすばらしい社会的あるいは情動的能力を持つだろうか？　この

写真　コンラート・ローレンツとハイイロガン（提供：Alamy/PPS通信社）

問いにまだ答えは出ていない。クレイトンと彼女の同僚ネイサン・エメリーは、こう警告する。「鳥類、とくにカラスやオウム・インコ類など賢いことが知られる鳥を擬人化し、十分な証拠もなく人間の情動をこれらの鳥に投影してしまうことはよくある」

ハイイロガン（*Anser anser*）の例を考えてみよう。並の知力の持ち主と考えられているヨーロッパ産のこの鳥は、ノーベル賞を受賞したコンラート・ローレンツの偉業によって有名になった。彼は、ヒナは動く物ならなんでも刷りこまれることを証明した。たとえば、こんなことがあった。彼が育てたヒナは彼のあとを追い回し、成長後には彼のウェリントンブーツと性行動をしようとした。ハイイロガンは小さな家族単位から数千羽の集団で暮らし、カラスやオウムなど賢い鳥に匹敵する社会生活を送る。ともに時を過ごしたり、「かちどきの儀式」（一連の儀式化された動きや社会的ディスプレー）を一緒にしたりして、パートナーや家族との社会的な絆を周囲に見せびらかす。オーストリアにあるコンラート・ローレンツ研究所でおこなわれた最近の研究では、落雷、通り過ぎる車、去っていくあるいは到着する集団、社会的な軋轢《あつれき》など、さまざまなできごとが起きたときのガンの心拍数――苦痛のたしかな指標になる――を測定した。すると心拍数がいちばん上がったのは、落雷や自動車のうなり音などなにかに驚いたときや怖かったときではなく、パートナーか家族の関係する社会的な軋轢があったときだった。科学者には、これには情動、ことによると共感がかかわっているように思えた。

また、ミヤマガラスのキスがある。カラス科に属するとても社交的なこのカラスは、混雑した群生地に巣をつくるので、いさかいの種は山ほどある。ある研究では、パートナーが争いに巻きこまれたのを目撃すると、ミヤマガラスは1~2分のうちに苦しむパートナーのクチバシに自分のクチバシを絡ませて慰める。科学者らはこの行為を――いくらか冷ややかなネーミングとはいえ――「争議後の第三者同盟」の勝利と呼んだ。つまり争いがあったあとで、無関係な傍観者(第三者)が争いの犠牲者(多くはオス)を優しく元気づけたのだ。

苦しむ者を元気づけることが知られる動物は少なく、その中に大型類人猿とイヌがいる。最近では、アジアゾウもこれらの動物の仲間入りを果たした。ある研究で、このゾウは悲嘆に暮れるゾウを鼻で慰めた。鼻で優しく顔をなでたり、鼻を相手の口に入れたりする(ゾウにとってのハグ)のだ。

同情と慰め

さきごろ、トーマス・バグニャールと彼の同僚オーレイス・フレイザーは、ワタリガラスも争いのあとで苦しむパートナーや友だちを慰めるかどうか調べようとした。ワタリガラスは暴力的な争いの犠牲者に同情を感じるだろうか？　犠牲者を慰めるだろうか？

慰めるという行為はとくに注目に値すると、この2人は語る。「なぜなら、その行為はヒトで『同情（sympathetic concern）』として知られる、高い認知能力を必要とする共感を暗示するからです」。犠牲者を慰めるということは、まず相手の痛みを認知し、さらにその痛みを減じようと手を尽くしていることを意味する。これには他者の情動的欲求に対する感受性が必要であり、この形質はかつて、ヒトとその最近縁種であるチンパンジーとボノボのみが持つと考えられていた。

バグニャールらは13羽の若いワタリガラスを対象に研究した。つがいとなって縄張り意識を持つ前の若いワタリガラスは、大集団で移動してこの間に貴重な仲間やパートナーを得る。どのような社会集団でも争いは起きるものだし、若いワタリガラスの「優しさの欠如」も例外ではない。ワタリガラスの争いは、とくに家族内の場合には、たいてい何ヵ所かつつかれるくらいですむ。しかし、見知らぬ者どうしや別々の家族のメンバーどうしが巣、パートナー、餌、縄張りをかけて争うときには、争いは長くなり生死にかかわる。

彼らは2年かけて、若いワタリガラスのあいだで起きた152回の争いを注意深く観察し、攻撃者、犠牲者、傍観者（争いを目撃するほど近くにいた同じ集団の仲間）を記録した。争いを「軽度」（ただ騒がしいだけの脅迫）と「重度」（追いかけたり、飛びかかったり、クチバシで激しくつついたりする）に分けた。次に、それぞれの争い後10分以内に起きた、犠牲者に対する攻撃または同盟を調べた。驚いたことに、激しい争いがあった2分以内に、傍観していた集団の仲間たちが犠牲者を慰めるような仕草をした。その相手はパートナーか同盟関係にある個体にほぼかぎられていて、彼らは犠牲者の隣にすわったり、羽づくろいしてやったり、クチバシを絡ませたり、体をクチバシで触りながら柔らかで低い「慰めの」声をかけたりした。

興ざめな説明はこうだろう。ワタリガラスたちは、ただパートナーや同盟者の乱れた外見を整えようとしただけだ。だがこの研究者たちには、ワタリガラスの慰めるような行動は他者の感情を知っているがゆえに思えた。彼らはこう書く。これらの知見は「ワタリガラスが社会関係と集団生活の代償のバランスをどう調整するかを知るための、重要な一歩である」。さらに、彼らは「ワタリガラスは他者の感情的欲求に応えている」と示唆する。

写真　ワタリガラス（提供：Pete Myers）

死を悼む鳥

悲嘆について。科学者がアメリカカケスの「葬式」を見かけたという話を最近になって聞いたとき、私は自宅近くの湿地で何年も前に見たできごとをすぐに思い出した。1羽のアオカケスを襲撃したアカオノスリを、仲間のアオカケスの群れが取り囲んでいた。アカオノスリはつかまえたアオカケスをかぎ爪で振り回した。あたりのカケスたちはわめき声をあげながら殺し屋目がけて殺到したが、アカオノスリはびくともしなかった。アカオノスリが力なく横たわっていたアオカケスをひっつかんで飛び去るまで、私はその場を離れなかった。

しかし、今回報告された「葬式」はこれとはちがっていた。それは、カリフォルニア大学デイヴィス校のテリーザ・イグレシアスと彼女の同僚たちによって設定された舞台で起きた。イグレシアスらは、死んでしまった仲間にカケスがどう反応するかを知りたかった。チームは、カケスがふだん餌を食べる住宅地の一角に死んだカケスを横たえ、なにが起きるかを記録した。最初に死んだ仲間を見つけたカケスが、血も凍るような警戒声を出して仲間のカケスたちを呼んだ。近くにいたカケスたちは餌探しをやめ、その場所に飛んできて、大きな不協和音の騒ぎに加わった。騒ぎはだんだん大きくなっていった。

これらのカケスは仲間の死を悼んでいたのだろうか？　憤激をあらわにしていたのだろうか？　誰が仲間を殺したのか、ここから死者をどう運ぼうか、と相談していたのだろうか？　カケスたちは死者のまわりに集まっていたが、30分ほどして飛び去った。その後1～2日、彼らはここで餌探しはしなかった。

この研究に対する反応は驚き（死を悼む鳥なのだ！）から、研究者たちが使った不適切な（ある評者の言葉を借りれば）「エフ・ワード（汚い言葉）」に対する激しい論争と批判へとすぐに変わった。評者の中にはあからさまな擬人化を見て取った人もいた。だがこれは人間の葬儀とはまったく様相がちがう。

いや、研究者たちはそれを示唆していたわけではなかった。彼らはただ、カケスが死んだ仲間にどう反応するかを証明しようとしていただけだった。見たところ、ほかのカケスに死について懸命に知らせ、おそらく危険性について警告していたようだった。彼らは、この行動を「不協和音のような騒ぎ」と呼んだ。

この意味において、今回のカケスの集まりはアイルランドの通夜により似ていただろう。ナチュラリストのローラ・エリクソンは、今回の研究の一報を聞いてこの通夜のことを思い出した。通夜はエリクソンの父親を偲ぶものだった。シカゴで消防団員だったエリクソンの父親は、火事の直後に突然の心臓発作で帰らぬ人となった。父親の仲間が最後に一目彼に会いたいと詰めかけ、「死んでいるのに元気そうに見える」「おれたちももっとジムへ通って、食事にも気をつけなければな（言外に、同じ運命をたどりたくないという気持ちが込められている）」などと話した」とエリクソンは説明している。

イグレシアスと彼女の同僚たちは追加研究として、自分と種は異なるが体の大きさがほぼ同じ鳥（たとえば、ハト、コマツグミ、マネシツグミ）の死骸を見たとき、カケスは集団で不協和音を出して応えたと報告した（チームは、ハトと、カケスには馴染みのない2種の鳥――ハリオハチクイとカルカヤバト――を使った）。フィンチ類など体が小さな種の死骸には、カケスは弱い反応を示すだけか、まったく反応を示さなかった。このことからわかるのは、集まりは死を悼むためというよりリスク評価のためだ、とイグレシアスは述べる。体の大きさが近い鳥どうしは捕食者を共有するからだ。「それでも」と彼女は付け加える。「不協和音を出す集団のすべてではなくとも一部で、アメリカカケスが感情的な苦痛を経験している可能性は否定できない」

カラスの葬式

私はカケスの例をどうとらえたものか迷う。共感の一つの定義は、「他者の不幸を自分の苦しみとして受け止めること」だ。カリフォルニアで実験されたカケスはただ警告を発していただけなのだろうか？　あるいは、仲間に対するなんらかの感情を経験していたのだろうか？　憤り？　恐怖？　悲しみ？　鳥は霊長類のように顔の筋肉で情動を表すことはないが、頭や体を使ってそうすることができるし、声、仕草、ディスプレーでもそれは可能だ。かつてコンラート・ローレンツは、パートナーを失ったハイイロガンが、同じような経験をした幼児に似た悲しみを見せたと指摘した。「目がずっと奥に沈んでいき……そのハイイロガンは全体にしおたれたようになって頭を垂れる」

鳥が仲間の死を悼むかどうかについて、結論はまだ出ていない。しかし、その可能性を認めてもいいと考える科学者が増えつつある。

コロラド大学の名誉教授マーク・ベコフは、ホイッドビー・オーデュボン協会の元協会長ヴィンセント・ハーゲルの話をしてくれる。ハーゲルが友人宅を訪れたとき、台所の窓の外に死んだカラスが見えた。「12羽のカラスが死んだカラスのまわりを円を描くようにチョンチョンと跳んでいました」とハーゲルは語る。「1〜2分後、あるカラスが数秒どこかへ飛んでいったかと思うと、小さな小枝か乾いた草のようなものを持って戻ってきました。そのカラスは小枝を死体の上に落として飛び去りました。それから一羽、また一羽と順番に短いあいだどこかへ飛び去って戻ってくると、草か小枝を死体の上に落として飛び去りました。最後にみないなくなると、死体には小枝がたくさんかけられていました。全体でおそらく4〜5分のことだったと思います」

私はこれと似たような話をたくさん聞いたことがある。ゴルフボールにあたってカラスが死んだあと、ゴルフコースを囲む木々にカラスが鈴なりになった話、変圧器の上に巣をかけていたつがいのワタリガラスが感電死したとき、数分でおびただしい数のワタリガラスが集まってきた話。著書の『世界一賢い鳥、カラスの科学』でジョン・マーズラフとトニー・エンジェルは、カラスは仲間が死ぬと「かならず」周囲に集まってくると述べている。この反応は情動的というよりは社会的かもしれない、と彼らは示唆する。つまりカラスは、仲間を失ったことで集団の階層構造にできる穴（残されたパートナーや縄張り）を埋める作業をしているのかもしれない、というのだ。さらにイグレシアスが示唆するように、死んだカラスと同じ運命にならないような手立てを考えているのかもしれない。死んだカラスを手にした人間を見るとカラスの海馬が活性化されるのは、彼らが人間の危険性について学んでいる証拠であることを、マーズラフは証明した。

「カラスやワタリガラスが死んだ仲間のまわりに集まるのは、仲間の死の原因と結果を知ることが自分の生存にとって重要だからだ」とマーズラフとエンジェルは書く。「私たちは、死んだカラスのパートナーと家族は死んだカラスを悼んでいるとも考えている」

私もそうではないかと思う。愛、欺瞞、そしてパートナーが食べたいと思っている物を知ることと同様、死んだ者を悼む気持ちは人間だけのものではないはずだ。

第5章
さえずりと言語

崇高な存在

1804年か1805年のある日の午後、あなたがホワイトハウスの階段の下にいたとしたら、昼寝しようと階段をあがっていくトーマス・ジェファーソン大統領のあとを、灰色の元気な小鳥がチョンチョンと跳んでいくのを見ただろう。

この小鳥は名前をディックといった。

大統領は、このペットのマネシツグミには自分のウマや牧羊犬につけたようなケルト語（ゲール語）の奇抜な名前――ククリン、フィンガル、ベルジェール――をつけはしなかったが、この鳥をことのほか可愛がっていた。義理の息子がはじめてマネシツグミが家に棲みついたと知らせると、ジェファーソンは「マネシツグミがやって来たことを心の底から祝うよ」と返信した。「子どもたちにこの生き物は鳥の姿をした崇高な存在だと教えるといい」

ディックは、ジェファーソンが1803年に買った2羽のマネシツグミのうちの1羽かもしれない。この鳥はたいていのペットの鳥より高価だった（当時で10～15ドル、現在なら約125ドル）。この鳥が地元の森に棲むあらゆる鳥のさえずりのみならず、アメリカ、スコットランド、フランスで流行している歌も器用に真似できたからだ。

誰もがみなこの鳥を友だちに選ぶわけではない。ワーズワースはこの鳥を「陽気なマネシツグミ」と呼んだ。けたたましい？　たしかに。活気があって威勢もいい。でも、陽気？　この鳥がいちばんよく出す鳴き声は乱暴な「チャック！」だ。あまり可愛げのない、鳥の世界で言う罵り言葉で、あるナチュラリストは嫌みたっぷりに、鼻を鳴らす音と痰を吐く音のあいだのようだと言った。しかしジェファーソンは、類いまれな知能、音楽性、すばらしい模倣能力を持つディックを愛した。大統領の友人マーガレット・ベイヤード・スミスがこう書いている。「彼は一人になると鳥かごの出口を開けてやり、小鳥を部屋に放す。小鳥はしばらく部屋の中にある物を順に確かめてから、大統領のテーブルに乗って愛らしい声で大統領を楽しませたり、彼の肩に乗って口から餌をもらったりする」。大統領が昼寝するときには、ディックは彼のソファーにすわり、鳥の歌と人間の歌をうたう。

ジェファーソンはディックが賢いのを知っていた。周辺にいるほかの鳥の鳴き声、当時はやっていたポピュラーソング、パリに向かう船に積みこまれた材木のきしみまで真似するのだ。けれどもそのジェファーソンですら想像もできなかったのは、未来の科学がディックの能力の性質を調べるようになるということだった。この模倣能力が稀有で危険をともなうこと、知力を必要とすること、もっとも謎めいた複雑な学習形態を知る糸口になることでもあった。模倣はヒトの言語と文化の源泉なのだ。

さえずりと話し言葉

ジョージタウン大学のローフィンク・オーディトリアム。ある秋の日に180人の専門家が一堂に会し、ディックのスキルとヒトの言語学習との類似性にかんする新たな研究成果と見解を交換した。このスキルは音を模倣し、音響学的な情報を収集し、自分の声で再生する能力――言語に不可欠な条件だった。それは発声学習と呼ばれ、動物界ではめずらしい。現在までに、この能力を有することが知られているのは、オウム・インコ類、ハチドリ、鳴禽、ミツスイ、数種の海洋性哺乳類（イルカやクジラ）、コウモリ、そして霊長類の一種――ヒト――にすぎない。

専門家たちは、鳥がさえずりを学習するのに必要とされる複雑な認知能力について議論している。もし鳥が情報を収集し、処理し、保存し、使用するメカニズムを認知と定義するなら、さえずりの学習は明らかに認知的な作業だ。若い鳥は、自分と同じ種の鳥のさえずりを聞くことで情報を得る。この情報を記憶し、自分がさえずるために使う。模倣や練習のプロセスから、関連する脳構造と特定の遺伝子まで、専門家たちは鳥類のさえずりの学習とヒトの話し言葉の学習のあいだの驚嘆すべき類似性について論じている。鳴禽がヒトの場合（吃音など）とよく似た「発声障害」を持ち、鳥類におけるさえずりの学習が脳構造を明らかにし、ヒトの学習の神経学的性質を教えてくれると議論している。

ユトレヒト大学の神経生物学者ヨハン・ボルイスは、科学者が鳥のさえずりと人間の発声と言語を比較するなど、一般人にとっては不可解に思えるだろうと言う。「もし動物の中にヒトと似た種を探すのであれば、ふつうなら大型類人猿などの近縁種に目を向けないでしょうか?」と彼は問いかける。「しかし、おかしなことに、人間の発声学習のあまりに多くの側面が鳴禽の歌学習に似ているのです。大型類人猿には似通った点がまるで見られません」

歌を盗む鳥

休憩時間にオーディトリアムの外に出ると、ヒマラヤスギの幼木――どちらかと言えば低木――があり、そこからいろいろな鳥のさえずりが聞こえてきた。構内全体に吹き荒れる冷たい北西風がオークとカエデの葉を散らし、ときどき舞い降りるスズメと絡み合っていた。それ以外に鳥の姿はほぼ見えなかった。ところがこの低木の真ん中から、チャバラミソサザイの「ティー・ケトル、ティー・ケトル、ティー・ケトル」という声、ムナジロゴジュウカラの「ゴロゴロ」という声が聞こえた。次にショウジョウコウカンチョウの「ピュー、ピュー、ピュー、ツィー」という声、そしてコマツグミの罵るような声が続く。枝のあいだをのぞくと、1羽の灰色の鳥が、冷たい風に負けまいと羽毛をふくらませているのが見えた。ディックの仲間のマネシツグミ(*Mimus polyglottos*、つまり口まねする鳥)が一心不乱にうたっているのだ。一組のフレーズが終わるごとに1~2秒間隔を空けている。まるで次になにをうたおうか考えているよ

写真　マネシツグミ（提供：Pete Myers）

うだ。

春たけなわのころ、マネシツグミが縄張りを主張し求愛するために鳴いているのを聞いたことがある。いちばん高い枝にとまってうたっていた。それは、4月のある午後のことだった。私はデラウェア・ショアの砂地に1本だけ生えたマツの木の根元にいた。いま藪の中にいる鳥とちがって、そのときの鳥の姿ははっきり見えた。マツの木のいちばん高い枝にまっすぐ立ち、長い尾羽を盛んに振りながら、クチバシを天に向けて夢中になってうたっていた。体全体を使いながら、次から次へと際限なくうたった。

マネシツグミは、マネシツグミ科の鳥で、おもに南北両アメリカ大陸や西インド諸島などに分布する。ビーグル号で航海したとき、ダーウィンは南アメリカのいたるところでマネシツグミを見かけてこう書いた。「この鳥は生き生きしていて、好奇心に満ちて、活発そのものだ……イギリスで見かけるどの鳥よりも見事なうたいっぷりだ」

マネシツグミはほかの鳥の歌を盗むだけで、盗んだ歌の大事な音楽性を持たないと言われる。でもこのデラウェアのマネシツグミがうたうチャバラミソサザイの歌は、私にはまるでベット・ミドラーがうたうアンドルーズ・シスターズの歌のように聞こえた。マネシツグミがほかの鳥の歌を真似るのは本当だ。エボシガラやアメリカコガラの歌の一部や、モリツグミの愛らしく流麗な歌を自分の歌に取り入れるが、この鳥はまるでショスタコーヴィチが素朴な民族音楽をシンフォニーに取り入れるかのように、巧みに自分のものにする。しばらくすると、私はこの鳥の即興曲にすっかり心を奪われ、聞き慣れた歌や地鳴きを聞き取るのを忘れた。彼が奏でる旋律は暖かい春の空気を無数の抑揚やトリルで満たし、生の喜びにあふれていた。

やがて始まったときと同じように、熱心な歌がいきなり終わった。彼は木から飛び降りて静かに地面にうずくまった。まるで、思いのたけを歌って満足したかのように。

模倣による学習

春には、鳥たちが縄張りとつがい相手を得ようと精いっぱいうたう。でもいまは11月なかばで、冷たい風が吹いている。この鳥は警察の手を逃れようとする逃亡者のようにヒマラヤスギの木に隠れて、自分だけに向けてうたっているように見えた。同じ音が4～5回繰り返され、歌に終わりがないようだった。

鳥は私の数千分の一しかない脳に、どのようにしてこれほど多くの歌を記憶しているのだろう？　それに、そもそもそれはどのようにして脳に保存されたのか？　この鳥は木の中でなぜ自分に向けてうたっているのだろう？

「それは私たちがシャワーを浴びながら歌をうたうのに似ています」とウィスコンシン大学のローレン・ライターズが教えてくれた。彼女は、暖かいローフィンク・オーディトリアムでこうした問いに挑戦している鳥類の専門家の一人だった。

この鳥は自分の歌を学ぶために途方もない時間と身体構造を駆使したのだ。多くの人は、鳴禽はうたうように遺伝学的にプログラムされていると考える。しかし鳴禽はヒトと同じように発声学習をする。大人（成鳥）の手本を聞き、自分も試し、練習を重ねる。人間の子が楽器の弾き方を学ぶように、自分のスキルを磨く。

180人もの専門家がこのテーマに興味を示す一つの理由はこれだ。人間が持つもっとも高度な能力の一部——言語、発声、音楽——を、私たちと鳥は模倣という似通ったプロセスによって学ぶ。

「オウムやインコのような人間の声音を真似る鳥類の発声学習を研究すれば」と神経生物学者のエリック・ジャービスが語る。「この能力に必要とされる基本的な脳回路、遺伝子、行動を知ることができます」

地鳴きとさえずり

鳥はみな声を出す。「ホーホー」と鳴き、ヨーデル風にうたい、「カーカー」と鳴き、悲しむような声を上げ、「キュルルル」と鳴き、ペチャクチャしゃべり、「ピー」と警戒声を出し、天使のようにさえずる。仲間に捕食者への警戒をうながすとき、家族、友だち、敵を識別するときにも鳴く。縄張りを守るとき（獲得するときも守るときも）、あるいは異性に言い寄るときも鳴く。

「地鳴き」はたいてい短く、簡単で、コンパクトで、生得的だ（人間の叫び声や笑い声に似ている）。オス、メスともに何かを伝えたいときに鳴く。「さえずり（歌）」は一般にもっと長く、複雑で、学習されたもので、熱帯ではオスもメスもさえずるが、温和な気候の地域ではオスのみが繁殖期にさえずることが多い。とはいえ、地鳴きとさえずりのあいだに明確な線引きはなく、例外も多い。カラスの地鳴きは数十種類に分類される――励まし、文句を言い、呼び寄せ、懇願し、知らせ、デュエットするなど――が、その一部は学習によって獲得される。その複雑さだけを取っても、アメリカコガラの地鳴きは遠くにいてもシジュウカラの2つの音だけの歌に勝っている。

しかし、さえずりは特別だ。「声を使ってコミュニケーションする動物は、ほぼすべてが本能にしたがっている」と、デューク大学で発声学習を研究するジャービスが語る。「これらの鳥は叫んだり、大声を出したり、『ホー、ホー』と鳴く術を生まれながらに知っているのです」。ヒッジが「メー、メー」と鳴くように、これらの声は生まれながらにプログラムされていたか刷りこまれるかしたのだ。「他方で、発声学習は音を聞き、咽頭か鳴管の筋肉を使ってその音を自分で再生する能力を要します」とジャービスが説明する。「それが会話を聞いて学んだ音であろうが、さえずりの音であろうが、原理は同じなのです」

地上に棲息する鳥類のほぼ半分が鳴禽であり、その数は４０００種ほどにもなる。さえずりは、ルリツグミのつぶやくような哀愁を帯びた高笑いから、コウウチョウの40音のアリア、スゲヨシキリのひどく込みいったさえずり、チャイロコツグミのフルートの音のような歌、アカオマユミソサザイのオスとメスのすばらしい掛け合いのデュエットまでさまざまだ。

鳥は「いつ」「どこで」うたうべきかを心得ている。開けた場所では、音は植物の上をせいぜい1〜2メートルしか伝わらない。そこで鳥は、高い場所でさえずることで音が遮られるのを防ぐ。林床でさえずる鳥は調性を持つ音を使い、樹冠でさえずる鳥より振動数（周波数）が低い音でさえずる。昆虫や交通機関の音の騒音とかぶらないような振動数を使う鳥もいる。空港の近くで暮らす鳥は、ふつうより早く夜明けの合唱をすることで、航空機のうなり音を避ける。

さえずりを生む鳴管

ノーベル文学賞詩人のパブロ・ネルーダは詩篇「野鳥観察への頌歌《しょうか》」で、こう問いかける。

「いかにして／指より小さな／その喉から／さえずりは／生まれるのか？」

それは、たった一つの発明のおかげだった。

それは鳴管（シューリンクス）とよばれる特殊な器官で、この名はギリシャ神話に登場する森林、牧人、家畜の神パーンによって葦に変えられたニンフにちなむ。科学者は長いあいだ、この器官の構造やはたらきを解明しようとしてきた。鳴管は鳥の胸深く、気管が二股に分かれて気管支に空気を送る場所にある。彼らが磁気共鳴画像法（MRI）とX線マイクロトモグラフィー（micro‐CT）を使って、活動中のこの器官の三次元画像を高解像度で得たのは、ようやく数年前のことだった。

このハイテク画像は驚異的な構造をとらえていた。それは繊細な軟骨と、空気の流れによって超高速で振動する2枚の膜——鳴管の両側に1枚ずつある——で構成され、それぞれが独立した音源になる。マネシツグミやカナリヤなど優秀な鳴禽はこの2枚の膜を独立に振動させ、倍音ではない2つの異なる音を左側で低振動数の音、右側で高振動数の音というように同時に出す。これらの音と振動数を息をのむような速度で変化させて、自然界で音響学的にもっとも複雑に変化する声を出すのだ（並外れた能力だ。私たちが話すときには、声の音程や倍音は同じ方向にしか変化しない）。

このすべてが、微小だとはいえ強力な筋肉によっておこなわれている。ホシムクドリやキンカチョウのような鳴禽は、この小さな発声筋肉をミリ秒未満の精度で収縮／弛緩させられる。その速度は人間のまばたきの100倍速い。これほど速い筋肉の収縮はほんの一握りの動物にしか見

図 鳴管

られず、その中には音を出すガラガラヘビがいる。小型のミソサザイは速いさえずりで知られる茶色の小鳥で、1秒に36もの音を出すことができる。この速度は速すぎて人間の耳や脳では知覚や識別ができない。人間の声を真似ることのできる鳴管を持つ鳥もいる。

より高度な鳴管筋肉をもつ鳥は、もっと入り組んださえずりをする。ヒマラヤスギにいたあのマネシツグミは7対もの筋肉があるおかげで、さえずりの妙技をいともたやすく何度でも繰り返す。調子がよいときには、1分に17～19回さえずる。これらの鳥は、音と音のあいだですばやく息を吸う。

脳の役割

次々と旋律が変わるさえずりは鳴管でつくられているかもしれないが、鳴管に指令を出して協調させているのは脳だ。複雑な脳内ネットワークからの神経信号によって筋肉が制御されているのだ。左右の脳半球からの神経パルスが鳴管の左右にある筋肉へ送られ、それぞれの膜に正確な空気の流れを送り出し、数百にもおよぶさえずりの模倣フレーズが再現される。

マネシツグミはこの作業を難なくこなしているかに見える。

けれども、考えてみてほしい。たとえばドイツ語かポルトガル語のフレーズを真似するには、その音声を出している人に注意深く耳を傾けなくてはならない。正確に聞き取ることが第一歩だ。「これはやさしい作業ではありません」と、ティモシー・ゲントナーがジョージタウン大学に集う鳥類専門家を前に話す。たとえばカクテルパーティーや騒々しい街角などにいるなら、音の洪水の中からその音を拾い出さなくてはいけない。このプロセスは「音脈分凝」と呼ばれる。鳥類はこうしたパーティーさながらの喧噪に出くわすことが多い。夜明けの合唱などさえずりのピークにはとりわけそうだ。「鳥類の多くは社会的な生き物です。彼らは比較的大きな群れで互いに意思を通じ合っています」と、カリフォルニア大学サンディエゴ校の心理学者ゲントナーが語る。「つねにたくさんの信号が飛び交っていますが、そのすべてがすべての個体にとって有用なわけではありません。したがって重要なのは、どの音響流に必要な情報がふくまれているかを見きわめることです」

喧噪の中から目的のフレーズを聞き分けたら、脳がその音を一連の運動指令に変換するあいだ覚えておかなくてはならない。脳はこうして得られた指令を喉頭に送り、元の音に似通った音を出させようとする。はじめての試みでフレーズを正しく発声することはまずない。練習というか試行錯誤が必要なのだ。自分のまちがいを聞き分けて修正する。フレーズの記憶を維持するには、試行錯誤を何度も繰り返すことで、最初にその記憶をつくった脳回路を強化する。生涯忘れずにいるには、安全な長期記録保存庫に保存しなくてはならない。

マネシツグミはこのプロセスがとてもうまい。その証拠は音響スペクトログラムにある。音響スペクトログラムとは、科学者がさえずりの微細なちがいを検知するために音をグラフにしたものだ（縦軸に振動数つまり音高、横軸に時間がプロットされる）。お手本のさえずりとマネシツグミの模倣を比較対照する音響スペクトログラムを見れば、マネシツグミがゴジュウカラ、ツグミ、ホイッパーウィルヨタカのさえずりをほぼ完璧に再現できるのがわかる。ショウジョウコウカンチョウの真似をするとき、マネシツグミが実際にこの鳥の筋肉パターンを真似ることを科学者は突き止めた。お手本の音がいつもの振動数域（周波数域）を外れても、マネシツグミは別の音を入れるかその音を省略し、ほかの音を長くしてさえずり全体の長さを同じにする。カナリヤのさえずりのようなとても速い音の連続を真似るときには、いくつか音をまとめて呼吸する合間をつくるが、さえずり自体の長さはお手本と同じにする。これでホイッパーウィルヨタカやツグミはだませなくとも、私ならだませる。

ほかの鳥や動物の声を真似る鳥たち

もちろん、真似をする鳥はマネシツグミだけではない。同じマネシツグミ科のチャイロツグミモドキは、マネシツグミの10倍ほどのさえずりを真似できるとも言われるが、この話の真偽のほどはわからない。ホシムクドリは口まねが達者だし、ナイチンゲールも数回聞いただけのさえずりを60種ほど真似できる。ヌマヨシキリは１００種以上のさえずりを交えた騒々しく、切迫した、国際的な混成曲をうたう。さえずりの一部はヌマヨシキリがヨーロッパの繁殖地で覚えたものだ。だが大半はアフリカ起源で、この鳥が冬を過ごすウガンダ近辺で覚えたものだ。ヌマヨシキリが真似するエチオピアセッカ、ウスアフリカジュズカケバト、ヒメヤブモズのさえずりは、この鳥が旅したアフリカの一種の音響地図とも言える。

コトドリは口まねのチャンピオンとして知られる。あるナチュラリストが指摘したように、オーストラリアの森を歩いているとき、突然「ニワトリに似た茶色い鳥がイヌのように吠えた」としたら驚くにちがいない。シロクロヤブチメドリをだました、あの賢いアフリカの鳥クロオウチュウは、シロクロヤブチメドリの警戒声だけでなく、驚くほど多くのほかの動物種の声をじょうずに真似る。正直者の鳥類や哺乳類が苦労して手に入れた餌を恐怖のあまり落として逃げ去ると、クロオウチュウはそれをゆうゆうと盗むのだ。

「国王万歳」をうたうように訓練されたウソ、太鼓の「トントン」という音を出すネコマネドリ(おそらく近くの墓地でおこなわれた葬儀で音を覚えたのだろう)、羊飼いが牧羊犬を操るのに使う4種の口笛をマスターしたドイツ南部のカンムリヒバリなどの報告例もある。口笛はあまりに元の音にそっくりだったため、カンムリヒバリが命令の口笛(「前に行け!」「止まれ!」「ここへ来い」)を吹くと、イヌたちはただちにそれに従った。これらの口笛はやがてまわりのカンムリヒバリにも広まり、「決まり文句」が通用する地区(そして、きっとへとへとに疲れ果てた牧羊犬)が生まれたことだろう。

人間の声を真似る鳥たち

人間の声を真似るという特殊な才能を持つ鳥もいる。ヨウムもそんな一種だ。キュウカンチョウもバタンインコもそうだ。これらの鳥は鳥類のキケロやチャーチルと考えられている。カラス科の鳥たちとオウム・インコ類にも数種いるとされる。あるとき『ニューヨーカー』誌がこんな話を掲載していた。「ウェストチェスターのあるインコは数週間ずっと黙っていたあと、はじめて口を開くとこう言った。『話せ、こんちくしょう、話すんだ!』」

人間の口まねは、鳥にとってけっしてやさしくはない。私たちは唇と舌を使って母音と子音を出すが、これらの部位は体の中でももっともしなやかで、柔軟で、疲れるということがない。唇がなく、舌は一般に発声用ではない鳥にとって、人間の言葉のニュアンスを真似せよというのは無理な注文だ。ほんの一握りの種にしかこの芸当ができないのはそのせいだろう。オウムやインコは地鳴きに舌を使い、子音を出すときにも舌を使うので、これが人間の言葉を真似できる理由だろう。

ヨウムは鳥類の世界でいちばん弁がたつ。アイリーン・ペパーバーグはアレックスとの研究を通じて、ヨウムと彼らの話す能力を世に知らしめた。アレックスはおそらく世界でもっとも有名な言葉を話す鳥だろう。ペパーバーグが物にかんする質問をすると、アレックスはほぼ完璧な答えを返した。たとえば、彼女が緑の四角形を見せると、アレックスはその色、かたち、そして触ったあとなら材料まで答えることができた。また、実験室で聞いたフレーズ(「注意して」「落ち着いて」「じゃ、夕食にするわ、また明日ね」)を口にするのが好きだった。

冗談を好むのはアレックスだけではない。私が知るヨウムのスロックモートンは、自分の名前

写真　ヨウムのアレックス（提供：Irene Pepperberg）

を完璧にシェイクスピア風に発音する。スコットランド女王メアリーの使いとして仕えた（女王エリザベス１世暗殺の陰謀を企てたとして、１５８４年に絞首刑になった）男性にちなんで名づけられたスロックモートンは、家の中で聞こえるたくさんの音を覚えている。家族のカリンやボブの声も覚えていて、これをうまく利用する。たとえば、カリンを「ボブの声」で呼ぶ。カリンによれば、その声はボブそっくりだと言う。カリンにはちがいがわからない。スロックモートンはカリンとボブの携帯の着信音も真似する。彼が好きなのは、ボブの携帯の着信音を出してボブをガレージから家の中に呼び戻すことだ。ボブが走って戻ってくると、スロックモートンはボブの声で電話に「応対する」。

「もしもし、はい、はい、はい」

最後に、通話が終わった音で締めくくる。

スロックモートンは、カリンが水を飲む「ゴク、ゴク」という音、ボブが熱いコーヒーをすする音、もう9年前に死んだペット犬のジャックラッセルテリアの鳴き声まで真似る。現在のペット犬のミニチュア・シュナウザーの鳴き声もマスターし、シュナウザーと一緒に吠えるので「わが家はイヌの飼育所みたいになる」とカリンは言う。「それに、この声も完璧なの。イヌじゃなくて、鳥が吠えているなんて誰にもわからない」。あるときボブが風邪を引くと、スロックモートンは鼻をかむ音、咳をする音、くしゃみの音をレパートリーに加えた。別のときには、ボブが出張先でひどい食あたりになって帰宅すると、スロックモートンはそれからの6ヵ月というもの、気分が悪くなるような音を出しつづけた。

しばらくのあいだ、彼が好きな「ボブ」の言葉は「シーーッ」だった。

オウムやインコは、仲間の鳥におしゃべりを教えることで知られる。しばらく前のこと、オーストラリア博物館のサーチ&ディスカヴァーコーナーではたらくナチュラリストが、奥地に棲む野生のバタンインコが罵り言葉を話しているという多数の電話があった、と報告した。博物館の鳥類学者は、家で飼われていたバタンインコなどオウム・インコ類の鳥が外に逃げて生き長らえ、仲間の群れと合流して飼育中に覚えた言葉を野生のバタンインコに教えたと推測した。もしこの話が本当なら、それは文化継承の一例になるだろう。

それにしても、マネシツグミのさえずりが多彩で正確であるのには驚く。一羽のマネシツグミのさえずりに、1分で20をかぞえる地鳴きとさえずり（ゴジュウカラ、カワセミ、ショウジョウコウカンチョウ、チョウゲンボウ、そしてマネシツグミのヒナが餌をねだる「シー、シー、シー」という声）の真似が入っていたという。ボストンにあるアーノルド植物園のマネシツグミは39のさえずり、50の地鳴き、カエルとコオロギの声を真似る。さえずりを聞けば、そのマネシツグミが棲む場所がわかる。各個体で覚えているさえずりが大きくちがい、ある集団に属するマネシツグミが共有するさえずりはわずか10％だ。マネシツグミの口まねについて書こうとして、鳥類学者のエドワード・ハウ・フォーブッシュは科学者としての客観性を捨て去り、「鳥類全体の中でもいちばん優秀な「さえずりの王様」と評した。サウスカロライナ州の先住民がこの鳥を「400の言葉を話す鳥」と呼んだのも不思議はない。それは誇張のうちにも入らないほどだ。マネシツグミは日常的に200ものさえずりを真似する。

私の友人で鳥類学者のダニエル・ビーカーは、この鳥がなんの真似をしているかは春がいちばんわかりやすいと言う。「この時期のはじめには、さえずりはへたくそで、混乱していて、いったいなんの真似かわかりづらい」とビーカー。「でも周囲のお手本——トウヒチョウ、エボシガラ、バックするトラック、電話——を聞いて練習するうちに、どんどんうまくなる」

真似をする理由

だが、これほどの時間とエネルギーをかけて他種の声や物音の真似をする理由は謎のままだ。オウチュウの場合には、非常に特化した目的があるのは明らかだ。しかしマネシツグミはどうなのだろう？「ボー・ジェスト」仮説といういかにも奇抜な名の説によれば、マネシツグミのオスが枝から枝へと移り、そのたびにほかの鳥を真似てさえずるのは、まわりのライバルにこの場所には縄張りを持つオスがたくさんいると思わせようとしているという。この説はゲイリー・クーパー主演のハリウッド映画にちなんで名づけられた。映画でクーパーが演じるボー・ジェストはアラブ軍に攻撃を仕かけるとうそぶき、負傷して死亡した仲間を砦の胸壁に立てかけて、自分でライフルを発砲して、どの壁も守りを固めていると見せかけた。

鳥の口まねはベーツ型擬態に近いという人もいる。ベーツ型擬態とは、甲虫やハエなどの無害な種がハチの色や模様を模倣して、捕食者に「私を食べたら死ぬわよ」と警告するような擬態のことだ。たとえばカササギフエガラスは、オーストラリアアオバズクやニュージーランドアオバズクのような、巣を襲撃する捕食者を真似る。自分は餌ではない、とフクロウたちを混乱させるためだろう。それでも、この説でカササギフエガラスの口まねを説明することはできない。それに、マネシツグミの口まねも。マネシツグミの場合は、レパートリーを増やしてメスの気を引くこととかかわっていそうだ。動機はともあれ、それは驚異的な技だ。

生まれか育ちか

紀元前350年、アリストテレスはすでに鳴禽が歌を習得することに気づいていた。「小鳥には親とさえずりがちがうものがいる。生まれた巣から遠くへ連れていかれ、ほかの鳥の歌を聞いて育ったような場合だ」。ダーウィンも同じことを言った。私たちが言葉を話すように鳥にはうたう本能があり、私たちが言葉を学ぶように鳥もさえずりを学ぶと彼は知っていた。さらに、鳥もヒトと同じように世代を超えてさえずりを伝えていて、地域的な方言のようなものがあるのではないかと考えていた。しかし、学習されたものもふくめて行動の多くは生得だと考えたためか、1920年代の科学者は、マネシツグミはすべてのさえずりを生まれながらに知っていると結論づけた。鳥類学者のJ・ポール・ヴィスシャーは『ウィルソン・ブルテン』誌にこう書いている。「マネシツグミは意識してさえずりを真似するというより、途方もない数の旋律を持っていて見事なまでに完璧に再現するのである」

生まれか育ちかのジレンマを解決しようと、鳥類学者のアメリア・ラスキーは、1930年代末にマネシツグミを自ら育てようとした。ある8月の朝、自宅から約8キロ離れた公園に車で出かけて、巣にいたマネシツグミのヒナをつかまえて研究のために自宅に連れて帰った。ハニーチャイルドと名づけられたそのヒナは、かえってから9日目だった（あるライターによれば、ラスキーは「まばたきもしないで鳥の巣を何日も観察していられるような科学者だった」という）。

ジェファーソンのディックのように、ハニーチャイルドは15年後に亡くなるまで鳥小屋の主だった。はじめて歌らしきものをうたったのは、孵化後ほぼ4週間のころだった。「彼はクチバシを閉じたまま静かに10分うたった」とラスキーは書いた。「ほとんど聞き取れないような一連のヨーデルや鋭い鳴き声……他種の口まねはいっさいなかった」。ときおり、とても静かで「ささやくような」、片言のような「チ、チー」や「チッチュ」という彼なりの歌をうたうことがあった。「すばらしい歌だった。静かで、心に訴えるようで、とても優しい韻律を持っていた」

4ヵ月半になるまでには、ハニーチャイルドの歌には室内でも聞こえてくる鳥たち（ケワタゲラ、チャバラミソサザイ、アオカケス、ショウジョウコウカンチョウ、ムクドリ、コリンウズラ）の鋭い鳴き声、トリル、ヨーデル、「ガーガー」という声が混じるようになった。最初のさえずりの季節には、彼は家の中のさまざまな音、とくに電気掃除機の音で歌を始めることが多かった。春が近づくにつれて、さえずりの声が大きくなり、変化が生まれて長くなった。朝の5時半から一日中ずっと「鳴き交わす鳥たちがいる鳥小屋のようだった」とラスキー。

9ヵ月になったとき、ハニーチャイルドははじめて直接ほかの鳥の口まねをした。エボシガラの声に応じて、自分の「ピー、ピー、ピー」という声を瞬時に返したのだ。やがて数十種の鳥の声（とくにハシボソキツツキの「ウィッカ」という声の真似）を、階下の洗濯機がキーキーきしむ音、郵便屋の口笛、ラスキーの夫がイヌを呼ぶ声と一緒に自分のレパートリーに加えた。しばらくうたったあとでレパートリーから外し、次の春にまた復活させる歌もあった。ある6月の朝、16分間にぎやかにうたったときに数えてみたところ、143種の地鳴きと少なくとも24種のさえずりが入っていた。平均で1分に10種の口まねが入っていたことになる。

発声学習のモデル動物

私たちは、この入り組んだ発声学習のプロセスを「高度だ」とか「複雑だ」とか言う。それが音を聞き分けて、真似し、練習するという人間のやり方と同じだからだ。最近、人によく慣れたキンカチョウから発声学習を詳しく学ぼうとする科学的研究がオーストラリアでおこなわれている。

イルカとクジラも優秀な発声学習者だが、実験動物に向かないのは明らかだ。生物学者のウィリアム・「チップ」・クインによれば、どのような種類の学習でも、研究に理想的なモデル動物は現実にはありえないような生き物だという。それは「遺伝子が3個以下で、チェロを弾くことができて、少なくとも古代ギリシャ語を諳《そら》んじ、これらの作業をたった10個の大きくて、異なった色の、つまり見分けやすいニューロンしか持たない神経系でやってのける生物でなくてはならない」

キンカチョウはこの基準には遠くおよばないが、発声学習の優秀なモデルにはなる。喉に白と黒の縞模様があるために「zebra finch」〔訳注：zebraはシマウマのこと〕の英名を持つこの鳥は、育てるのが楽で、成長が速く、飼育下ですばらしい喉を聞かせる。キンカチョウの若いオスは、孵化後90日までに父親か別のオスから1曲の求愛の歌を学び、生涯を通じてその歌を繰り返しうたう。「ヒトの発声学習にかかわるとされるニューロンを観察し操作するのは、現実的ではなく――倫理にも反するので」と、デューク大学の神経科学者リチャード・ムーニーが語る。「キンカチョウの先生と生徒がすばらしい代替システムを提供してくれます。おかげで、私たちはこの比較的複雑な学習を支える脳メカニズムの詳細」を――プロセスの各段階から、鳥が学習しているあいだにスイッチがオン、オフする遺伝子にいたるまで――研究できるのだ。

歌の記憶の形成

私たちが言葉を習得するのと同じように、キンカチョウのヒナは喉を駆使して完璧な歌をうたうための旅を始める。言語学習の第一段階では、まず聞く。

ちなみに、鳥にも耳はある。私たちのような筋肉でできていて体の外に突出した耳介ではなく、頭の両側の羽毛の下に小さな穴がある。若い鳥が歌を聞くとき、音波が鳥の耳に入り、そこにある有毛細胞を振動させる。鳥の有毛細胞はヒトの10倍の密度を持ち、より変化に富んでいるため、鳥はヒトには聞こえない高音や地面や落ち葉の下にいる昆虫の静かな動きを聞き取ることができる（病気や大きな音――ドーム型のスタジアムでのロックコンサートの大音量など――で損傷を受けても、鳥の有毛細胞は再生する。ヒトの場合は再生しない）。脳幹の感覚神経が有毛細胞からの信号を受け取り、前脳にある聴覚中枢に送る。そこでニューロンが歌の聴覚記憶を形成する。

孵化して2週間、ヒナは巣にいて、先生、たいていは父親の声を熱心に聞いている。まだ黙ったままで、周辺の音を吸収している。人間の赤ちゃんと同じだ。父親がうたい、ヒナが聞いて覚えはじめる。まだ真似ようとはしない。この時点では、ただその精神的テンプレート、「心象」を形成するのみだ。

耳をすまして聞いているうちに、ヒナの脳に神経細胞のネットワークが形成されていく。このネットワークは、発生に特化した7つの分離領域が相互につながった、複雑な群体に成長する。これが彼の歌のシステムだ。まだうたわないヒナでは、これらの領域は小さい。だがその後の数週間から数ヵ月で、体積、細胞の数、細胞の大きさともに増えていく。

高次発声中枢（HVC）と呼ばれる領域では、鳥が聞いた音を特殊な細胞が綿密に峻別する。歌の各音のミリ秒単位のちがいも見逃さず、音が一定の範囲に入ったときにのみ発火する。これはヒトが使うパターン認識法と同じく「カテゴリカル知覚」と呼ばれ、言語音のわずかなちがい（たとえば、「バ」と「パ」）をも検知する。

ヒナがはじめて歌をうたうまでには、先生の歌の記憶がすでにでき上がっていて、この記憶はヒナの歌制御システムに分布する、高度に選択的なニューロンの小集団に固定されている。

学習の第一段階――歌を聞く

マネシツグミと同じく、野生のキンカチョウのヒナはたくさんの種の歌を聞いて成長する。どの歌でも学ぶことができるが、それでも自分の種を特徴づける歌のみ学ぶ。外界から音の洪水がヒナの脳に押し寄せても、自分の種の音のみがヒナの脳に永続的な痕跡を残すのだ。それは、遺伝子と経験が相互に混じり合う完璧な例だ。

キンカチョウのヒナが自分の種の歌をはじめて聞くと、心拍数が上がる。餌をねだるときと同じだ。その反応はヒナの脳に組みこまれている。聞こえた歌が成長中の脳に刻みこまれるとき、あらかじめ選択されていた自分の種の歌に一致した経路が強力な主流となり、この経路の神経細胞間のつながりが強化される。一方で、より小さな支流を流れる他種の遺伝的遺産である歌は静かに消えていく。

一部の鳥のヒナは聞こえてくるほとんどどの歌でも学ぶことができるにもかかわらず、自分の種の歌のみ聞くようにはたらく遺伝的なテンプレートを持つ。この発見は、じつはヒトの場合にもあてはまる。幼児には、正式な訓練がなくても世界中にある6900もの言語のどれでも習得できる、という驚異的な能力がある。このことは、私たちには言語を学ぶための遺伝的素質があることを意味する。ところが、私たちは自分が見聞きした言語のみを学ぶ。ここに学習における経験の重要性が見て取れる。

先生がいなければ、ヒナはわけのわからない歌か、とても下手な歌しかうたえない。先生の歌を聞くことなく育ったヒナは、異常な歌をうたう。たいてい、とても短く簡単な歌しかうたえない。これは人間の場合も同じだ。聴覚に異常のない子どもでも、人間の言葉を聞かずに育った場合は異常な発声をする。

キンカチョウが歌を学習できる時期は決まっている。歌を学ぼうとするとき、ヒナは先生の歌をこの決まった時期にしか学べない。成長して大人になるころには、歌の学習期は終わっている。その理由は、私たちの言語学習の核心、そしてその限界にもかかわる。

シカゴ大学の神経科学者サラ・ロンドンが、ある手がかりをキンカチョウに見出した。「先生の歌が実際にヒナの脳を変え、将来の学習能力に影響するような変化をもたらすのです」と彼女は語る。ロンドンの研究によれば、孵化後65日までに先生の歌を聞くと、ヒナは歌を楽々と学習する。その後は学習能力が失われ、ヒナの歌は一生変わらない。しかし、大人の歌を聞いたことのないヒナは、65日を優にすぎても歌を学ぶことができる。別の鳥の歌を聞くという経験のおかげで、ヒナの歌の学習にかかわる遺伝子が「エピジェネティック効果」によって変わるらしい。ロンドンによれば、それはヒストンの作用によるという。ヒストンとは、DNAを覆うタンパク質で、遺伝子のスイッチをオン、オフする。

マネシツグミ、カナリヤ、バタンインコなどの鳥では、学習期はもっと長いので、成長しながらもっとたくさんの歌をレパートリーに加えられる。それでも、学習は幼鳥より成鳥にとって難しい。

ヒトも学習期が定まってはいない。だがマネシツグミやカナリヤと同じく、言語学習は年齢を重ねるにしたがって難しくなる。赤ちゃんは途方もない速度で言葉を身につける。生後2～3年で、楽に2～3の言語を流暢に話すようになり、生涯にわたって母語のように話す。思春期をすぎると、外国語を学ぶのはずっと難しくなり、母語のなまりを感じさせずに話すことができない。私たちの脳回路の一部は子どものころに固定されるが、それにはそれなりの理由がある。もし脳がつねに再配線するなら、脳が不安定になって効率が落ちる。すべてを学べるかもしれないが、なにも覚えられない。それでも必要だと思ったとき、たとえば60歳でウルドゥー語をマスターしたいと思ったときに、学習期の扉を開けられたらどんなにすばらしいだろう。3～4歳のマネシツグミがツグミやコガラの歌をうたえるのは、私にとってはベビーブーマー［訳注：第二次世界大戦後の1946～1964年ごろに生まれた世代］が広東語を学ぼうとするのと同じように思える。

学習の第二段階——歌声を磨く

発声学習の第二段階では、ヒナは自分の声を磨く。まずハニーチャイルドがしたように、かすかな震え声で下手なつぶやきをしてみたり、バイオリン奏者が音を出してみるように、ランダムな「キーキー」という音を出してみたりする。やがて高次の脳領域と運動制御領域のつながりが強化され、ヒナはどんどん鳴管を制御できるようになる。1週間ほどで、ヒナの鳴管にある2枚の膜が協調しはじめ、それとわかる音節を出せるようになるが、順番はまだ決まっていない。これまでに聞き覚えた音をすべて思い出して、でたらめに発声する。こうした初期の発声は「ぐぜり」として知られ、ヒトの赤ちゃんのまだ言葉にならない発声（喃語《なんご》）とまったく変わらない。うるさくて、ころころ変わり、試すような音だ。それは、鳥とヒトが歌と言語に必要な筋肉を制御することを学ぶ運動「遊び」だと言えよう。科学者は、鳥にはこのぐぜりに特化した歌制御脳回路があり、この部位はのちに練習を重ねた歌のために使う部位と異なることを発見した。この部位は、「前部巣外套の外側大細胞核（ＬＭＡＮ）」という舌を嚙みそうな名称で知られる。

ヒナはその後の数週間ないし数ヵ月で旋律を数万回、数十万回も練習して、完璧な歌をつくり上げていく。ヒナは練習するたびにまちがいを見つけては修正し、自分の発声を記憶に近づけていく。上手にうたうと、ドーパミンやオピオイドなどの快感を与える「薬物」が報酬として与えられる。ドーパミンはヒナにうたうよう仕向けるので、オピオイドが歌への報酬ということもあり得る。歌がテンプレートに近ければ近いほど、報酬は大きくなる。

ヒトの学習と同じく、ヒナによる歌の学習には睡眠が役割を果たしているようだ。ヒトが新しい運動スキルを獲得すると、活発な訓練後の睡眠中にも、脳はこの運動スキルの処理を続けているらしいことを示す研究結果が増えている。このことは鳥類にもあてはまるかもしれない。キンカチョウは昼夜を問わず歌の練習に励む。先生の歌を聞いたあと、ヒナの脳内にある歌発声部位のニューロンが睡眠中に何度も発火する。このニューロンの発火パターンは習得した特定の歌を反映しており、このパターンが歌の情報をふくむことがわかる。睡眠後、ヒナの歌の質はいったん下がるが、翌日に練習すると上がる。興味深いことに、この質の低下が大きければ大きいほど、先生の歌の真似が改善する。

練習の歌と求愛の歌

誰が聞いているかによって、ヒナの歌の質にはちがいが生じる。自分しかいない場合には、彼は練習モードにある。求愛ではない歌をうたう。ところが近くにメスがいると、彼はこのメスに対して自分にできる最高の歌を何度でも求愛の歌として披露する。まだ歌があまりうまくない段階にいても、自分の運動メカニズムを駆使してなるべく完璧な歌を聞かせようとする。

「私は求愛の歌と求愛でない歌の2つのバージョンを数十年にわたって聞いてきました」とリチャード・ムーニーが言う。「それでも、私にはそのちがいはわかりません。でもメスにはわかるのです。オスがこのきちんとしたうたい方をしていることが、メスにとっては大事なのです」。明らかに、とムーニーは言う。「鳥の歌には、ヒトの耳には聞こえないなにかがたくさんふくまれているにちがいありません」

エリック・ジャービスと彼の仲間たちがおこなった脳画像研究によれば、一羽のオスが自分に向かって求愛ではない歌をうたっているときの脳の活動パターンは、メスに向けて求愛の歌をうたっているときと異なるという。自分に向かってうたっているとき、発声学習と発声自己調整にかかわる脳回路が発声運動制御にかかわる脳回路とともに活性化する（別のオスが周囲にいるときも、このモードになる）。しかし同じ歌をメスにうたうときには、運動制御にかかわる脳回路のみが活性化する。この研究から、面白いことがわかる。鳥類のオスが置かれる精神および認知の状態は、自分が評価されていると知っているときに変化する、ということだ。

キンカチョウの母親も息子の学習に手を貸す。母親は翼を羽ばたかせたり羽毛を膨らませたりして視覚的手がかりを与え、息子の歌の高低を父親に近づける。

以上述べてきたことは、鳥類では社会的な手がかりが学習行動をかたちづくっているという強力な証拠であり、このことはヒトの場合とちがわない。赤ちゃんは自分と性別が反対の人にはあまり影響されないが、母親の前では言葉にならない言葉もいくらかましになる。

新しいニューロン

100万〜200万個もの音節を試行錯誤しながら練習したのち、ヒナは先生の歌に驚くほどよく似た歌をうたうようになる。歌は複雑な脳回路システムによって「結晶化する」が、そこで止まってはいない。カナリヤのような鳴禽は繁殖期が訪れるたびに新しい歌を学び、HVCは季節に応じて変化する。春になると大きくなり、晩夏には小さくなる。当初、科学者は、この変化は細胞間に新しい配線が生まれるためだけに起きると考えていた。しかし、その後フェルナンド・ノティボームらが、鳥はじつは新しいニューロンを歌にかかわる脳回路に加えていることを発見した。「新しいＨＶＣニューロンの動員は絶え間ない入れ替わりプロセスの一環なのだ」とノティボームが述べる。これらの神経細胞にタンパク質で標識をつけると緑色に光るので、科学者らはこの入れ替わりをリアルタイムで見ることができる。鳥が新しい歌を学習するとき、ニューロンがＨＶＣに入ってほかのニューロンとシナプスを形成する。

ニューロンがなにを探しているのか、なにがこれらのニューロンの落ち着き先を決めるのかという問いは、ジョージタウン大学のオーディトリアムに集まった科学者の実験室でいままさに調べられている最中だ。だがこの驚異的な「神経発生」が、ヒトをはじめとするあらゆる脊椎動物におそらく共通であろうということはわかっている。

さえずりと言語の共通点

鳥の歌を「言語にいちばん近い」と言ったダーウィンは正しかったのだ。鳥類とヒトは同じ過程で歌と言語を学ぶのみならず、どちらも脳の配線が起きやすい学習期がある。どちらにおいても、一方の親か別の先生役が学習に加わる。鳥の歌は、複雑さにおいてはヒトの話し言葉の統語法におよぶべくもないだろうが、その要素は類似性を見せる。

宮川繁と彼の同僚たちが提唱する新説によれば、ヒトの言語は鳥の歌の旋律と、ほかの霊長類のより実利的で豊かな内容を持つコミュニケーションの融合から生まれた。「ヒトの言語を生み出したのは、この偶発的な組み合わせだ」と、マサチューセッツ工科大学（ＭＩＴ）の言語学者である宮川は述べる。宮川によれば、ヒトの言語には「語彙」と「表現」の2層がある。語彙の層には文章の主要な内容がふくまれ、ミツバチの尻振りダンスや霊長類の叫び声に似ている。表現の層はもっと変化に富み、鳥の歌の旋律により似通っている。宮川は鳥の歌からヒトの言語が生まれたと主張しているわけではない。2つのコミュニケーション系統は共通祖先から進化したわけではないからだ。しかし彼によれば、5万～8万年前のどこかで、コミュニケーションに対する2つのアプローチが一体化し、私たちが現在言語と見なすものになったというのだ。「ヒトの言語は独自のものだ」と宮川は言う。「しかし、その2つの成分には動物界に原形がある。私たちは、両者がヒトの言語において独自の融合を遂げたと考えている」。仮にこれが正しいとすると、大きな問いはこの融合が「どのようにして」起きたかにあり、その点は依然として謎に包まれている。それでも私は、言語表現が鳥のさえずりの旋律を包含または反映しているという考えが好きだ。

鳥の歌（さえずり）と言語のあいだに高い類似性があるというダーウィンの主張を裏づける、たしかな生物学的証拠はまだある。鳥類とヒトはどちらも発声に類似の脳回路を用いている。私たちの脳は鳥類のものに似た領域を持つ。言語知覚を制御するウェルニッケ野は鳥類の歌知覚領域に似ていて、発声を制御するブローカ野は鳥類の歌発声領域に似ている。しかし、鳥類とヒトの脳で本当に似通っている——発声学習をしない種には見られない——のは、歌（言語）発声領域と、この領域を歌（言語）知覚領域につなぐ配線だ。これらの配線により何百万個という神経細胞がつながって連絡しているので、脳はまず音を聞いて次に発声するための制御ができる。

「行動が似通っていて脳回路も似通っているとすれば」とジャービスが語る。「それにかかわる遺伝子も似通っている可能性があるでしょう」。そして実際に、ジョージタウン大学で催された会議の午後の部で、ジャービスがある発表をした。48種の鳥のゲノム解析をするという大規模な国際的プロジェクトによって、ヒトと鳴禽双方に共通する、口まねし、言葉を話し、歌をうたうための脳領域においてオン／オフする50個以上の遺伝子を同定したというのだった。この遺伝子のオン／オフ活動は、発声学習をしない鳥類（ハトやウズラ）、あるいは言葉を話さない霊長類では起きない。つまりこれは、鳥類とヒト双方の発声学習に不可欠な遺伝子の発現が持つ共通パターンかもしれないのだ。

似通った問題の似通った解決法

この発見は、進化上遠く離れている種どうしであるヒトと鳥類の脳が、どのような経緯で発声学習に似通った解決法を見出したのか、という問いにつながる。なぜ私たちは鳥類と似たような遺伝子と脳回路を共有するのだろうか？

ジャービスには考えがあった。彼の研究室で最近おこなわれた画像研究で、鳥がチョンチョンと跳ぶとき、7つの歌学習領域を直接覆う7つの脳領域における遺伝子が活性化することに彼は気づいた。うたったり、歌を学んだりすることにかかわる脳回路は、運動制御にかかわる脳領域に埋めこまれているらしいのだ。こうしてジャービスは、自身が「発声学習の起源にかかわる運動説」と呼ぶ興味深い考えにいたった。この説によれば、発声学習に使われる脳回路は運動制御のための脳回路から進化したのかもしれない。ジャービスがヒトと鳥類で重複することを発見した50個の遺伝子の多くは、同じはたらきをする。つまり、運動野のニューロンと、発声するための筋肉を制御するニューロンのあいだに新たな配線を形成するのだ。

プロのダンサーでもあるジャービスにとって、このアイデアは刺激的だった。「鳥類とヒトの共通祖先は、四肢と身体の運動を制御する古代の普遍的神経回路を持っていたのかもしれません」と彼は提案する。進化の過程において、この回路が2つに分裂し、新しい回路が発声学習の使命を帯びた（なにか古いもの、現存する構造要素から、なにか新しいものが生み出されることは、進化ではよくある。古い構造が変化して、新たな機能を獲得するのだ）。この分裂は鳥類とヒトで別の時期に起きたかもしれない、とジャービスは示唆するが、結果は同じだった。つまり音を真似るという能力が得られたのだ。

「それは、進化上遠い類縁関係にある生物どうしが、似通った問題に似通った解決法を見出す収斂進化という現象です」と説明するのはヨハン・ボルイスだ。

このようにして、発声学習は少なくとも2度進化し、ことによると3度進化したかもしれない。ハチドリで1度、そしてオウム・インコ類と鳴禽の共通祖先で1度、あるいはオウム・インコ類と鳴禽で独立して2度起きたかもしれないのだ。ヒトでは、ジェスチャーに使われた脳回路が言語にも使われたかもしれない。

「この話をしても、あまり理解は得られません」とジャービスは私に教えてくれた。「これは基本的に人間を低く見るような説ですからね。言語と発声学習回路の特殊性を軽視することにつながりますから。でも、それは現在得られているデータを説明できる、とぼくが考える最高のアイデアです」

興味深いことに、ジャービスの研究室では、オウムやインコの発声学習回路はほかの鳴禽やハチドリと少し異なっていることも発見した。オウムやインコはエネルギーがみなぎった一種の「歌回路中の歌回路」を持っていて、このシステムによって異なる方言を真似することができる。

鳥はなぜ発声学習回路を獲得したのか?

ジャービスの運動説は、発声学習がどう進化したかを説明するかもしれない。しかし、その理由となるとまた話は別だ。なぜ自然は、あらゆる生き物がいる中で鳥類に発声学習のような奇抜なシステムを与えたのだろう? しかも、それを支援するための複雑でコストのかかるあらゆる脳回路を付け加えた。なぜ、それはこれほどめずらしいのか? ジャービスには、これについても考えがあった。

春になると、マネシツグミのオスはさえずるためにどんどん高い場所を探し求める。いちばん高い木のいちばん高い枝にとまり、ソローの言葉を借りれば「鳥の長話、アマチュアのパガニーニ演奏」を披露する。夜でもさえずる。体を前に傾け、両翼を体から少し離して、首を精一杯伸ばしてさえずる。自分の歌に興奮しているかに見える。たぶん、そうだろう。にぎやかで、熱狂的で、しつこく繰り返されるこの歌は一種の前戯なのだ。それは求愛の歌であって、危険でもある。

上空から丸見えの彼は空中捕食者の残忍な目にさらされているが、周辺の木々に溶けこもうとしてはいない。むしろ、目立とうとさえずっている。同じ歌を繰り返すのであれば、狩りをしているタカに気づかれないかもしれない。しかし彼は次々とめずらしい歌をうたい、こう言いながら自分を目立たせようとしているかのようだ。「ぼくはここにいるよ！　ここにいる！　つかまえて！　つかまえてごらんよ！」

ジャービスは、これが発声学習がめずらしい理由かもしれないと言う。「学んだばかりの発声をあれこれ試すことによって、その動物は捕食者の格好の標的になるのです」

ジャービスは、発声学習は動物のあいだで連続体を形成しているのではないかと考えている。「一部の種――鳴禽やヒト――がその連続体の一端に、かぎられた能力を持つほかの種――ネズミとおそらく一部の鳥――が他端にいる」。複雑な発声学習をする動物（ヒト、ゾウ、クジラ、イルカ）はたいてい食物連鎖の上位にいるか、捕食者から逃げるのがうまい（一部の鳴禽、オウム・インコ類、ハチドリ）。「そこで捕食者は残りの動物を襲うのです」と彼は言う。「この仮説を証明するには、ある動物を捕食者のいない環境で何世代にもわたって繁殖させ、発声学習が自然に進化するか否かを確かめなくてはなりません。たいへんな実験ですが、理論的には可能です」

　東京大学の岡ノ谷一夫と彼の同僚たちの研究が、この説に証拠を提供してくれる。岡ノ谷は、コシジロキンパラの飼育種で、さえずりというより羽毛の美しさのためにアジアで珍重されてきたジュウシマツを研究する。彼は、この250年にわたって捕獲環境で生きてきたジュウシマツが、野生の仲間より多様な歌をうたうことを発見した。これには捕食の心配から逃れたことも関係しているだろう、と岡ノ谷は考える。そのために、飼育された鳥はより複雑な歌をふくむ、大きなレパートリーを持つことになったというのだ。飼育されたジュウシマツと野生のジュウシマツのメスはどちらも、広いレパートリーを持つ、飼育されたオスの歌を好む。

「つまり、ここで起きているのは」とジャービスが述べる。「発声学習は捕食を懸念して自然淘汰された――このために、めずらしい現象になった――が、性淘汰によって次世代に伝えられたということです。おそらく、このことはヒトでも起きたのでしょう」

セクシーな歌

　このアイデアが頭に浮かんだのは、ある日ジャービスがデューク大学の庭近くの公園にあるベンチにすわって読書していたときだった。マツの木のてっぺんでウタスズメが鳴いている声が耳に入った。

「顔を上げると、ウタスズメが大きな声で大胆にうたうのが見えました。同じ歌を何度も繰り返しうたっています。私はそれに慣れていき、読書に戻りました。もう注意はそちらに向いていません。すると、突然歌が変わりました。もう一度顔を上げると、それをうたっているのは別の鳥ではなく、さっきと同じ鳥です。5分後、彼がまた自分の歌に戻ると、私はまた別の鳥かと思いました。こうして彼は私の注意をずっと引きつけていました。それに、私はウタスズメですらありません」

（この話を聞いて、私は、ある鳥類学の先生が授業で見せてくれたアニメを思い出した。2羽の鳥が高い木の枝にとまっている。その下に2人の野鳥観察者がいて、双眼鏡を上に向けている。一方の鳥がもう一方にこう言う。「あの人たち、まだ私たちを見つけられないね……なにか別の歌をうたおう！」）

歌をうたうのは危険で代償も大きい。捕食者に見つかる可能性が増えるだけでなく、餌を探す時間が減る。では、なぜ鳥はうたうのだろう？

それはメスを引きつけるのに最高のツールだから、とジャービスが教えてくれる。「発声学習する鳥（クジラも）が声を変えるのは、メスの気を引くためです。オスの鳥は真っ昼間に木のてっぺんにとまり、タカなどの捕食者に襲われる危険を冒しながら、擬人化するならメスにこう言っているのです。『ここでぼくが大胆に大声でうたっているよ。ぼくはいろいろな声を持っている』。オスは基本的にはこう自慢しているのです。『ぼくは歌がうまいよ。いろんな鳥の歌を上手に真似るんだ。だから、ぼくを選んで』。胸をふくらませたマネシツグミのパガニーニ演奏は、とても目立つナンパなのです。『ねえ、ぼくでどう?』」

自然に見られる放縦な行為は性行動にまつわる場合が多い。

オスの鳥の多くにとって、つがい相手をめぐる競争は激しい。メスはえり好みできる。それは大きな賭けなのだ。メスは、遺伝的に優秀で、自分の巣と餌場の縄張りを守れるオスを探すのに必死だ。そして選択の基準の一つが歌なのだ。「うまい」歌を聞かせてくれないなら、別のオスを探すまでだ。

メスは歌のなにを聞いているのだろう? (いや、フロイトならこう問うだろうか。「メスはなにを望んでいるのか?」)

科学者は、オスの鳥のレパートリーの広さだけが選択基準だと長いあいだ考えていた。しかし、求愛するオスがどれくらい多くの歌をうたえるかの判断は難しいし、時間もかかる。研究によれば、多くの鳴禽のメスは速く、長く、複雑な歌をうたうオスを選ぶ。つまり、何曲うたうかではなく、どれほどうまくうたうかが問題なのだ。

どんなうたい方がセクシーに聞こえるのかは種によって異なる。ヌマウタスズメのメスや飼育種のカナリヤはできるだけ速いトリルを好み、キンカチョウは大きな声の歌を好む。一部の鳴禽のメスは長い歌や複雑な歌に弱い。カナリヤなどほかの鳥は「セクシー」な音節に気を引かれる。「セクシー」は実際にこの分野で使われている学術用語だ。音節がセクシーに聞こえるのは、オスの鳥が鳴管を使って同時に２つの異なる声で鳴くときだ。ある意味、１人でデュエットをしているようなものだ。カナリヤのメスは、１つの音節よりこのセクシーな２つの声の音節を好む。

地元の歌――知らないなまりには興ざめ

自分の近所にいるオスの歌を好むメスもいる。地元の歌ないしは方言に忠実なオスを探しているのだ。

鳴禽の多くは、ボストンの「サウジー」やアーカンソー州の間延びした話し方のように、明確な「なまり」のある方言を持つ。これらの方言は学習され、先祖代々の財産のように世代を超えて継承されていく。仲間の声の録音を聞いたショウジョウコウカンチョウは、約２９００キロ離れた棲息地の仲間より地元の仲間の録音に強く反応する。ドイツ南部のシジュウカラはアフガニスタンのシジュウカラとあまりにちがう方言を持つため、これらの中東の仲間の歌を理解できない。アメリカの同じ州内でも、異なる場所の鳥どうしは完璧に異なる歌をうたうことがある。鳥類学者のドナルド・クルッズマによれば、マーサズ・ヴィニヤード島のアメリカコガラはマサチューセッツ州本土の仲間とはちがう歌をうたう。歌の多様性が生じる地理的な距離は約１・６キロあるいはそれ以下だ。たとえば、カリフォルニア州のミヤマシトドを例に取ると、異なる方言はわずか数メートルしか離れていない。２つの方言の境界に棲む鳥は「バイリンガル」になる。

ヒトの言語の発音、綴り、語彙と同じく、鳥の方言も時とともに変化する。たとえば、現在のクサチヒメドリは30年前の祖先とは明らかに異なる歌をうたう。しばらく前、ロバート・ペインと彼の仲間たちは、ルリノジコの歌の文化的進化を20年にわたって記録した。どの個体も先生から教わった地元の歌をうたったが、いくらか新たな変更を加えた。ペインはこれらのマーカーを使ってルリノジコの文化史をたどった。すると、変更はそれを加えた個体の一生を超えて集団で継承されることがわかった。やがて、それが地元の歌の伝統と方言になり、地元の鳥たちに認識されてほかの鳥たちと区別された。

ここで、メスとの関連で面白いことがある。アーカンソー州でサウジーなまりが受けないように、地元の方言と異なる歌は鳴禽のメスには興ざめらしい。その理由は、その土地の歌をうたわないオスはそこで縄張りを守るのが難しいからだ。

モテるオスの条件——発声の一貫性

ジャービスにとって、それはすべて変調の問題だ。けっきょくメスの心を射止められるかどうかは、長く複雑な歌であろうと短いセクシーな音節であろうと、オスが音のテンポと高低をどれだけ正確に制御できるかにかかっている。「それは超刺激のようなものです」と彼は言う。「大きな卵がニワトリの目に魅力的に映るのと同じです」（動物行動学者のニコラス・ティンバーゲンが突き止めたように、雌鶏は大きな卵を好む。巨大な卵を抱かせると、たとえそれが人工物であっても、雌鶏は小さな卵よりそちらを好む。雌鶏にとって、大きいことはいいことなのだ。たとえ、それが自然でなくとも）。一部の属性にはどうしても抗えない魅力があるようだ。そして鳴禽のメスにとっては、歌の精度と入念な変調がセクシー度を決める。

鳥の歌の精度は驚異的だ。リチャード・ムーニーは、ジョージタウン大学の会議で2つのスペクトログラムを並べてみせて、これを証明した。左のスペクトログラムはヒトが簡単な文章を100回読むように指示されたときの発声パターン、右のものは彼の研究室にいるキンカチョウがいつもの音節とモチーフを何度も繰り返したときの発声パターンを示していた（「このデータを取るには、ヒトには報酬を払わなくてはなりません」とムーニーは冗談を言う。「キンカチョウはただでやってくれます」）。それにこのヒトはただのヒトではない。会議の聴衆の中にいた神経科学の博士候補で、オールAの学生で、「とても、とても正確な人物です」とムーニーは言う。「私はこの学生に『ぼくは凧を揚げました（I flew a kite）』という文をできるかぎり正確に繰り返すように指示しました」（彼によると、「I（ぼく）」という音を選んだのは、それがキンカチョウのある音節の高さに近いからだった）。「キンカチョウには指示はなしです」

左右に並べられたスペクトログラムを比較すれば、結果は一目瞭然だ。学生がどんなに一生懸命になっても、彼の音節の再生音は大きくぶれる。キンカチョウの再生音はほぼ一定だ。精度にかんするかぎり、とムーニーが言う。「キンカチョウは完璧な機械のようです」

それは発声の一貫性として知られる、歌の音響学的特徴——音、リズム、区切り——を毎回完壁に複製する能力だ。鳥にとって、こうした細部がことの勝敗を決するのだ。

これほど正確であるために、なにが必要かを考えてみてほしい。完璧に同じ指令を発声運動系に何度も送る神経系のはたらき、鳴管の左右の筋肉間の正確な協調、そして呼吸系の協調、このすべてをミリ秒単位で制御することが必要になる。さらに、筋肉が疲れないようなスタミナも求められる。すべてを考え合わせると、精度はオスの発声能力の良好な指標になる。

実際、メスはオスの発声能力の信頼できる指標として精度を使っているようだ。実験室での研究では、キンカチョウのメスはより一貫した求愛の歌をうたうオスを圧倒的に好んだ。鋭い声を出すオオヨシキリのオスは、より大きなハーレムを形成する。同様に、一貫した歌をうたうクロオビマユミソサザイとワキチャアメリカムシクイのオスは、つがい相手以外との交尾が多く、したがってつがい相手以外との子が多い。同じことはマネシツグミでも起きる。いい加減な歌をうたうオスと比べて、より一貫した歌をうたうマネシツグミは子をたくさんもうけるし、支配力が強い。

歌のうまさはなにを反映するのか?

科学者は、こうした精度や忠実度が、えり好みする鳴禽のメスにどんな信号を送っているのかを解明しようとしている。歌が優れているのは、そのオスが健康であることを示す信号なのかもしれない。力強く安定していて、振幅、持続時間、一貫性ともに優れた歌は、鳴禽のオスが自分は運動制御が巧みで、身体は健康そのものだと宣伝する手段なのかもしれない。それほど元気でない鳥はそのような歌を披露できない。歌のほかの質、いわゆる構造的形質――先生の歌をどれほど正確にうたうか、歌の統語法が整っているか、どれほど複雑か――は、ヒナのときにきちんと餌をもらい、ストレスを受けず（または、受けたとしても耐えられた）、その結果、良好な脳構造と機能を持つことを知らしめているのだろう。たとえば、カナリヤのセクシーな音節は鳴管の左右が見事に協調してこそ出せる。スーパーセクシーな音節を聞けば、カナリヤのメスは左右の協調がうまくいっていないオスを簡単に見分けられる。

鳥の歌は繊細かつ労力を要する行動なので、求婚者の健康のみならず知力をも示す便利な尺度なのかもしれない。

すべては、ヒナが一生懸命に配線をつくって脳内の歌回路を形成する臨界期にかかっている、とデューク大学のステファン・ノーウィッキが述べる。この時期には、身体も猛烈な速度で成長している。典型的なヒナは、卵からかえって10日で成鳥の体重の約90％まで成長する。それほどまでに成長が速い。これらのニューロン、筋肉、羽、皮膚は豊かな栄養を必要とする。つまり、この時期は危険な時期でもある。この重要な数週間になにかが起きれば――両親が十分な餌を運んでくれないとか、ヒナが病気になったり、ほかのヒナとの競争などのストレスをかかえたりすると――、脳の歌回路に障害が起きる。捕獲後に餌を満足に与えられていない鳥は、脳内の歌回路が未発達になり、先生の歌をうまく真似できない。たとえばある研究で、十分に餌を与えられたキンカチョウが先生の音節の95%を再現したのに対して、餌が足りなかったキンカチョウはせいぜい70%だった。たいしたちがいではないと思うかもしれないが、メスにとっては大問題だ。メスはオスが歌をまちがうとそれを「かぎ分けて」、オスを厳しく評価する。歌の評価がそのオスの評価そのものなのだ。オスがうたう旋律は一生彼についてまわる。

つまり、才気あふれる正確な歌はオスの高い知力と学習能力の証しだと言える。「認知能力仮説（cognitive capacity hypothesis）」によれば、メスは才知にもとづいてオスを選ぶとき、歌を手がかりにする。つまり歌の上手なオスは、自分が優秀な学習者であることをメスに見せつけているのだ。この説では、歌のうまいオスはいい歌を習得し、記憶し、忠実に再生するのがうまいだけでなく、知力が問われる作業にも長けている可能性が高い。そうした作業にはあらゆる学習、意思決定、問題解決（いつ、どこで、なにを食べるか、捕食者をどのようにして避けるか、メスの気をどのようにして引くか）があり、それらはおそらく「良好な」遺伝子と子孫に十分に餌を与えられる能力という、メスにとって最重要な形質なのだ。しかし、オスの歌のうまさとほかの認知能力を要する作業をこなす能力とのあいだに実際に相関があるか否かはわかっていない。これまでに得られている証拠ではどちらとも言いがたい。

歌のうまさと認知能力の相関

セント・アンドルーズ大学のネールチュ・ボーヘルトは、実験室という環境に隔離されたキンカチョウのオスの研究で、ただ一つのタスクをやらせた。木の穴をふさいでいる蓋を開けて中の餌を手に入れるという作業だった。1フレーズにたくさんの要素をふくんだ複雑な歌をうたうキンカチョウは、歌の要素が少ないキンカチョウに比べて餌を得るまでの時間が短かった。このことは、メスがオスの歌を採餌能力――餌をどこでどう見つけるかを学ぶ能力――の判断基準にしていることを示唆する。

ところが、話はそう単純ではなかった。後日、ボーヘルトと同僚たちがウタスズメのオス（キンカチョウより多くの種類の歌をうたう）を対象に、より多くの認知能力を試すタスク――逆転学習や空間と色彩の関連づけタスク――を課したところ、歌のうまい個体がかならずしも一貫した結果を出すわけではなかった。一部のテストではいい結果を出したものの、別のテストではあまり成績がよくなかったのだ。集団の中にいる（より自然で、社会的な文脈にいる）キンカチョウを対象におこなわれた最近の別の研究では、歌の複雑さとほかの認知能力のあいだに相関は認められなかった。歌がとてもうまいからといって、その鳥の問題解決タスクの結果が並の歌をうたう鳥より優れているということはなかったのだ。混乱を招く変動要素（ストレス、動機、注意散漫、社会的な優位性など）によって、結果が複雑になるのかもしれない、とボーヘルトは言う。

ということは、歌のうまさと認知能力の相関を野生環境で調べるのはさらに難しいと思われる。さきごろ、カルロス・ボテロがこの問題に斬新な切り口で挑んだ。当時、ノースカロライナ州にある国立進化統合センターにいた大胆なボテロは、高感度の録音装置を手にして南アメリカの数ヵ国にある砂漠、ジャングル、低木地を回り、野生のマネシツグミの歌を録音した。29種の鳥の声を100トラック分録音したところ、天候が予測しづらい土地に棲むマネシツグミは、より複雑な歌をうたうことがわかった。予測しづらい環境では、気まぐれな天候――不規則な降雨や気温の激変――によって食料源が不安定になり、マネシツグミは歌のレパートリーを増やしたのみならず、他種の地鳴きや歌を真似するのがよりうまくなっていた。鳴き声が元の声に近く、一貫性も優れていた。おそらく、オスの歌は、自分は賢いので不安定な環境に対応できるとメスに知らせているのだろう、とボテロは言う。鳥の歌はそのオスの一般的な認知能力にかんする情報をふくんでいて、知能を示すこれらの信号にもとづいて性淘汰が起きている、という考えがある。ボテロが得た結果がこの考えを裏づけている。

ときには自分のためにうたう

午後遅くになった。鳥の歌が始まってから何時間もたっている。私は外に出てヒマラヤスギをもう一度見てみた。マネシツグミはまだ隠れたところでいろいろ歌をうたっているが、声がか細くなっている。

鳴禽のメスが、オスのさえずりをオスの知能一般を知る尺度にしているのかどうかについて、まだ答えは出ていない。でも一つだけ確かなことがある。進化の道のりにおいて、メスはその種の複雑で、精細で、とても美しい歌と、それをうたうのに必要な入り組んだ脳回路とをつくり上げる役割を果たした。鳥類学者のドナルド・クルッズマが説明してくれるように、メスはオスの歌を聞いて評価することで、その歌が自分の子の父親になるのにふさわしいかどうかを教えてくれるように、彼を「デザインする」。「つがい相手を慎重に選ぶことで、メスは『歌がうまいオス』の遺伝子を後代に伝えます。そして、『うまい』とは各種のメスの心の奥に秘められているなにかです」。この意味において、メスは奇跡的な複雑さを持つ歌回路と精度の高い歌に報酬を与える脳をオスに与えたのだ。この考えは「恋人選びの心仮説」と呼ばれる。オスの複雑なディスプレーのための認知と、このディスプレーに対するメスの評価のための認知がともに進化し、両性において脳構造に影響を与えたというのである。

ヒマラヤスギでうたっているオスの視界にメスはいなかった。ことによると、彼の秋の歌は別のなにかをもたらしてくれるのかもしれない。春と秋に歌をじょうずにうたう鳥は快楽物質のドーパミンとオピオイドを得るが、季節によってその量と目的が異なる。オピオイドは快楽を与えるだけでなく痛覚の消失をも生じさせる、とローレン・ライターズは言う。どの季節の歌が痛覚を消失させるかを知るため、ライターズは秋にムクドリのオスを観察し、捕獲し、脚を熱いお湯につけた。秋にうたう鳥のほうが熱さを長く耐えるだろうと予測していたのだ。予測は正しかった。秋の歌は春の歌よりオピオイドの分泌と密接にかかわっていた。ダーウィンが述べたように、「鳥の歌は、求愛の季節にはおもに相手の気を引くためのものだが」、この季節が終わってからも「オスがうたいつづけるのは……自分の楽しみのためだ」。あるいは、薬物が欲しいのかもしれない。

木に隠れたこの鳥は、完全なテノールモードでうたってはいない。まだ技巧をこらしてはいるが、とても穏やかなうたいっぷりで、ただ自分のためだけにうたっているようだ。寒さをまぎらせているのかもしれなかった。その可能性はある。あるいはすばらしく美しいトリルをうたうと、痛みが消えて文字どおり快楽に包まれるのかもしれない。

第6章　鳥は芸術家？

エレガントな建造物

青っぽいホルトノキの根元でその背後にしゃがみこみ、縦横に伸びる枝をとおして向こうを見てみる。すると雨林の陽があたった地面に、ハトほどの大きさの鳥が見えた。濃紺の背中と明るい紫の目をしている。彼の後ろに、枝でできたエレガントな東屋がある。高さは30センチほど。細長い小枝でできたアーチを描く2枚の平行な壁でできていて、子どもがつくったおもちゃのティピー〔訳注：北米先住民の多くが用いた移動用テント〕のようだ。周囲の地面にはさまざまな色の物がちりばめられ、淡黄色の小枝のカーペットから浮き出て見える。薄暗い森の中では光っているかのようだ。花、果実、ベリー、羽根、ボトルキャップ、ストロー、オウムの翼、バート・シンプソンのスケートボードの小さなおもちゃ、ターコイズ色のガラスでできた眼球らしき物まである。鳥が花をくわえて、東屋のそばに落とした。羽根を置いて、ビーズを動かし、ストローをつつく。どうやら色、大きさ、かたちに応じて拾ってきた物を整理しているようだ。ときどき後ろに下がっては、自分の仕事を眺めるような仕草をして、また元に戻ってなにかを置き直す。

オーストラリアの東岸でこの鳥を数週間前に観察していたなら、あなたはこの鳥がちょっとした庭仕事をするのを目撃しただろう。まず、約1メートル四方の地面から邪魔な小石などをせっせと取り除き、小枝や草を懸命に集め、それを平らに敷きつめて「土台」をつくる。集めた中から、これぞと思う小枝を選んで2枚のきれいな壁になるように並べていく。壁どうしのあいだが一種の道か通路のようになり、朝日を浴びるように場所が選ばれている。北側の端に、細かい枝で台をつくって平らにならす。これは装飾品の台で、一種のダンスフロアでもある。後日ここでダンスと歌を披露するのだ。

次に、宝物を集める。なんでもいいわけではない。この鳥は青を好む。オウムのコーンフラワーブルーの尾羽、紫のロベリアの花、ホルトノキのつやつやした青い実、紫のペチュニア、近所の家から失敬してきた青いデルフィニア、コバルト色のガラスや陶器のかけら、濃紺のヘアリボン、明るい青緑のシート片、青いバス切符、ストロー、おもちゃ、ボールペン、例の眼球、そして彼が大事にしている隣人宅から盗んできた明るい空色のおしゃぶり。彼はこれらの物を小枝のキャンバスにきれいに並べていく。花がしおれたりベリーがしなびたりすると、新しい物と取り替える。さらに数日観察すると、この鳥が小枝の東屋に胸くらいの高さで線を描くのを見るかもしれない。これには、乾いたナンヨウスギの葉をクチバシで噛んで砕いた物を使う。

かつてヨーロッパからオーストラリアにやって来たナチュラリストが森の奥深くでこの建造物に出くわして、アボリジニの子か母親がつくったかわいい人形の家を発見したと思ったのも不思議はない。

巣づくりは純粋な本能か？

私たちは動物がなにかをつくると感心する。なぜなら私たち自身がなにかをつくるからだ。鳥がつくったもっとも一般的な建造物である巣に驚くのは、そのせいだ。とくに一部の装飾的な建造物に感嘆する。たとえばハタオリドリは植物を織ったり結んだりして手の込んだ巣をつくる。ボルチモアムクドリモドキは何万回もの細かなシャトル・スティッチ［訳注：シャトルと手で連続して結び目を編んでいくレース編みの技法］で巣をつくる。ツバメは口に泥をくわえて何千回も往復し、納屋の垂木、溝車、橋の下にカップ状の巣をつくる。

「巣の円形を決めるのはその鳥の体だ」とジュール・ミシュレは書いた。「彼の家が彼自身、彼のかたちであり……私に言わせれば、彼の苦しみでもある」

ボルネオ島のタンジュンプティン国立公園を流れる川の堤に生えたパンダナスの茎の上に、ノドジロオウギビタキの小さなカップ状の巣があるのを見たとき、私はミシュレの言葉について考えた。ノドジロオウギビタキはこの地域の疎林によくいる鳥だが、その小さい巣は考え抜かれた構造と繊細なエンジニアリングの産物で、ほぼ真円の巣はようやく母鳥とヒナが入るくらいの大きさしかない。鳥たちは自分の胸を押しあてて壁をつくり、文字どおり体を使って素材を柔らかくしたのだろうか。巣は茎の上にクモの巣の糸と粗い草の葉で固定され、壁は細い草、重なった

写真　エナガ（提供：UIG/PPS通信社）

小さな葉、木生シダの綿毛、糸状の根を編んで快適な丸いカップのかたちにしていた。

巣づくりのすばらしさを誉めたたえる賞は、エナガが受賞すべきだろう。この鳥はヨーロッパやアジアに棲むコガラの近縁種だ。巣は小さな葉を持つ、フック状のコケでできたしなやかな袋だ。クモの卵が入っていた柔らかな繭のループ状の糸で、一種の「ベルクロ」のように編まれている。この小鳥は袋の内側に数千枚もの小さな羽根を張りつけて断熱し、外側を数千の小さな地衣類の小片で覆ってカムフラージュし、全体で約６０００個もの部品からこの構造物をつくり上げる。

「鳥の巣は鳥の心をもっともよく映す鏡だ。それはこの生き物が持つ推論能力と思考能力をもっとも如実に示している」

イギリスの鳥類学者チャールズ・ディクソンがこう書いたのは、１９０２年のことだった。それでも私たちは、巣づくりが純粋に本能的な行動だと長く考えてきた。鳥は生まれながらに一種の巣の「テンプレート」を遺伝子として持ち、自分がなにをつくろうとしているのかというアイデアは持っていない、と考えられた。もし巣づくりに脳がいくらかでも関連しているというなら、それは行動の簡単な規則にしたがうというだけのことで、その規則は卵を入れる美しいカップを生み出すためにプログラムされた動きにすぎない。ノーベル賞を受賞したニコラス・ティンバーゲンは、エナガがドーム状の巣をつくるのに最大で14種の運動をすることに気づいたが、それほど「単純で決まりきった」動きの組み合わせで「あまりにすばらしい巣ができ上がる」ことに驚いた、と書いている。

最近では、この見方は変わってきているが、それは、巣づくりには本能以外のあらゆる種類の資質（たとえば、学習と記憶、経験、意思決定、協調、協力）が必要とされることを示す証拠を科学者が収集してきたからだ。エナガの見事な創造物は、つがいの2羽が最初から最後まで協力した証しだ。それは場所、素材、構造そのものにかかわる一連の意思決定を必要とする。

したがって、スコットランドにあるセント・アンドルーズ大学のスー・ヒーリーと彼女の「学習と巣づくりチーム」が巣づくり中のキンカチョウの脳を調べたとき、彼らが脳の運動回路だけでなく、社会行動と報酬にかかわる脳回路も活性化することを発見したのも、不思議はないのだ。

２０１４年に報告された実験では、ヒーリーと彼女のチームは、キンカチョウが経験にもとづく学習によってより効果的な素材を選べるようになるかどうかを調べた。野生環境では、キンカチョウは固く乾燥した草の茎や細い小枝でできた空洞のボール状の巣を濃い茂みの中につくる。実験室では、ヒーリーらは素材として細くてしなやかな綿糸ともっと固い綿糸の2種をキンカチョウに与えた。短時間巣づくりを経験したあとで、キンカチョウは2種の糸から1種を選ぶことを許された。細い糸を経験したキンカチョウは、そちらより固いほうの糸を選んだ。巣づくりの経験が長ければ長いほど、固い糸を選ぶようになった。学習によって選ぶ素材が変わったのは明らかだ。

キンカチョウが巣をカムフラージュする素材を意図して選ぶかどうかを見るために、チームはキンカチョウのオスの鳥かごをさまざまな色の「壁紙」で覆った。そこで、素材として壁紙と同じ色の紙と、ちがう色の紙を与えた。大半のキンカチョウは同じ色の紙を選んだ。このことは、これらの鳥が巣づくりの素材をきちんと吟味していて、ただそこにある物をわけなく選んでいるのではないことを示唆する。

ズグロウロコハタオリも、経験をとおして良い素材を選ぶことを学習する。若い鳥は柔らかく長い素材を選ぶ。しかし巣づくりの経験が増えるにしたがい、素材の好みがうるさくなってきて、ひも、ラフィアの葉、つまようじなど人工的な物は使わなくなる。材料を切ったり織ったりするのがうまくなり、まちがいが減って、年を取るにしたがって几帳面に織った巣をつくるようになる。

写真　アオアズマヤドリと東屋（提供：Alamy/PPS通信社）

誘惑の東屋

つやのある鳥「ダウン・アンダー」が小枝と飾りで造る建造物は巣ではない。つがいが協力して巣をつくるエナガとちがって、この鳥は巣づくりをオスに任せっきりにする。いや、この東屋として知られる奇妙で複雑な創造物は、ただ一つの目的――誘惑――だけのためにつくられる。技巧と知能に恵まれたこの鳥は、ニワシドリ科のアオアズマヤドリ（*Ptilonorhynchus violaceus*）だ。

ニワシドリ科の鳥はほかの鳥より優れていて、鳥類学者のトーマス・ギラードがかつて鳥類をニワシドリとそのほかの鳥の2群に分けるべきだと指摘したほどだ。ニワシドリは高い知能の特徴である大きい脳、長命、長い発達期で知られる（これらの鳥は成鳥になるのに7年かかる）。この科に属する20種ほどの鳥はいずれもニューギニアやオーストラリアの雨林や森で暮らし、うち17種が東屋をつくる。異性を誘惑するために装飾物を使ってこれ見よがしなディスプレーをすることが知られるのは、人間を除いてこの地上にはこれらの鳥たちだけだ。

求婚のダンス

メスがやって来た。求婚者とほぼ同じ大きさで渋いオリーブグリーンをしている。このメスは近所を見て回って、3～4羽のニワシドリの腕前と装飾を品定めしてきた。

ここは彼女の市場だから、いろいろ見て回っている。われらがヒーローがつくった東屋の南側に降り立ち、下生えでためらう。目に入ったものが気に入ったようだ。目を引いたのは建造物の対称性かもしれない。いや、あの空色のおしゃぶりだろうか。しばらくすると、彼女は小さな東屋に入っていき、小枝を何本か嚙んでみる。彼が植物を嚙みくだいてつくり、東屋の内壁に注意深く塗った「絵の具」を味わっているのだ。

メスが地面に下りると、オスは片づけるのをやめて活気づく。飛んだりダンスしたりと熱狂的なバレエを始める。大事なコレクションからなにか選んでクチバシでくわえ、舞台の床に落とす。突然、ゼンマイ仕掛けのおもちゃのように「機械的」に忙しく動き回る。その動きはぎこちないロボットかマネキンよりは控え目で、威張った感じではない。翼や尾羽をすばやくシャッターのように動かし、敵を追い払うかのように舞台の上を力強く走る。突如として、怒濤《どとう》の物まねが始まる。まずワライカワセミの笑い転げるような声、キミミミツスイの「チュッ、チュッ」という声、もう少し柔らかいキバタンの声、ミナミワタリガラス、キイロオクロオウム。高らかに笑い、「チュル、チュル」と鳴き、金切り声をあげ、「チュー、チュー」と鳴く。美しい羽衣を見せびらかし、大きな瞳を輝かせる。目が不思議なことに赤味を帯びている。動きを止めて一点を見つめ、数分間チョンチョンと跳んだかと思うと、急にディスプレーに戻る。首を前に突き出し、もう一度羽ばたく。小さな装飾物——黄色い葉——をクチバシにくわえ、東屋の入り口に向かって体を固くしてチョンチョンと跳んでメスの前に行く。自分を大きく見せようと艶々《つやつや》した羽毛をふくらませ、何度かスクワットする。

メスはこの動きを熱心に見つめて評価する。評価は数秒ですむこともあれば、30分も続くこともある。

いきなり、われらがヒーローが横に飛びのいた。メスが驚く。一瞬で、メスは東屋を出て飛び去ってしまう。

彼女をものにできなかったのだ。

なぜ? どこでまちがえたのだろう?

メスの審美眼とオスの芸術性

ニワシドリの世界に厳然としてある事実は、メスを獲得できるオスは少ないということだ。恋愛関係で選択権を持つのはメスであり、メスはとても慎重に選択する。1羽のオスが何度も幸運に恵まれて20~30羽のメスと交尾することもあるが、メスにまったく見向きもされないオスもいる。これだけの不平等がある理由は複雑で、ニワシドリがどのようにして芸術性と知能を磨いたかを知る興味深い手がかりになる。オスのダンス、そして小枝と青いストローでできた対称的で緻密なディスプレーは、どのようにしてメスが持つオスの理想像とつながっているのだろう? 彼の「芸術性」は、知能あるいは美的感覚のどちらを示すのだろう?

アオアズマヤドリの物語は、こうした問いに対する答えを探すのに格好の出発点だ。この鳥はなかなか極端なディスプレー行動をすると語るのは、メリーランド大学の生物学者ジェラルド・ボーギアだ。彼はアオアズマヤドリを40年以上研究してきた。この鳥のメスはかなり強い嗜好性を示すという。

なにを求めているのだろう?

アオアズマヤドリのオスは、つがい相手との暮らしではなにも手をかさない。ヒナの餌やりや、縄張りの保護などをしないのだ。メスがオスから唯一得るのは遺伝子だけだ。だから、メスはオスの採餌能力を見きわめるなどという無駄な時間は費やさない。その代わり、オスの東屋と装飾、ダンスや物まね、そのほかの求愛ディスプレー能力を入念に評価する。

東屋を複数見て回るには、時間とエネルギーがかかる。だから、評価を受けるオスにとっては能力の宣伝が重要になる。実際、ボーギアによると、オスはディスプレーのあらゆる面で自分の明敏さを示そうとする。

優れた東屋をつくるのに必要なことはなんだろうか?

第一に、いい場所の選択がある。優秀なオスは、ディスプレーがもっともすばらしく見える場所に東屋をつくる。ボーギアが観察するアオアズマヤドリは、東屋を南北に向けてつくる。「ディスプレーにちょうどいい明かりを確保しようとしているようです」とボーギアが言う。ときには土台のまわりの茂みを刈って、もっと明かりを入れようとする。

第二に、見事な職人技だ。メスは、きれいに整えられ、対称的で、一貫した太さや長さの小枝がたくさん使用された東屋を好む。つまり野心的なオスは、まっすぐで、細く、格好の長さの小枝を数百本見つけなくてはならない。この小枝を使って2枚の湾曲した壁をつくる。壁を対称的にするには、「テンプレーティングと呼ばれる心的ツールを使う。「テンプレーティングでは、オスが枝をくわえて、東屋の道の中心線に立ちます」とボーギアが説明する。片方の壁に枝を差しこむか立てかけて、くわえたまま壁から引き出す。次に、これと正反対の動きをして、反対側の壁の理想的な位置に枝を置く。このテクニックに少し修正を加える臨機応変なアオアズマヤドリもいる。実験者が対称的な壁の一方を崩すなどして数羽の東屋を壊したとき、これらの鳥は驚くほど機敏な対応を見せた。残った壁の枝を平等に2つに分けるのではなく、壊れた一方の壁の再建に集中したのだ。

第三に、装飾という深い問題がある。メスは豊富な装飾物を好むので、オスは極端なほど大量の飾りを貯めこむ。東屋からこれらの宝物を取り除くと、オスの在庫はぐっと減る。彼はつねにコレクションに新たな品を付け加える。ときには破廉恥なまねもする。近くの東屋のオスが不在なら、そこから盗むのだ。自分の東屋を完璧でこぎれいに保つことに、すべてのエネルギーをつぎ込む。

種ごとに異なる好み

ニワシドリは、環境に応じてコントラストを強調するために、種によって異なる飾りと色を注意深く選ぶ。アオアズマヤドリのいとこにあたるマダラニワシドリは疎林に東屋をつくり、緑を好み、銀色っぽく光る飾りも好む、とボーギアが語る。「東屋の中央に硬貨、アクセサリー、新品の釘を置き、そのまわりにライフルのカートリッジを配置します。私たちは、ピカピカ光る新品の釘を東屋の道に置いて、さびた釘を後ろのほうに置いているマダラニワシドリを見つけました。彼は素敵な物とそうでない物を分けているのです」。これらの鳥は、オーストラリアで「tip」と呼ばれる「ゴミ処理場」の近くに東屋をつくることが多い。そこなら、あらゆる種類のキラキラ光る、さまざまな色の飾りがすぐ手に入る。ボーギアが発見したあるマダラニワシドリの東屋は、ステンドグラスの小片でできていて、きれいに色分けされていた。「その鳥が小片を並べている光景は壮観でしたよ」とボーギアが言う。「モザイク画さながらでしたね」

若いチャイロニワシドリは、ニューギニアの山間部にある雨林で幼木の幹のまわりにメイポール形の東屋をつくる。北アメリカのある先住民がつくる、ウィグワムと呼ばれる小屋のような高い構造物だ。屋根は着生ランの茎で編まれている。東屋から広がるコケの芝生の上に、この鳥は美しい静物をつくりあげる。明るい色彩の花、果物、玉虫色に光る甲虫の翅《はね》——赤、青、黒、オレンジ——などの小さな山があり、近くに住む伝道師の小屋からかすめ取ってきたオレンジ色の縞模様が入った白いソックスなどの、さまざまな宝物が要所要所に置かれている。

オーストラリア北部のユーカリの森に棲息するオオニワシドリは、白い石、骨、色の抜けたカタツムリの殻などでできた、ミニマリストのような背景を好む（2014年12月の大嵐の最中、ブラジル人研究者のアイダ・ロドリゲスはクイーンズランド州の調査地で、そのオオニワシドリが巨大な雹《ひょう》の粒までディスプレーの庭《コート》に飾っているのに出くわした）。道の入り口に置かれた光る飾り、整然と列に並べられた緑の飾り、道の両側に置かれた楕円形の飾り、コートの端にばらまかれた赤い飾りが、淡い色のキャンバスを背景に映えていた。

これらのオオニワシドリは2つの楕円形の庭を建設し、そのあいだを赤褐色の枝でつくった長い小道でつなげる。東屋には約5000本という驚くべき数の小枝が使われている。メスは小道のまんなかに立ち、オスが求愛する。小道に使われた赤っぽい小枝はメスの色覚を混乱させるのかもしれない。オスの頭にある羽冠の赤、緑、ライラックが強調されるようだ。オスは色とりどりの飾りを貯めてある庭のどちらかに隠れている。ときどき庭の隅から顔を出し、飾りをメスに向かって投げて驚かす。これがメスの気を引きつけておくコツだ。小道に長くいればいるほど、メスはオスの求愛を受け入れる可能性が高い。

芸術的トリック

オーストラリアにあるディーキン大学のジョン・エンドラーによれば、オオニワシドリはもう一つ別の芸術的なトリック――錯視――を使うという。メスに感心してもらおうと、オスは集めておいた石や骨を小道の入り口側から小さくなるように並べる、とエンドラーは言う。この工夫は「強制的遠近法」と呼ばれる錯視の完璧な条件を満たす。

それは、古代ギリシャの建築士たちが円柱を頂上に向かって細くして高さを強調したのと同じ手法だ。このやり方は最近では、ディズニーランドのシンデレラ城にも使われている。青とピンクのお城のレンガ、尖塔、窓は、上に行くほど小さくつくられているため、見物客の脳はお城の頂上が実際より高いと勘違いする。映画『ロード・オブ・ザ・リング』でも、ホビットを小さく見せるためにこのトリックが使われている。

オオニワシドリはこれと正反対のこともするようだ。小さな物を東屋の入り口近くに置き、大きな石や骨を遠くに置く。居心地のいい東屋から外を見ているメスは、東屋が実際より小さいような錯覚を経験する、と研究者たちは推測する。手前が小さく見えるので、近づいてくるオスと色とりどりの飾りがより大きく魅力的に見える。私たちの脳と同じく、メスの脳は自分が見ている物について誤った見方をしてしまうのだ。しかし、この推測を確かめるには、鳥類の知覚にかんするさらなる研究が必要になる。

オオニワシドリのオスが実際にこうした視覚的なトリックを使っているのだとすれば、そのためにどのような知力が必要だろうか？　それは単に試行錯誤の結果だ、とエンドラーは言う。鳥たちは物をあれこれ置いてその結果を確かめ、また置き直すというのだ。あるいは、近くに小さな物、遠くに大きい物を置く、という単純な規則を守っているのかもしれない。これは少々複雑な行動と言える。さらに、これらの鳥には実際に遠近の感覚があって、物をどう置けば大きさの変化を生み出せるかを知っているのかもしれない。一つだけ確かなことは、とエンドラーが述べる。「この配置は偶発的なものではないということだ」。この鳥が自分のデザインに強い執着を見せることを、エンドラーは突き止めた。彼と彼のチームが東屋にある白と灰色の飾りをいじったところ、オスは3日のうちにすべてを元どおりに置き直したという。

青が好き、赤は嫌い

アオアズマヤドリは基本的に色彩にうるさく、最大のコントラストが得られるように色を選ぶ。東屋の台をつくるときには、淡い色合いの小枝や葉を敷き詰めるので、それは薄暗い森の中で明るく光って見える。これを背景に、鳥たちは自然界でもっともめずらしい青を使って舞台を飾る。科学者の中には、この鳥の色の選択は自分の玉虫色の羽毛に合わせようとしているのかもしれない、と考える人もいる。しかしボーギアは、この鳥が東屋を自分の羽で飾ろうとはしないことに気づいた。彼らはただ青が好きなのであって、それは、青が雨林の木々の黄褐色と美しいコントラストを見せるからだ。

人間もこの色を好む。調査によれば、多くの人がほかのどの色よりも青を好むのは、自然環境にある好ましい物、たとえば青空や澄んだ水を思い起こさせるからのようだ。画家で色彩研究家のラウル・デュフィはこう言ったと伝えられる。「青は、さまざまな濃淡や色調でその性質を一貫して維持する唯一の色である……いつも青のままで、変わることがない」。自然界では青い色はめずらしいが、それは脊椎動物が青を見分けたり青い色素を使ったりする能力を進化させなかったからでもある。ルリツグミの背中の瑠璃色は科学者が構造色と呼ぶものだ。それは、鳥の羽にふくまれるケラチンの三次元構造と光の相互作用によって生まれる。

アオアズマヤドリが暮らす環境では青い物は比較的めずらしいので、この鳥はこの色の物を盗みによって入手することが多い。アオアズマヤドリのオスが貯めこんだ青い装飾物を見ると、この鳥にはまわりの仲間が大量に貯めこんだ物を盗む能力があることがわかる。いったん自分の物にしても、これらの宝物もほかの仲間に狙われているので、しっかり守らなくてはならない。

アオアズマヤドリのオスはライバルのオスの巣に盗みだけでなく破壊する目的でも入りこむ。この行動にも機転が求められる。アオアズマヤドリの東屋どうしは一般に約90メートル以上離れていて、どの巣からもよその巣を見ることはできない。ボーギアによれば、すぐに目に入る範囲にない近くの東屋を略奪するということは、この鳥のオスが東屋の位置の心的地図（認知地図）

を持っていて記憶していることを示唆する。

ボーギアの研究チームは、盗みをはたらく鳥の姿をとらえるために監視ビデオカメラを使う。略奪者は見つからないように、すばやく別のオスの東屋を探しあてて標的にする。音をたてずに飛来し、東屋の上に延びる枝にそっととまり、持ち主がいないことを確かめる。それから地面に下りる。すぐに黒っぽい動きの嵐となり、東屋から枝を抜いて近くに放り投げる。3～4分もあれば、何日もかけて完成した見事な構造体が小枝の山になる。略奪者は一歩下がって崩壊のあとを眺め、青い歯ブラシを見つけたりすると、それをくわえて去っていく。

メスの視点から見ると、たくさんの青い物で飾られて少しも崩れていない東屋は、このオス自身が盗みがうまいのみならず、ほかのオスの盗みや破壊を防ぐのに長けていることを示す。

アオアズマヤドリは青を好むが赤を嫌う。青い物がたくさんある中に真っ赤な物を置くと、この鳥はすぐにそれをくわえて飛び去って視界に入らない遠い場所に落とす。研究者や野鳥観察家の中には、ほんの小さな赤い物でも東屋に置くと、この鳥は口やかましい女も顔負けするほど大騒ぎすると言う人もいる。

なぜ、それほど赤を嫌うのだろう？　ボーギアはこう考える。この鳥の棲息地では見られない黄色の背景と青という組み合わせが、「ここに仲間のオスがいるよ！」という明確でまちがいようのない信号をメスに伝える。赤い物はそれがなんであれ、この信号を妨害する邪魔な存在なのだ。

賢いことはセクシーだ!

赤い物を東屋から取り除こうとするアオアズマヤドリの習性を目の当たりにして、当時ボーギアと研究をともにしていた博士課程の学生ジェイソン・キーギー(現在はミシガン大学にいる)はすばらしい考えを思いついた。この嫌悪感を強力な動機づけに用いて、野生環境にいる鳥類のオスの問題解決能力を調べようというのだった。

キーギーは一部のオスがほかのオスより賢いか否か、その賢いオスが多くのメスを獲得するか否かを調べたかった。

最初の実験では、アオアズマヤドリのオスがつくった東屋に3個の赤い物を置き、それを透明なプラスチックの容器で覆った。その上で、この鳥が障害物を取り除いて、赤い物を処分するのにかかる時間を計った。一部のオスは20秒もかからなかったが、まったくできないオスもいた。問題を解決したオスの大半は、容器をクチバシでつついてひっくり返し、赤い物を持ち去った。だが1羽は容器の上にとまって、ひっくり返るまで揺らし、ひっくり返った容器を台から引きずり下ろして、嫌いな赤い物を捨てた。

2番目の実験には少し変更を加えた。キーギーは赤いタイルを長いネジに糊づけし、ネジを地面深くねじ入れてタイルが動かないようにした。これで鳥たちは新しい問題に直面した。自然環境ではまず出くわさないような問題だ。頭のいいオスは新しい戦略を考え出した。赤いタイルを落ち葉やほかの飾りで覆ったのだ。

キーギーは、この2つの実験で見られた鳥たちの工夫の才とメスの獲得能力との相関を調べた。すると、2つの実験でもっとも速く問題を解決したオスは、メスの獲得でもやはり成功率が高かった。凡庸な頭のオスより多くのメスと交尾した。つまりキーギーに言わせれば、「賢いことはセクシーなのだ！」。

東屋は芸術か？

ニワシドリの東屋は芸術なのだろうか？　この鳥のオスは芸術を解するのだろうか？

答えは芸術をどう定義するかによって異なる。知能と同じく、芸術の定義は難しい。『オックスフォード英語辞典』には、それは「スキル、とりわけ自然と対照的な人間のスキル、巧妙さ、デザインに適用される模倣力あるいは想像力」とある。『メリアム・ウェブスター英英辞典』は、それを「経験、調査、観察によって獲得したスキル」あるいは「スキルや創造的な想像力を意識して使うこと」と定義する。

生物学者は異なる見方をする。ジョン・エンドラーは、視覚的芸術は「ある個体が他者の行動に影響を与えようと、外的な視覚パターンを形成することであり、……芸術的なスキルは芸術をつくり出す能力である」と言う。イェール大学の鳥類学者リチャード・プラムは、芸術を「その評価と共進化するコミュニケーションの一形態」と考える。これらの定義によれば、東屋はまちがいなく芸術だと解せるし、ニワシドリは芸術家ということになる。

ほかの鳥類の作品にも芸術性が認められるかもしれない。巣を大げさに飾り立てる鳥たちがいる。トビは白いプラスチックが好きで、フクロウは糞や獲物の死体を好む。キラキラ光る物が好きな鳥は多い。エドワード・フォーブッシュは著書『マサチューセッツ州などニューイングランド各州の鳥類（*Birds of Massachusetts and Other New England States*）』で、リボンが結びつけられた銀色の靴の留め金で遊ぶ子どもの様子をうかがっていた、一羽のボルチモアムクドリモドキのオスの例を紹介している。この鳥は急降下して留め金をひったくり、自分の巣に編みこんだ。デラウエア・ショアで私は、ミサゴが光沢のあるリボン、瓶、マイラーの風船の小片を巣に持ち帰るのを目撃したことがある。ニュージャージー州モンマス・ビーチのあるミサゴの巣には、なんと腕時計がぶら下がっていた。

光っている宝物に美を感じる鳥とそうでない鳥がいる。ディスプレーの舞台を熱心に飾り立て、特定の色の宝物を探し出し、それを入念に配置してメスを魅了しようとするのは、ニワシドリだけだ。ナチュラリストで映画監督でもあるハインツ・ジールマンは、かつてキバラニワシドリが東屋を飾りつけるのを見たことがある。「飾りを持って帰ってくるたびに、この鳥は全体の色彩効果を確認するのです……クチバシに花をくわえて戻り、集めた物の上に置いて、いちばん美しく見える位置まで下がります。それは、画家が自分の絵の出来映えを確かめる様子にそっくりです。この鳥は花で絵を描くのです。ぼくにはそうとしか思えません」。ジェラルド・ボーギアとジェイソン・キーギーによれば、アオアズマヤドリのオスも同じようなことをするという。この鳥のオスはまるでメスの視点を確かめるかのように、東屋のメスがすわる位置にすわってディスプレーを調整する。「私たちはこの鳥に『心の理論』があると言っているわけではありません」とキーギーは言う。「それでも、これはなかなか興味深い行動です」

なにも機能があるとは思えない色彩豊かな物を集め、仕分けし、入念に配置するこの行動を、「見る者あるいは評価する者に強い印象を与えて、その行動を変える行動」と言う以外になんと呼べるだろうか？　私には、それがなにも芸術性を持たない行動だとは到底思えない。

紳士たれ

では、メスに拒絶されたわれらがヒーローの東屋はどこがまずかったのだろう？　彼の東屋は対称性と芸術性に優れていた。明るい色の台に仲間から盗んだ青い飾りをちりばめ、すばらしい物まねとダンスも披露した。

それなのにアオアズマヤドリのメスは、もっと別のなにかが欲しかったのだ。

カリフォルニア大学デイヴィス校の動物行動学者ゲイル・パトリセリは、アオアズマヤドリの求愛は、聡明さ、芸術性、威勢のよさの問題ではないと言う。そこにはなにか別のものが必要とされる。それは感受性とでも言えるなにかだ。

メスは、活気があり熱のこもった歌とダンスのディスプレーに引かれるが、それも度を越すと逆効果になる。度を越した羽ばたきや鳴き声は、オス相手の攻撃に見えかねず、そうなればメスはすぐに熱が冷める。つまりオスは少々難しい状況に置かれているのです、とパトリセリは語る。メスの気を引くには熱心にディスプレーしなくてはならないが、やり過ぎてもいけない。さもなければ、メスはそっぽを向いてしまう。求愛には、自信たっぷりの行動より感受性、気持ちの通い合い、力の誇示の抑制が必要なのだ。

オスがそれぞれこのジレンマをどう解決するかを見るため、パトリセリはボーギアの研究室の大学院生だったときにすばらしい実験を思いついた。彼女は小型の「フェムボット」をつくった。それはニワシドリのメスを模したロボットだった。このロボットに超小型のモーターをいくつか装着し、実際のメスのようにうずくまったり、まわりを見渡したり、交尾するときのように翼を広げたりできるようにした。こうしてメスの行動を変えてオスの反応を確かめるのだ。フェムボットは毎回同じように動くので、パトリセリは23羽の異なるオスの反応をビデオ録画した。

ビデオ映像を見ると、ディスプレーに対するメスの反応への感受性には、個々のオスによって大きなちがいがあった。注意深く反応を見ているオスもいる。メスの熱が冷めそうだと感じると、こうしたオスはディスプレーをやや抑え気味にする。羽ばたきを弱くして、メスから少し離れる。だがメスの様子に気づかないオスもいる。

メスの様子に敏感なオスは交尾にいたることが多い。熱心さや力を誇示しすぎるオスはメスを取り逃がす。つまりパトリセリによれば、性淘汰は、綿密なディスプレーをする形質とその形質を適切に使う能力双方の進化をうながしてきた。われらがヒーローに足りなかったのはこれだった。彼は社会的な場面での品位に欠けていたのだ。

大人のオスに学ぶ

ジェラルド・ボーギアによれば、東屋をつくって飾りつけ、歌とダンスを微調整し、相手の好みに合わせてその激しさを抑える行動は、アオアズマヤドリが生まれながらに持ち合せているものではなく、若いころに身につけるものだ。また、メスにとって相手選びのもう一つの手がかりは、オスのディスプレー（さえずりの正確さ）の出来映えが示す若いころの学習能力だ。そして、さえずりの学習と同じく、それは認知能力の高さを示す。

幸運なオスになることの遺伝学上の利益は大きい。きわめて大きい。したがってオスは一生懸命に最高のディスプレーを学び、求愛スキルを熱心に磨く。実際、これらの鳥が起きているあいだにしていることは、ほぼこれだけだ。

「若いオスは貧弱な東屋しかつくれません」とボーギアは言う。大人のオスは長さと太さが異なる小枝を選び、それを適切な角度で配置して湾曲した壁をつくるが、若いオスはみすぼらしい東屋しかつくれない。「それに、若いオスは信じがたいほど太い小枝を使います」とジェイソン・キーギーが語る。そのために、見た目のよい、すっきりした東屋ができない。「もう一つ面白いことがあります」とキーギーが付け加える。「若いオスたちは同じ『練習用』の東屋を一緒につくりますが、協力するということがありません。一羽のオスが小枝を集めて並べても、別のオスがそれを壊して、またやり直します。さらに別の一羽がやって来ると、また数本の小枝を加えます。そんな調子なのです」

若いオスもやがて東屋づくりがうまくなるが、それはおもに年長のオスを見習ってのことだ。ほかのオスの東屋に出かけて、途中まででき上がった東屋の完成を「手伝ったり」、1〜2本の小枝を壁に加えたりする。ほかのオスがつくった東屋に絵の具を塗ったりもする（東屋に絵の具を塗るのは求愛儀式の大切な部分だ。実験者がオスの東屋からこの絵の具を取り去ると、求愛や交尾のためにこのオスの東屋にもう一度戻ってくるメスはほとんどいなかった）。

若いオスはディスプレーについても年長のオスから学ぶ。これには、いくらか変わった役割分担がある。若いオスが大人のオスの東屋に来ると、メス代わりになって年長のオスをよく観察する。本物のメスより落ち着きがないかもしれないが、年長のオスはそれでも我慢する。彼もまた生きた練習台で練習を積むことができるからだ。「それはどちらにとっても好都合なのです」とボーギアが言う。「さもなければ、こうしたことは起きないでしょう」

メスの仕事――秘書問題

考えてもみてほしい。つがい相手を得るためには、アオアズマヤドリのオスは芸術的で、賢く、感受性を持ち、運動能力に優れ、器用で、優秀な学習者でなくてはならない。一方で、好みのうるさいメスは、こうした資質すべてを見定める知力を備えていなくてはいけない。ジェイソン・キーギーが述べるように、オスを選択する行為は高度な認知能力を要する。

　メスは繁殖期をとおしてつがい相手の候補を絞りこみ、はじめての求愛を受けるためにオスの東屋を訪れ、さらにこの東屋に通って、最終的に特定のオスとつがいになることを決める。メスはオスの東屋の位置を正確に知らなくてはならないが、東屋は下生えの中に隠されていることが多く、互いに数キロ離れていることもある。つまり、一種の心的地図を持つ必要があり、その地図を次の繁殖期にも覚えていなくてはならない。また、オスの東屋づくりのスキルを評価し、飾りをかぞえるか、少なくともその数を大まかに把握しなくてはいけない。東屋の中に胸の高さに塗られた絵の具を味わうことも必要だ。絵の具は、そのオスのつがい相手としての適性を知るための化学的感覚の信号なのかもしれない。オスのディスプレーを評価し、正確な物まねを聞き、見事な足さばきの迫力とスキル、さらにパフォーマンスの熱心さと活力を評価しなくてはならない。そのあいだ襲われる恐怖心とも闘う。

　メスはこのすべてを手早くしなくてはならない。一日中かけてはいられないのだ。さらに個々のオスをほかのオスと比較し、過去に選んだオスとその選択の結果も考慮する。

「それは従業員募集に似ている」とゲイル・パトリセリが述べる。「まず履歴書を送ってもらい、短い面接をして、さらに長い面接をする。優秀な人材を確保する経済学モデル（モデルを構築した経済学者――もちろん男性の経済学者たち――は『秘書問題』と呼ぶ）が、ニワシドリのメスの行動を高精度で予測することがわかっている」。新しいオスに出会うたび、メスはこのオスを以前出会ったオスの記憶と比較し、新しいオスが優れていればそちらを選ぶ可能性が高い。

ディスプレーを見て認知能力を測る？

それにしても、なぜメスはこれほど好みがうるさいのか？　なぜ学習、飾りつけ、物まね、ダンス、問題解決能力に優れたオスを探そうとするのだろう？

一つの説明はこうだ。鳴禽のメスがオスの歌を判断材料にするのと同じように、ニワシドリのメスは認知能力をはじめとするオスの遺伝学的な健全性を見きわめるのに、東屋を判断材料にする。ディスプレーの多くの形質が、メスがオスのつがい相手としての適性を決めるために知るべき情報——優秀な卵から孵化したか、寄生虫を持っていないか、スタミナがあるか、運動スキルが高いか、認知能力が優れているか——を教えてくれる。

キーギーとボーギアによれば、メスが父親の資格と考えているのはオスのディスプレー全体——東屋、飾り、歌、ダンス——であり、なかでも認知能力だろう。「オスのディスプレーのこうした要素はいずれも、なんらかの認知能力にかかわっていると思われます」とボーギアは述べる。「それぞれの形質がそのオスについてなにかをメスに教えてくれるのです」とキーギー。「たとえば、青い飾りの数は競争力を、カタツムリの殻（破損しないので何年も取っておける）の数はオスの年齢と生存能力を、オスの物まねは学習能力と記憶能力を、東屋づくりは運動の協調性とスキルを教えてくれます」。ディスプレーの単一の形質はかならずしも信頼性が高くはない。「そこで、メスはこれらすべての形質を総合的に考慮して、オスの資質を見定めるための正確な指標にするのです」とキーギーが続ける。「それはオスを性淘汰のふるいにかける知能テストで、総合成績を見るものですが、異なるカテゴリの成績もふくんでいます」（ちなみに研究によれば、ヒトの女性も同様のことをする。会話や肉体的な作業中の行動を観察する。知能が高い男性は、女性に好印象を与えることがわかった）。

「こうした事柄がメスにとって大切なので、メスは認知能力の高いオスを選ぶのです」とボーギアが教えてくれる。だが、こうも付け加える。「しかし、メスが認知能力を意図して判断しているのか、あるいは認知能力の高いオスが優れたディスプレーをするのかについては、議論の余地があります」

メスがオスを設計する？

いずれにしても、賢いアオアズマヤドリのメスはディスプレーがうまいオスを探しているように見える。ことによると、メスがオスをきわめて慎重に選ぶので、その子孫は健康、強い免疫力、活力、知能などの形質を受け継ぐのかもしれない。この考え方は「よい遺伝子のモデル(good genes model)」と呼ばれる。これも一つの考え方だ。

さらにもう一つ、より急進的な考え方がある。ニワシドリのメス、キジのメス、そのほか好みのうるさい鳥のメスが豪華な東屋に引かれるのは、単にそれが美しいからだというのだ。色彩豊かな羽や美しい東屋が2つのことを同時に成し遂げるという考えは、まさにデネットが言うところの「チャールズ・ダーウィンの危険な思想」そのものだ、とリチャード・プラムが語る。つまり、オスは活力や健康といった望ましい資質を見せびらかすことができると同時に、「とくに健康を誇示しなくても、自分自身が望ましい資質そのものになれるのです」。

ロナルド・フィッシャーが画期的な性淘汰モデルで示したように、特定のきわめて美しい形質――たとえ有用ではなくても――が進化したのは、単に異性に好まれるからだ。プラムが指摘するように、動物のメスが美そのものを愛するというダーウィンの思想も、この意味において大胆な考えだった。ダーウィンは、それが羽、歌、東屋のどれであれ、オスは「多くの世代を超えてメスに好まれることによって」美の形質をゆるやかに進化させてきたと提唱した。たとえば、キジの羽は、美しい色と模様を見分けられるメスの美的感覚と共進化した。ニワシドリの場合、東屋の美しさはメスの知覚によってかたちづくられる。換言すれば、メスの心がオスのディスプレーをかたちづくるのだ。メスがオスの芸術的な創造物の設計者であり、それを成し遂げるための脳を持つのだ。鳴禽のメスがオスの複雑な歌と、それをうたうための高度な神経網の設計者であるように。

印象派とキュビスムの絵を見分ける鳥

ニワシドリのメスが本当に、これらの目もあやな東屋づくりを何世代もの淘汰によって可能にした芸術家であるなら、メスが美をどう知覚するのかという問題が残る。ニワシドリには美的感覚があるのだろうか? この鳥はヒトと同じように美を理解するのだろうか?

日本の渡辺茂は慶応大学の研究室で、ヒト以外の動物が美をどう経験するのかという難問に挑戦している。彼は異なる画風(たとえば、印象派とキュビスム)を持つ画家の絵を見分ける鳥の能力を調べた。この実験を始めたころ、彼は8羽のハトにピカソとモネの絵を見分けるよう訓練した。これらのハトは一般社団法人・日本鳩レース協会のもので、絵はアートブックに載せられた複製品の写真だった。渡辺らは、ピカソの10作品とモネの10作品を使って、正しい絵をつついたら褒美を与えてハトを訓練した。その後、訓練で見せたことのないピカソとモネの新しい絵と、同じ画風を持つが異なる画家の絵とで鳥の弁別能力を調べた。ハトはピカソやモネの新しい絵を選んだばかりでなく、ほかの印象派の画家(たとえばルノワール)の絵をほかのキュビスムの画家(たとえばブラック)の絵と見分けた(この初期の研究は「まず人を笑わせ、次に考えさせる功績」があったとして、イグ・ノーベル賞を受賞した)。

人間の美の概念にもとづいて鳥が絵を区別できるかを調べようと、渡辺は、人間の批評家の基準にもとづいて「上手な」絵と「下手な」絵を区別するようにハトを訓練した。するとハトは実際に色相、パターン、質感を頼りに美しい絵と美しくない絵を正しく選んだ。

ここまではいい。だが鳥は特定の画風を好むだろうか? これを調べるため、渡辺のチームはアートギャラリーの廊下に似せて設計した箱形の鳥かごをつくった。「廊下」に沿って、異なる画風の絵を展示するスクリーンを置いた。使ったのは、日本の伝統的な浮世絵、印象派の絵、キュビスムの絵だった。渡辺らはそれぞれの絵の前で鳥がどれだけ長くとどまったかを測定した。この実験では、7羽のブンチョウが絵を見た。7羽のうち5羽は印象派よりキュビスムを好み、7羽のうち6羽が日本風の絵と印象派の絵とでとくに好みはなさそうだった（おそらく、日本の研究者はがっかりしただろう）。とはいえ、これは、人間以外の動物が人間の描いた絵について好みを持つことを示そうとした、初の実験だった。

その後の研究で、色彩、筆づかい、そのほかの手がかりにもとづいて画風を区別するのは、人間だけの能力ではないことがわかった。実際、渡辺らはピカソとモネを区別するようにミツバチを訓練した。

メスの観察眼

こうした研究は楽しい。鳥やハチが人間の絵に好みを見せるという考えは、やや擬人化のそしりを免れない。しかし、渡辺らの研究は、鳥がモネよりブラックを好むということより、鳥が色彩、模様、細部について鋭い観察眼と弁別能力を有することを示そうというものだった。

鳥は視覚的な生き物だ。空高く高速で飛びながら得た視覚情報によって、すばやく決定を下す。一連の地形の写真を見せられたハトは、人間には見分けられないようなわずかな視覚的なちがいでも見分ける。また、ほかの個体を一目で認識する。ハトやニワシドリの強力だが小さな神経系が、私たちの神経系とは異なる組織構造を持つというだけで、これらの鳥に優れた視覚的知覚や弁別ができないとはかぎらない。

ダンスの細やかな動きの評価について考えてみよう。鳥類のメスには、この能力にとても長けた種がいる。たとえば、驚くほどアクロバティックな求愛ディスプレーで知られるキノドマイコドリ（*Manacus vitellinus*）がそうだ。ニワシドリと同じく、このマイコドリの場合も、オスがつがい相手を獲得できるかどうかは、ディスプレーにメスが下す評価にかかっている。マイコドリのオスは、エアー縄跳びのような「ジャンプ・スナップ」ディスプレーをする。それは低いジャンプのあいだで大きく跳ねることで始まる。ジャンプ中に、大きな音をさせて翼を上に羽ばたかせる。地面に下りると、すぐに体を回転させてアゴを上げ、明るい黄色の羽毛、つまり喉の羽を見せびらかす。それはとても難しい動きで、神経と筋肉の絶妙な協調、それに旺盛なスタミナが必要とされる。体操選手が完璧な着地を

写真　キノドマイコドリ（提供：Alamy/PPS通信社）

することを想像していただきたい。

ニワシドリと同じく、たくさんのつがい相手を獲得するキノドマイコドリのオスは少ない。メスに好まれるオスがそうでないオスとなにがちがうのかを知るため、ある実験チームがさきごろ、高速カメラで野生のマイコドリのディスプレーを録画した。すると、メスはより高速でダンスするオスを好むことがわかった。しかし、あるオスの「ロン・ドゥ・ジャン」（足で半円を描くバレエの動き）と、別のオスのそれとのちがいはほんの数ミリ秒だ。「オスが振りつけした運動パターン（ダンス）のわずかなちがいをメスが察知できるのは、人間だけだとこれまでは考えられていました」とチームの研究者は言う。

「私はバレエの上手な人と下手な人を区別できると思う。でも、3・7秒の「グラン・ジュテ」と3・8秒のそれを見分けられるだろうか？　詳細はわからないが、キノドマイコドリのメスにはこの微々たる時間差がわかるのだ。

チームの科学者がこの鳥のオスとメス双方の脳を調べたところ、オスには特殊な運動制御回路、メスには特殊な視覚処理回路があることを発見した。マイコドリの異なる種をさらに調べてみると、オスのディスプレーの複雑度と脳の重さに密接な相関があることがわかった。鳥の場合には、アクロバティックな運動を選び取る性淘汰によって脳の大きさが進化するようだ。彼らはこう書く。「マイコドリの脳はオスの求愛ディスプレーと、そのパフォーマンスに対するメスの評価の双方を可能にする進化によってかたちづくられた」。「恋人選びの心仮説」にとって、さらなる証拠と言えよう。

鳥たちには世界はどう見えているのか？

芸術性やディスプレーにかんするかぎり、鳥は微妙な視覚的な区別を人間と同程度の精度ですることができる。しかし科学者がすぐに注意をうながすように、このことは鳥類のウンヴェルト（環世界）、すなわち感覚と認知の世界に照らして慎重に考えなくてはならない。動物は私たちと異なる感覚系で世界を見聞きしている。たとえば、色は外的世界そのものの性質ではなく、各々の種の視覚系が処理と分析でつくり出したものだ。鳥はおそらく脊椎動物のうちでもっとも発達した視覚系を持ち、広い波長域の色を区別する高度な能力を発達させている。色覚をもたらす錐体細胞をヒトが3種有するのに対して、鳥の場合は4種だ。鳥類には波長の短い紫外線を感じる種がいるが、この光は私たちには見えない。また、鳥の錐体細胞は色のついた油を少量ふくんでいて、似通った色調の色を区別する能力を強化している。

「ニワシドリの脳の色処理が私たちのものと異なっているかどうかはわかっていない」とジェラルド・ボーギアが述べる。「アオアズマヤドリが飾りに使う色について私たちがおこなった実験では、この鳥がヒトと異なる色覚を有するという証拠は得られなかった。しかしオオニワシドリ、マダラニワシドリ、ニシマダラニワシドリの3種には、波長の短い紫外線が見えている可能性がある」。つまり、ニワシドリが集める物はこの鳥にも私たちにも同じように見えるのかもしれないが、あるいは私たちには想像もつかないような輝きを放っているのかもしれない。

とはいえ、鳥が視覚的な判断に使う手がかりの一部は、普遍的な美の原理——あるいは少なくとも魅力——に根差している可能性がある。たとえば、対称性、模様、色のコントラストなどだ。ちなみに、1950年代におこなわれた実験で、カラスとコクマルガラスに整然とした対称的なパターンを好む習性があることがわかった。

美的感覚の始まり

ノーベル賞を受賞したカール・フォン・フリッシュが、かつてこう書いている。「この地上にある生命が長い進化の道のりの結果生まれたと考える人びとは、かならず動物の思考過程と美的感覚の始まりを探すだろう。私はこれらの特徴の痕跡はニワシドリに見つかると思う」。鳥類とヒトの神経系が共有する生物学を考えるなら、私たちと鳥の美的感覚のあいだになにも共通性はないと考えるほうがおかしくないだろうか?

ニワシドリに美的感覚、なにかが美しいという特別な感覚があるとお考えになりますか、と私はジェラルド・ボーギアに尋ねてみた。彼はまったくわからないと答えた。「時間をかければ、鳥は自分の飾り立てたディスプレーがどう見えるべきかのイメージを構築できるようです」と彼は教えてくれた。「この能力を有するのは成鳥で、若い鳥が同じ東屋を引き継いでも、そこにある物の価値を見抜くことはできません」。つまり、こういうことだ。ステンドグラスを集めたマダラニワシドリが死んで、別のマダラニワシドリがこの東屋を手に入れたとしよう。「すると若いニワシドリは、ただガラス片を積んでいくだけです」とボーギアが言う。「それをどうすればいいか、わかっていないらしいのです」

これが成鳥に美的感覚があることを示すかどうかについては、こう答えてくれた。「美的感覚という言葉はあいまいなので、私は使わないようにしています」とボーギアは言う。「私は自分にとって美しい物はわかります。この鳥の東屋は美しいと思います。けれども、この鳥がその目的のために東屋をそのようにつくっているかどうかは、なんとも言えません」

その通りだ。ニワシドリのオスが自分のディスプレーについてどう思っているかは、私たちには皆目わからない。それでも彼が時間を無駄にしたり、ただメスの尻を追いかけて馬鹿を見たりしないことを私たちは知っている。そんなことはせずに、この鳥はまわりにある青い物を集めて並べる。彼はデザインする。構築する。歌をうたう。ダンスする。鋭敏なメスがその努力に注意を払う。格好良くて、注意深くて、クリエイティブ? 目に入る物が気に入れば、メスは自分の体をオスに差し出す。そういうわけだ。

第7章 脳の中の地図

誘拐

いまカナダのどこかにいて、アメリカ合衆国に向かって南へ車を走らせているとしよう。晩秋のことで、数百キロ離れた温暖な土地の鳩舎《きゅうしゃ》に行こうとしている。出し抜けに車中から連れ去られ、外が見えない車に放りこまれて空港に連れていかれる。次に、目隠しをされて飛行機でアメリカを横断する。だが、行き先はわからない。数時間飛んで着陸すると、また外が見えない車に放りこまれて見知らぬ土地に連れていかれる。やっと自由になったとき、周囲を見渡しても見覚えのある物は一つもない。GPSも、見慣れた景色も、コンパスもない。それでも、連れ去られる前に向かっていた鳩舎への道を見つけなくてはならない。だが、そこはもう元の場所から数千キロも離れている。

あなたなら、どうするだろう？

しばらく前にミヤマシトドの群れに起きたのが、まさにこんなできごとだった。頭頂にはっきりした白黒の縞模様のあるこの鳥は、羽毛に包まれた30グラムほどの不屈の精神そのもので、毎年アラスカかカナダの繁殖地から南カリフォルニアかメキシコの越冬地へ渡る。ある日、ミヤマシトドの群れが南に下る途中でシアトル付近を飛んでいたとき、その中の30羽が研究者に捕獲された。成鳥が15羽、幼鳥が15羽だった。研究者たちは、捕獲したミヤマシトドをクレートに入れて小型飛行機に載せ、ニュージャージー州プリンストンまでアメリカを横断して運んだ。そこは本来の渡りのコースから約３７００キロ離れていた。そこで彼らはミヤマシトドを放鳥し、これらの鳥が越冬地へのコースを見つけられるかどうかを調べた。成鳥は放されてから数時間で方向を見定めたらしく、アメリカを横断して南カリフォルニアかメキシコに向かうべく、次々と飛び立った。まだ一度しか渡りを経験したことのないもっとも若いミヤマシトドも、行くべき方向がわかったらしく、越冬地に向かって飛び去った。

心の中の地図

ミヤマシトドの脳は小さいかもしれないが、たいていの現代人より優れたナビゲーション（航行）能力を持つ。もちろん、私たちもよく見慣れた目印（陸標）――よく行く街角の郵便局やパン屋など――の関係を学んでつくった心的地図を持つ。しかし、いま話題にしているのはまるで別の話だ。自分が行ったことのない遠い場所に運ばれたミヤマシトドが、元の場所に戻るコースをきちんと把握しているらしいことは、鳥の脳が持つ驚異的な能力だ。

それは記憶力の良さでは説明がつかない。直感、視覚、磁場の手がかり、太陽の方位に対する感受性のいずれかのみに注目する理論でも、やはり説明できない。フライブルク大学認知科学研究センターの心理学者ジュリア・フランケンシュタインは、「自分の位置を把握しながら飛び、経験にもとづいて心的地図を作成するのは、とても難しいプロセスである」と書いている。それは知覚、注意力、距離の計算、空間関係の近似計算、意思決定などの認知スキルを必要とする。これらのスキルは、人間の大きな脳をもってしてもきわめて難しい。

鳥はどのようにしてこれをやってのけるのだろう？

過去には、鳥はこの能力を生まれながらに本能として持っていると考えられていた。現在では、鳥のナビゲーションには検知、学習、そしてなにより心的地図の作成という目覚ましい能力がかかわっていることがわかっている。この地図は私たちが想像したものよりはるかに大きく、まだ謎に包まれたままの不思議な方法によって作成される。

ハトレースの大難

鳥のナビゲーションについて私たちが現在知ることの多くは、ある地味な鳥から学んだものだ。それは、ミヤマシトドの実験に似たハトレースを数百年にわたってやらされてきたハトだった。「貧者の競馬」と呼ばれることもあるハトレースは、ハトを行ったことのない場所でかごから放し、放鳥地をどんどん遠くにしていく訓練から始まる。最終的には、ハトは約１６００キロ離れた場所からでもまちがいなく帰還するようになる。見知らぬ広大な土地を平均時速80キロほどの速度で飛び、巣に戻ってくるのだ。大半のハトは戻ってくるが、すべてが戻ってくるわけではない。

ホワイトテールの話をしよう。

2002年4月のある朝、ハトレーサーのトーマス・ローデンはイギリスのマンチェスター市内のハイド区ハッターズリーにある自宅の鳩舎に、一羽のハトが青灰色の尾羽をばたつかせながら下りてくるのを見かけた。どこかで見たようなハトだと思った。長いあいだハトとハトレースの愛好家だったローデンは、登録番号が刻まれたハトの足環を確かめて自分のハトだと気づいた。5年前のイギリス海峡横断レースで行方不明になったハトだった。

彼が「ホワイトテール」と名づけたこのハトの失踪は、とても奇妙なできごとだった。このハトは並のハトではなくレースチャンピオンで、13のレースで優勝し、海峡を15度も横断していた。しかし、そのときのレースもまた並のレースではなかった。その大惨事は「ハトレースの大難」というあだ名をもらったほどのものだった。

レースは王立レース鳩協会の百周年記念を祝って開催された。1997年6月末の日曜早朝、6万羽以上の伝書バトがフランス西部のナントの草原で放鳥され、イギリス南部全域に散らばる鳩舎に帰還することになっていた。午前6時半、約640〜800キロ北を目指してハトが飛び立ったとき、ハトが羽ばたく音が大気に満ちた。午前11時までには、大半のハトはフランスの海岸までのおよそ320キロを飛んで、イギリス海峡の上空に入った。

そこでなにかが起きた。

午後早く、イギリスのハト愛好家は先着組のハトを鳩舎で待った。ところが、どんなに時間が過ぎても空にハトの姿はまったく見えてこず、失望した彼らは困惑と驚きに頭をひねるしかなかった。ようやく、数羽のハトがなんとか戻ってきた。その中にローデンのハトもいたが、それは彼が飼っている中でいちばん飛ぶのが遅いハトだった。どこを見てもホワイトテールの姿はなかった。その日、チャンピオンのハトとほかの経験豊かな数万羽のハトは巣に帰還しなかったのだ。失踪の理由は謎のままだが、手がかりがないわけではない（あとでご説明しよう）。

あの涼しい4月の朝まで5年分、時間を早送りしよう。犬の散歩をしようと外に出たとたん、ローデンはホワイトテールを見た。「ぼくは仰天しました」と『マンチェスター・イブニング・ニューズ』紙に語った。「ぼくは、ホワイトテールはいつか帰ってくると言ってはいたのです……でもそのぼくですら、もう彼の姿を見ることはないとあきらめていました」

ハトの偉業、渡り鳥の大偉業

「ハトレースの大難」が有名なのは、それがめったに起こらない珍事だからだ。レース用のハトが姿を消すことは、めったにない。たとえ遠くの土地で放鳥されても、大半が鳩舎に戻ってくる。いい例が「レッド・ウィザー・ペンサコーラ」という名の美しいレッド・チェッカー・コックで、赤い首の羽毛と目を持つ。このハトはフロリダ州ペンサコーラから約1500キロ飛んで、フィラデルフィアにある飼い主の家まで帰還した。『ニューヨーク・タイムズ』紙は、この距離はアメリカいや世界でもこれまで伝書バトが飛んだ中で最長だと報告した。優勝したハトは金色の足環を与えられたが、それには彼の鳩舎の名前と登録番号が刻まれていた。このハトはレースから引退した。

それは1885年のことだった。その後、伝書バトは世界中のレースで同じような偉業——さらなる偉業——を数千回も繰り返してきた。それでも、失敗（smash）やしくじり（bust）などと呼ばれる不幸な失踪事件はときおり起きる。たとえばイギリス海峡での惨事の1年後、3600羽の伝書バトがペンシルヴァニア州とニューヨーク州で放されたものの、帰還したのはわずかに数百羽だった。その理由は誰にもわからなかった。

伝書バトの専門家チャールズ・ウォルコットが、ハトはレース中に「墜落する」ことがあると言ったが、これは驚くべきことだろうか？　いや、もっと不思議なのは、伝書バトが見知らぬ土地から家まで帰ってこられることだろうか？　たくさん虫をつかまえた昨日の草原へのコースや、暖かく乾燥した巣穴への帰り道を鳥が覚えているのは、当たり前にも思える。しかし、数百キロも離れた家へのコースを見つけるのは、これとは次元がちがう。

最近、新しいテクノロジーのおかげで、渡り鳥が驚くほど長距離の渡りをすることがわかってきていて、これに比べれば伝書バトのすばらしいナビゲーションもかすむほどだ。渡り鳥に小型のジオロケーターを背負わせて移動を観察したところ、長い渡りについての詳細がわかった。針葉樹林に棲息する小型のズグロアメリカムシクイは、毎年秋になるとニューイングランドやカナダ東部を出発して南アメリカを目指す。一度も休憩せずに大西洋を越えて、大アンティル諸島のプエルトリコやキューバに渡る。最長で約2700キロもの距離を2〜3日で飛ぶのだ。長い昼間を愛し、長距離の渡りをすることで知られるキョクアジサシは、季節に応じてグリーンランドやアイスランドの繁殖地から南極沿岸の越冬地へと世界を半周する。それは往復で7万キロに迫る旅だ。平均寿命の30年間で、この鳥は地球と月を3度往復するほどの距離を移動する。

いったい、これらの鳥はどのようにしてコースを知るのだろう？ 春になるとティエラ・デル・フエゴから北を目指すケープ・メイのコオバシギは、どのようにして遠い北極にある昨年と同じ繁殖地を見つけ出すのか？ スペインの農業地帯で夏を過ごしたあと南へ下るヨーロッパハチクイは、サハラ砂漠を越えて西アフリカの森にある見慣れた土地にいたるコースをどうやって見つけるのだろう？ ハリモモチュウシャクやハイイロミズナギドリは、どのようにして広大で目印が一つもない海を渡って故郷に戻ることができるのだろう？

小さな森の中でもすぐに道に迷ってしまう私などは、鳥のナビゲーション能力には感動してしまう。コンパスがあってもごくわずかな人間にしかできないことを、これらの鳥はいったいどのようにして成し遂げるのだろう？

数学者に勝るハト

写真　イエバト（提供：Pete Myers）

イエバト（*Columba livia*）は、こうした問いの答えを探るのにうってつけの鳥だ。ハトは地味な鳥あるいは翼のあるネズミなどと馬鹿にされ、公園のベンチの下に落ちたパン屑をいじましくつついたり、人間が出すゴミをあさったりする。ドードーと同じくらい愚かだと考える人もいる（じつは近縁種だ）。

ハトの前頭部の神経密度がカラスの前頭部の半分しかないのは事実だ。それに、ハトは卵やヒナが自分のすぐ下にいなければ自分の子だとわからないこともある。たまたまヒナを踏みつけて殺してしまったり、巣から落としてしまったりもする（ただし、あるハトの専門家はこう指摘する。「ヒナがあまりに小さく、ハトの足があまりに大きいことを考えれば、もっと多くのヒナが踏まれて死なないのが不思議なくらいだ」)。ハトは巣づくりがとても下手なことでも知られる。ハトが一度に1本の小枝やマドラーを運ぶ一方で、スズメは2〜3本運ぶ。素材の一部が空中で落ちると、スズメは急降下して受け止めるが、ハトはただ落ちるに任せて回収できない。

だからハトが愚かに見えるのはほんとうだ。しかし実際には、あなたが思うよりはるかに賢い。たとえばハトは数を理解する。数をかぞえるだけでなく(もちろん、ハチをはじめとして多くの動物がこの能力を有するのは事実だ)、損得の勘定、あるいは数にかんする抽象的な規則の発見など、霊長類に匹敵する能力がある。たとえば、最大で9個の物が描かれた絵を、数が少ない絵から多い絵へ正しい順序で並べることができる。また相対的な確率も理解する。

実際、ハトは一部の統計問題をおおかたの人間より正しく解く。一部の数学問題ではさらに多くの人間に勝る成績を収める。たとえば、古いテレビ番組『取り引きしましょう(*Let's Make a Deal*)』のホストにちなんで名づけられた、モンティ・ホール問題を解くことができる。元のテレビ番組では、出場者が3枚の扉(美しいアシスタントのキャロル・メリルが見せてくれる)のうちどの後ろに自動車などの景品が隠されているかをあてようとする。残りの2枚の扉の後ろにはヤギなどの最下位賞が待っている。出場者が1枚の扉を選ぶと、まず残りの扉のうち1枚が開けられて、そこに自動車はないとわかる。そこで、出場者は最初に選んだ扉をそのまま開けるか、もう1枚の開けていない扉を開けるか、という選択肢を与えられる。

このゲームの実験室バージョンでは、ハトはこの問題の正解率が人間より高かった（正しい「扉」を選んだ）。大半の人間は最初に選んだ扉のままにするが、じつは選択を変えれば景品を得られる確率は2倍になる。一方、ハトは経験から学んで賭けに出る。選択を変えるのだ。

このゲームは直感に反する。2枚の扉がまだ開いていないのだから、どちらの扉を選んでもその後ろに景品がある確率は半々だ、とたいていの人は思う。ところが、選択を変えると景品を獲得する確率が66％に上がるのだ。理由はこうだ。最初に正しい扉を選んだ確率は3分の1だ。つまり、まちがった扉を選んだ確率は3分の2ということになる。モンティが後ろにヤギがいる扉を開けても、この確率は変わらない（モンティは自動車がある扉を知っているので、その扉を開けることはない）。つまり、残りの扉は3分の2の確率で正しいことになる。

わかっている。私もまだ信じられない。多くの数学者もそうだ（モンティ・ホール問題が『パレード』紙のコラム「マリリンに聞く」で取り上げられ、正しい答えが紹介されたとき、コラムの執筆者マリリン・ボス・サバントは、彼女の答えがまちがっていると指摘する手紙を9000通以上受け取った。多くが大学で数学を教える数学者からだった）。しかし、ハトはマリリンがまちがっているとは思わないようだ。最初はハトもでたらめに扉を選ぶが、やがて選択を変えることを学ぶ。ハトがこの問題を解くには、経験的確率を用いなくてはならない。つまり何度も試した結果を観察し、その結果に応じて行動を変えることで景品を獲得するのだ。また、ハトは問題に対して最良の戦略を使うことで景品が得られる可能性を最大にするが、人間は十分な訓練を受けたあとでも景品を入手しそこなう。

さらに、ハトは物のかたちが同じか否かの判別に優れている。アメリカの心理学者ウィリアム・ジェイムズは、かつてこのスキルを「私たちの思考の要《かなめ》であり背骨である」と言った。ハトはこのスキルのチャンピオンではない。その栄誉は、2007年に他界するまでアイリーン・ペパーバーグのすばらしい研究仲間だった、ヨウムのアレックスのものだ。アレックスは2つの物の色、かたち、素材が同じかちがうかをほぼ完璧に答えられたのみならず、類似性や相違点がなければ「ない（none）」と答えることができた。さらに、100個以上の物をその性質に応じて分類することができた。

それでも、ハトもアルファベットやファン・ゴッホ、モネ、ピカソ、シャガールの絵などの視覚刺激を区別するのがうまかった。人間（服を着ているか着ていないかにかかわらず）が写っている写真と、そうでない写真を区別することもできた。人間の顔が誰のものかを認識するスキルが高く、人間が顔に浮かべる感情を読むのもうまかった。1000個以上の画像を学んで思い出し、それを少なくとも1年のあいだ長期記憶に保存することができた。

また、本章で問題になっている点について述べると、ハトには、テクノロジーの助けを借りなくても目的地へのコースを見つける能力があり、この能力は人間をはるかにしのぐ。このため、鳥のナビゲーションの謎を探る最先端の研究で、ハトは「翼の生えた実験ラット」の役目を果たすことになった。

帰巣本能の起源

このところ私は、わが町のダウンタウンにある公共スペースのレンガの上に集まっている、フードをかぶった僧侶か旅行者のようなハトについて考えることがある。見れば見るほど、ハトは可愛く思えてくる。この鳥ははにかみ屋で、なにか新しいものに対しては神経質になる。反面、喧嘩好きで順応性が高い。近づいてよく見ると、羽毛が虹色に光っている。

古代からおこなわれてきた交配のおかげで、ハトには数百もの品種がある。タンブラー、プリースト、ナン、クジャクバト、ドラグーンなどの風変わりな品種は見た目とショーのために飼育され、ときには過度に飾り立てた品種もある（たとえば、「パウター」の胸は手袋に詰めこまれたテニスボールのようだと言われるが、まさにそのとおりだ）。

伝書バトは巣への帰還とレースのために飼育される。アメリカの都市部でよく見かける野生化したハトは、17世紀初頭にヨーロッパからの入植者が飼っていた伝書バトが船でアメリカに持ちこまれ、その後逃げたものの子孫だ。この伝書バトはアメリカの海岸にはじめて到達した鳥類だった。

私がよく目にする都会のハトは、よく歩き、ずんぐりした体をアヒルのように前後に揺らし、ときおり体をまっすぐ伸ばして、まるで進軍する兵士のように気取って歩く。木にとまっているのに飽きた様子で、電話線に並んでその丸々とした姿を見せたり、建物の隅や割れ目、町の橋や建物の柱頭、迫台《せりだい》、桁、受材、渦巻形の装飾に入りこみ、尾羽を壁に垂直にあてていたりする。狭い横桟《よこざん》を好むこの習性を見るたびに、私はいつもおかしな好みだなと思う。それに、心地よくはないはずだ。

これらのハトはなぜ高い木にとまらないで、狭い横桟を好むのだろう？　それはあらゆるイエバトと同じく、彼らが野生のイワバトの子孫だからだ。イワバトは地中海の海岸の崖や岩だらけの島に巣をかける。近くの草原で種子を見つけて、それをヒナのところに持って帰る。おそらく、このようにしてハトの巣に戻る能力が自ずと進化したのだろう。

ハト部隊――文明をささえるメッセンジャーたち

人間は、ハトの帰巣本能を少なくともここ８０００年にわたって利用してきた。これは、ハトにかんする本の中でもっとも権威のあるウェンデル・ミッチェル・リーバイの著書『ハト（*The Pigeon*）』の受け売りで、この本の初版は１９４１年に出版されている。リーバイはハト愛好家、科学者、そして第一次世界大戦中にはアメリカ陸軍通信部隊ハト小隊を率いた中尉だった。

「文明のあるところハトが栄えた」とリーバイは書いた。「しかも文明が高度であればあるほど、ハトの重要性も一般に高くなった」

数世紀にわたって、伝書バトは艦隊のメッセンジャー、特使、スパイとして活躍してきた。古代ローマ人は伝書バトを使ってコロシアムでの勝利を知らせ、フェニキア人やエジプト人は船舶の到着を合図し、漁師は水揚げを宣伝し、密造者は禁酒法の時代に船上と陸上双方の拠点間で連絡に使った。ワーテルローの戦いでナポレオンが敗北したことを知ったロスチャイルドは、伝書バトを使ってこのことをロンドン支店に伝え、国債の売買によって巨万の富を得たと言われている。19世紀なかば、ポール・ジュリアス・ロイターはハト哨所《しょうしょ》を使ってニュース配信を始め、アーヘンとブリュッセル間で株価の情報を連絡した。20世紀初頭には、ハトはハバナとフロリダ州キーウェスト間を運航する船の安全な到着や遭難の知らせを運んだ。

二度の世界大戦では、ハトは機密情報を迅速に伝えるために使われた。暗号を書いた紙をくくりつけられたハトが、部隊の移動を伝えたり、占領された国で抵抗勢力と連絡を取ったりするために、敵方の前線を越えて送られた。この翼を持つスパイは、「ザ・モッカー」「スパイク」「ステディ」「ザ・カーネルズ・レディ」「シェ・アミ」などと呼ばれた。リーバイによれば、シェ・アミは「途中で脚を負傷し、胸骨を傷めたにもかかわらず」使命を果たしたという。「ウィルソン大統領」という名のハトは第一次世界大戦で左脚を失った。スコットランドの「ウィンキー」は爆撃機の乗組員たちと一緒に北海に墜落した。ウィンキーは破損した機体から放され、約１９０キロを軽々と飛んでダンディー近くの鳩舎に戻り、そこの空軍基地に墜落を知らせた。基地では救助の飛行機を飛ばして、孤立した乗組員を救助した。

第二次世界大戦がピークを迎えたころ、アメリカ陸軍のハト小隊は5万４０００羽のハトを所有していた。「われわれは知能とスタミナのあるハトを育種します」と、あるトレーナーが説明した。「われわれが欲しいのは、かならず戻ってくるハト、物事に動じないハト、知能があって自信に満ちているハトです。もちろん、なかには愚かなハトもいます。それは早い段階でわかります。巣に戻るだけの知恵がなかったり、ただ隅にじっとうずくまっているだけだったりするのです」。でも、たいていのハトは「賢い、とても賢い」と彼は言う。

こうしたハトのメッセンジャーでもっとも有名なのは「G・I・ジョー」だ。このハトは、ドイツ占領下にあった町が予定どおり爆撃されるのを避けるために、イギリス軍によって送られた。町はすでに1000人を超すイギリス大部隊によって制圧されていたので、ジョーは約30キロの距離を20分で飛んでこのことを知らせ、出撃準備中の爆撃機を止めた。「ユリウス・カエサル」と呼ばれるブルー・チェッカー・スプラッシュト・コックもいる。このハトはローマで捕獲され、イタリア南部で放鳥された。北アフリカ戦線の重要な情報を託されたこのハトは、南へ飛んでチュニジアにある鳩舎へ戻った。そして「ジャングル・ジョー」がいる。この勇敢な生後4ヵ月のブロンズ・コックは、強い風をものともせず約350キロ飛び、アジアでも最高峰の山々を越えて情報を伝えた。おかげで同盟軍はビルマ（ミャンマー）の大半を制圧した。

キューバの政府関係者はいまでも、辺境にある山岳地帯の選挙結果を連絡するのにハトを使っており、中国は最近1万羽のハト部隊を組織した。この部隊を率いる将校の言葉を借りれば、「電磁干渉や通信システムの崩壊」などがあった場合に、国境沿いの部隊間で軍事情報を伝え合うためだという。

真のナビゲーション

1850年、チャールズ・ディケンズはこう書いた。「伝書バトは知能や観察ではなく、なんらかの不思議な本能によって方位を知る、とよく言われる。しかし、私は……この前提はまちがっていると確信している」

ディケンズの同時代人だったダーウィンは、ハトは変則的な往路をなんらかの方法で記憶し、この情報を使って復路をたどるのかもしれないと主張した。現在では、この考えはまちがっていることがわかっている。目隠しに覆われた自動車の中に置かれた回転するドラム缶に入れられ、曲がりくねったコースに沿って運ばれたハトは、見知らぬ土地で放鳥されても鳩舎に戻ることができる。そのときハトは元のコースをたどるのではなく、ほぼ直線距離を移動する。

見慣れた土地の既知の場所に戻るのは一種の能力ではある。だが真のナビゲーションはこれとは異なる。それは、一度コースを移動して得た手がかりではなく局所的な手がかりのみを使って、未知の場所から目的地に向かう正しいコースを選ぶ能力だ。人間はこの目的にテクノロジーを使う。自分が地球上のどこにいるか、その位置から目的地にどう行けばいいかを正確に教えてくれるGPSや地図のソフトがある。鳥類は体内に位置情報計測システムを持つが、それはGPSのように実際に全球を網羅するようだ。

鳥類が真のナビゲーションをしているか否かを知るため、科学者は鳥を船や飛行機に乗せたり、自動車であちこち連れ回したりして（先にご紹介した捕獲されたミヤマシトドのように）、距離や方向の手がかりを与えないようにして遠くの未知の土地に連れていく。そこで鳥を放し、どのようにして飛ぶべき方向を知るかを探る。それは放鳥実験と呼ばれ、鳥のナビゲーションを研究するための強力な手段となる。

科学者は、ハトやそのほかの鳥は2段階の「地図・コンパス」戦略を使って移動するのだろうと推測している。まず、放されたとき自分がどこにいたか、元の場所に戻るにはどの方向に移動すればいいかを決める（これは地図を用いる段階だ。人間の言葉で言えば、「自分は鳩舎の南にいるから、北に向かえばいい」と教えてくれる空間座標系だ）。次に、陸標や天体または周囲環境が与えてくれる方位の手がかりをコンパスにして、なるべく目的地にいたる直線コースを選ぶ。地図とコンパスをふくめたシステム全体が、異なる複数種の情報——太陽、星、磁場、地形、風、天候——から構成されているようだ。

ハトの持つコンパス

コンパス部分のあらましは解明されていて、それは鳥（ハトであることが多い）の感覚を奪ったり、強制的に移動させたりした場合に、その鳥が正しいコースから外れるか否かを探った幾千もの実験の成果によるところが大きい。

ハトはヒトと同じように視覚的な生き物だ。鳩舎に戻る際目印として、ふだん見慣れている節くれだったオークの木、川のU字部、生け垣や奇妙な三角形の高層ビルを使わないとすれば変だ。たしかに、鳥類はこうした目印を使う。少なくとも、移動の最終局面ではそうだ。

太陽も役に立つ。ハチと同じく、ハトは太陽をコンパスに使い、正確な体内時計の助けも借りる。体内時計が時間感覚を与えてくれるので、一日のうちどの時間に太陽がどこに位置するはずかを知っている。しかしナビゲーションのコンパスに太陽を使うには、若いハトは太陽の通り道を学ぶ必要がある。このためにハトは一日の異なる時間に太陽の描く円弧を観察し、太陽がどれくらいの速度で動いているか――およそ毎時15度――を知り、円弧の表象を記録する。朝のうちしか太陽を見られない場合には、ハトは太陽を午後のナビゲーションには使えない。ハトは毎日太陽コンパスを較正《こうせい》する。そのために、日没時に地平線近くに見える偏光を使うらしい。いったんこの太陽光の使い方を学ぶと、ハトはほかの手がかりよりこの手がかりを多用する。鳩舎から3キロあまりの距離の地点でも、見慣れた地形より太陽コンパスに頼る。

だが、腑に落ちない点がある。視界を拡散レンズで遮ったハトでも、元の場所に向かって移動して巣にたどり着くのだ。コーネル大学のチャールズ・ウォルコット鳥類学名誉教授によると、拡散レンズで目を覆われたハトは、鳩舎近くまで来ると高い高度でその地点に入り、それから「ヘリコプター」のように地面に下りるという。つまり、ハトはなにか別のものに導かれているのだ。

地磁気センサー

40年以上前、コーネル大学のウィリアム・キートンが、小さな棒磁石をつけられたハトは曇った日に方位を見失い、対照群のハトより鳩舎に戻るのが遅いことを発見した（前者のハトがバーベルを背負わされて苦労していると勘違いしないように注記しておくと、対照群のハトは真鍮でできた磁性を帯びていない「ダミー」の棒を背負っていた）。

地球は巨大な磁石とみなすことができる。極地から出る磁力線は赤道に近づくにつれて弱くなり、地表に対して水平になる。鳥類は地磁気の傾き（伏角）のわずかな変化をも感じ取り、これを頼りに緯度を知るのだろう。

鳥類が渡りの手がかりに磁場を使っているというヒントは、1960年代末に捕獲されたヨーロッパコマドリの実験によって得られた。これらの鳥は室内に入れられ、戸外の手がかりを得られないようにした。ヨーロッパコマドリは一般に北ヨーロッパから南ヨーロッパやアフリカに渡る。「渡りの衝動」と呼ばれる渡りの時期には、捕獲された鳥——飛ぶ力を与えるかのように心拍数があがる——は落ち着きをなくし、どの方向が南かわからないにもかかわらず、どうにかして南に行こうとする。科学者が鳥かごを磁気コイルで覆うと、ヨーロッパコマドリは混乱し、羽ばたいたり飛び上がったりする方向を変えた。しかし、動物がどのようにして磁場を検知しているのかはわかっていない。

ハチからクジラまで生き物の多くが、磁場を感じ取って方位を知る。高感度の電子機器を使えば測定は簡単だ。だが「地磁気ほど弱い磁場を生物学的な材料だけで検知するのは、簡単ではありません」と語るのは、ドイツのオルデンブルク大学で動物のナビゲーションを支えるメカニズムを研究する生物学者ヘンリク・モウリトセンだ。鳥がこの仕事に特化した感覚器官を持つようには見えない。しかし、磁場は体組織を貫くので、体内深くにセンサーが隠れているのかもしれない。

一説によれば、鳥は、一定の波長の光で活性化される網膜内の特別な分子によって磁場を「見る」という。磁場の向きに応じて、磁気信号がこれらの分子の化学反応に作用してその速度を増減する。すると、網膜神経が鳥の脳内の視覚野に信号を送って磁場の向きを知らせる。このすべては原子未満のレベルで起き、電子のスピンもふくむ。ということは、鳥は量子効果を検知できるのかもしれない、という驚くべきことを示唆する。この検知能力は、目につながった前頭部内の領域（クラスターNとして知られる）と関係しているらしい。クラスターNが損傷を受けると、鳥はどの方向が北かがわからなくなる。

鳥は実際にはなにを見ているのだろう？　それを知るのは難しい。たぶんそれは、ぼうっとした明るい点のパターンか明暗パターンで、鳥が頭をどの方向に向けても動かないものだろう。

第二の説は、酸化鉄の微小な結晶でできた磁気センサー——一種の磁針——が鳥の体内のどこかにあるというものだ。このセンサーは磁場の傾きを検知し、それを神経インパルスに変える。

最近まで、科学者はハトのクチバシにこのような微小な磁気センサーを見つけたと考えていた。上側のクチバシの鼻孔内に鉄を多量にふくむ細胞クラスターを6個見つけたのだ。しかし、約200羽のハトのクチバシから採取した25万個の組織切片をさらに調べたところ、どうも辻褄が合わない。この鉄含有細胞の数が個体ごとに大きく異なっていたのだ。わずか200個だったり、10万個だったりした。クチバシに感染症があるハトでは、感染部位に何万個もの鉄含有細胞が集中していた。鉄を豊富にふくむ細胞は磁気検知細胞ではなく、貪食細胞（マクロファージ）と呼ばれる白血球らしい。結局、これらの白血球が食べた赤血球の鉄をリサイクルしていただけだった。

これで話は終わり？　じつはそうではない。新たに得られた証拠によれば、ハトの上側のクチバシの皮膚に近い部分にある磁気受容体が、緯度に応じて変化する磁場強度を記録しているという。ハトのクチバシを脳につないでいる神経を切断すると、そのハトは自分の位置を知る能力を失う。しかしなにが磁気を検知していて、それがクチバシのどこにあるのかはまだわかっていない。

話を複雑にするのは、最近その存在がわかったもう一つ別の磁気受容体だ。今回見つかったのは有毛細胞内にある微小な鉄の球状体――ハトの内耳にあるセンサー神経細胞――で、これはハトが磁場を「聞いて」いることを示唆する。しかし、伝書バトの内耳を切除しても帰巣能力は変わらなかった。

センサーがどこにあるかは別にして、その感受性はきわめて高いようだ。2014年、モウリトセンと彼のチームが『ネイチャー』誌にある論文を発表した。都市部にある人工的な電子機器が発するきわめて微弱な「電磁雑音」でも、渡り鳥であるヨーロッパコマドリの磁気コンパスが妨害されるらしい。ここで問題になっているのは都市近郊の電波塔や高電圧の送電線ではなく、あらゆる電気機器が発する背景雑音だ。この発見で科学界に衝撃が走った。もしこれが事実なら、この種の「電子スモッグ」によって、鳥類は生死にかかわる重大なナビゲーション問題にすでに直面していることになる。

科学者は長いあいだ、鳥の磁気コンパスは曇った日のための一種のバックアップシステムだと考えていた。だがこれは完璧な誤りだった。太陽のコンパスとともに、磁気コンパスは鳥のナビゲーションに必要不可欠だったのだ。ということは、鳥は互いに協力して作用する異なるタイプの磁気受容体を持つおかげで、磁場のわずかな変動さえも検知することができるのかもしれない。鳥はなるべく体を軽くするように進化してきたが、ナビゲーションにかんしてはやや過剰なほど機能が充実している。だから、地中海を渡るハトは月のない夜でも北アフリカの越冬地への道を見つけられるのだ。

認知地図

ここまでは、ナビゲーションを可能にするコンパスについて述べてきた。鳥のナビゲーションには、なにか別の地図のようなものも必要になる。正しい方向に移動するには、移動の出発点と、それと目的地の関係を知る必要があるからだ。鳥はそのようなものを持つだろうか？　頭の中の地図らしきものを？

こうした考えが生まれたのは1940年代だった。カリフォルニア大学バークレー校の心理学者エドワード・トールマンが、哺乳類は空間環境の認知地図を持つかもしれない、とはじめて提唱した。トールマンは、特殊な迷路にいるラットが褒美の餌がある目的地にたどり着く新しくより近いコース、つまり近道を考え出すことができるのを見て取った。彼はこう述べた。「学習するあいだに、環境の現地地図のようなものがラットの脳にでき上がる」。この地図にはコース、道、行き止まり、そして環境の関係性が載っていて、ラットは後日これを思い出す（トールマンの認知地図研究に共感した人びとは、愛情を込めて「トールマン狂」と呼ばれる）。

トールマンは人間も認知地図を作成すると主張し、これらの地図は空間のみならず「人間界という、偉大な神がお与えになった迷路における」社会および情動的関係のナビゲーションも可能にする、と大胆にも唱えた。狭量な地図を持つ者は他者を低く見るようになり、最後には「少数者に対する差別から世界の大炎上まで」さまざまな方法で「よそ者に対するきわめて危険な嫌悪感」を表すようになる、とトールマンは述べた。では、この問題に解決策はあるだろうか？　より大きな地理的境界をふくみ、私たちが「他者」と考える人びとをも包含し、共感と理解をもたらすような広い認知地図をつくればいいのだ。

空間情報にかんする並外れた記憶力

　鳥が外的世界――社会的あるいは情動的なものではないにしても――の心的地図をつくるという発見は、トールマンがおこなったような迷路実験をハトにやらせることで得られた。すると、ハトはラットと同じように空間情報にかんする並外れた記憶力を持つことがわかった。ハトは一度行ったことのある場所の陸標を覚えている。それがどれほど離れていて、どの方向にあるかを頭の中に書き留めているのだ。そしてこの情報を使って新たな場所に行く。

　それは小規模ナビゲーションと呼ばれ、鳥の中にはこれがとくにうまい種がいる。なかでもチャンピオンは、ハイイロホシガラスやアメリカカケスなど「分散貯食」する鳥たちだ。カラス科に属するこれらの鳥は、空間記憶がとりわけ優れている。

　ハイイロホシガラス（*Nucifraga columbiana*）は明るい灰色をしたカラスに似た鳥で、きれいな黒い翼をもち、キャンプ地で餌をあさる習性から「キャンプ泥棒」のあだ名がある。北アメリカ西部のロッキー山脈やそのほかの高山に棲息する。山岳地帯の厳しい冬を生き延びるため、一羽のハイイロホシガラスは一夏で3万個のマツの実を集め、一度に最大100個の実を舌下にある特殊な袋に入れて運ぶ。これを、約1000ないし1000平方キロもの土地に分散した最大5000ヵ所に埋める。後日、方々に分散した宝を見つけるのだ。ハイイロホシガラスは自分自身の貯食場所を覚えていて、ちがう場所を探したりせずにまっすぐその場所に行く。自分がマツの実

写真　ハイイロホシガラス（提供：Visuals Unlimited, Inc./PPS通信社）

を埋めた場所を見つけるには、ほぼ完全に記憶に頼る。雪、落ち葉、岩や土壌の移動など季節変化によって地形が大きく変わっても、その場所を9ヵ月は覚えていられる。

マツの実は小さいので、貯食場所もまた小さい。ハイイロホシガラスはやはりとても小さなシャベル、自分の短剣のようなクチバシでこの宝を掘り出す。目的地を探しあてるにはミリメートル単位の精度が必要になる。貯食場所の記憶がほんのわずかでもまちがっていれば、宝は見つからない。ハイイロホシガラスは10回のうち7回は成功する（私が車の鍵を置いた場所やトマトの種を植えた場所を覚えていられないのを考えると、立派な成績だ）。

問題は、ハイイロホシガラスが埋めておいたマツの実をどのようにして見つけるかにある。嗅覚は関係ない。一説では、この鳥は、雪が降っても全体が覆われることのない木や岩など背が高くて大きい目印の心的地図を作成する。これらの目印を基準にして距離、方向、さらには幾何学的な規則やパターンも使って貯食場所を記憶する。たとえば、ある貯食場所が2つの背の高い目印の中間地点、あるいは2つの目印と目的の場所がつくる三角形の第三ポイントにあると覚える。だが、そんな場所を5000ヵ所覚えることを想像してみてほしい。

未来を計画する

社会的トリックの天才アメリカカケスは、自分がどこに餌を埋めたか（誰が見ていたか）のみならず、そこにいつ、なにを埋めたかまで覚えている。これが重要なのは、この鳥がナッツや種子だけでなく果実、昆虫、幼虫など腐敗する時間がちがう餌も蓄えるからだ。気温が高ければ、埋めておいた昆虫は数日のうちに腐ってしまうが、ナッツや種子は数ヵ月もつ。

ケンブリッジ大学のニコラ・クレイトンと彼女のチームは、この鳥が腐りやすい餌から掘り出し、ナッツや種子など腐りにくい餌を掘り出すのを後回しにすることを示した。アメリカカケスは餌の腐りやすさにもとづいて、どの餌を回収するかを決める。腐りやすい餌を早く回収することを思い出すには、貯食場所、餌の種類、貯食日時が必要になる。過去の特定のできごとにかかわる「なに」「どこ」「いつ」の情報は、ヒトのエピソード記憶（個人的な経験を記憶する驚嘆すべき能力）に似ていると考えられている。ヒトと同じく、鳥は過去に起きたできごと（なにを、いつ埋めたか）に照らして、現在あるいは未来になにをすべきか（餌を掘り出すか、埋めたままにしておくか）を決めるようだ。

クレイトンと彼女のチームは、追加実験によって、アメリカカケスに一種の計画能力または少なくとも予見能力があることを強力に示す結果を得た。この能力があるおかげで、アメリカカケスは未来の生存可能性を高めるような柔軟な行動を取ることができるのだ。

アメリカカケスが未来を計画するか否かを探るため、クレイトンらは8羽のアメリカカケスを2つの異なる小部屋のある大きな鳥かごに入れた。片方の小部屋にはつねに朝食があり、もう片方にはなかった。餌を与えられずに一夜を過ごしたアメリカカケスを、朝になって一方の小部屋に入れた。2つの小部屋でそれぞれ朝を3度過ごしたあと、アメリカカケスは夜にマツの実を与えられた。腹一杯食べて、残ったマツの実をどちらかの小部屋に保存することを許された。するとアメリカカケスはマツの実を「朝食のない」小部屋に保存した。つまり、翌朝に腹を空かせることを予想したと思われる。

次に、クレイトンらは実験に少々ひねりを加えた。各小部屋で異なる餌を与えたのだ。片方でピーナッツ、他方でドッグフードだった。この場合には、アメリカカケスは残った餌を両方の小部屋に平等に分けた。どちらの小部屋にも同量の餌を保存したのだ。

カケスを使ったさらに次の実験では、クレイトンと同僚のルーシー・チークは、この鳥があとで食べたいと思っているらしい、特定の餌（このところ与えられていない餌）を保存することを突き止めた。つまり、いま食べたいという気持ちを抑えて、今後の備えを計画しているように見えるのだ。「カケスが未来を『あらかじめ経験する』のか否かはまだわかっていない」と2人は書く。「しかし、カケスが現在と異なる未来の動機のために行動することができて、しかも柔軟に対応するという強力な証拠が実験で得られた」

この研究は、少なくとも一部の鳥がメンタルタイムトラベルの2つの重要な部分——過去（どこで、どんな餌を与えられたか）をのぞき込む能力と、未来（明日はなにを食べたくなるか、どこに餌を保存すべきか）を見る能力——を持つことを示唆する。この能力はかつて人間に特有なものだと考えられていた。

高度な地図づくり

ふたたびアメリカカケスの空間能力に戻ろう。じつは、この鳥にはまだ別の能力がある。私たちが知ったように、アメリカカケスはそれぞれが埋めた餌を盗み合う。驚くことに、この鳥は移動された餌と移動されなかった餌を同等の割合で回収することができる。盗みをはたらくほうのアメリカカケスも、彼独自の高度な地図を作成する。別の個体が隠した餌を探し当てる際には空間記憶に頼る。遠くから貯食行為を見ていた場合や、目撃時とは別の方角から近づく場合でも、特定の場所を思い出すことができる。

ハチドリにもこれと似た小規模なナビゲーション能力があるようだ。

毎年春になると、私の友人デイヴィッド・ホワイトはヴァージニア州中部にある自宅の庭で、

写真　ノドアカハチドリ（提供：AGE/PPS通信社）

バンジーコードに花蜜フィーダーをS字形のフックでつるす。それ以外の季節はアライグマが蜜を盗みにくるのでフィーダーをつるさないが、コードとフックは翌年の4月のために残しておく。ときどき、フィーダーをつるすのを忘れる年がある。ところがうれしいことに、例年彼がフィーダーをつるす4月13日ごろの1〜2日前になるとノドアカハチドリがかならずやって来て、なにもつるされていないS字形フックのあたりでホバリングして思い出させてくれる。ハチドリはいつ、どこにいるべきかを心得ているのだ。

私は、花の蜜を吸うこの鳥が春になると窓花壇にやって来て、花々のあいだをブンブン回るコマのように飛び回るのを見てきた。まるでエネルギーの塊を見ているようで、翼はぼんやりとしか見えない。ノドアカハチドリは約3グラムで、これは旧ペニーより軽い。

わが家の花壇を飛び回るノドアカハチドリは同じ花に二度行くことはない。ということは、これらの鳥は頭の中に蜜を吸った花と吸っていない花の地図を持つのだろうか？（ホワイトのノドアカハチドリの場合は、近所にあるすべてのフィーダーの地図を持っているのか？）

窓花壇の少数の花々を覚えていることと、ハチドリの典型的な縄張り内にある数千本の花々を覚えていることとでは、まったくレベルがちがう。それでも、この鳥がこの種のエネルギー節約術に脳を使うのは自然なことだ。ハチドリは大量のエネルギーを使う暮らしをしている。１秒あたり最大で75回という高速で羽ばたくだけでなく、ライバルをすばやく追い払い、メスの気を引くための急降下、尾羽の振り、ジグザグ飛行をするのにもエネルギーを使う。空中レースをするために、一日に数百の花から蜜を吸う。すでに蜜を吸ってしまった花にまた行くような無駄はしたくない。そこで蜜を吸った花を覚えておく。花を記憶するにはその色、かたち、そのほかの情報ではなく、餌を蓄えておくカケスやホシガラスと同じく、空間的な手がかりに頼る。

セント・アンドルーズ大学のスー・ヒーリーは、野生のハチドリの認知能力を研究している。彼女が研究対象にしているのはアカフトオハチドリで、蜜を吸う花々を戦闘的かつ精力的に守る明るいオレンジ色の小さな鳥だ。ヒーリーがおこなった最近の研究によれば、このとても軽い生き物は、目立った特徴のない広大な草原の花やフィーダーの空間的な位置を、たった一度数秒訪れただけで覚えられる。しかも、花自体がもうない場合でも、同じ位置に高い成功率で戻ることができる。また個々の花の蜜の質と量、そしてふたたび蜜がたまるまでの期間を覚えていて、蜜がまたたまってからその花に戻る。

ハチドリが、狙いを定めた花に近づくのにどのような空間情報を使っているのかは、まだわかっていない。ヒーリーの研究によれば、貯食する鳥と同じように、この鳥は心的地図の基盤に陸標を使うらしい。しかし、これは簡単な話ではない。ヒーリーの観察によると、近くにある陸標は「（少なくとも人間の目には）驚くほど均質だった。地面はとても平坦で植生に覆われていた」。しかも遠くの陸標――草原を囲む樹木、谷を形成する標高約900メートルの山々――は草原のどの地点からでもとてもよく見えた。しかし、鳥がそれほど大きな陸標をどう使って特定の花やフィーダーがある、もしくはあるべき場所を正確に見つけるのかははっきりしない。

ハトは飛ぶロボットか？

科学者は、伝書バトがこれと似たような地図を頭の中に持ち、この地図には異なる位置が記憶されているが、その規模はより大きいと推測していた。この考えを実験室の外で試してみようという人はこれまでいなかったが、最近ニコール・ブレイザー（当時チューリッヒ大学博士課程の学生だった）が見事な実験を考え出した。

ブレイザーは、ハトが環境内の手がかりに対してロボットのような単純な反応によってではなく、脳内にある真のナビゲーション地図によって飛ぶことを示したかった。この地図によってハトは異なる目的地とそこにたどり着く最適なコースを選ぶことができる、と考えていた。

ハトが一種の「飛ぶロボット」なら、ナビゲーションは比較的単純な2段階の過程になる。まず、未知の位置で得られる磁気信号などの環境内の手がかりを、既知の位置（たとえば自分の鳩舎）のそれと比較する。次に、2ヵ所の手がかり間の差異が一貫して減るような方向に移動する。このロボットのような「鳩舎中心」（ブレイザーの言葉）の戦略では、鳥はただ一つの位置（自分の鳩舎）を覚えていて、環境内の手がかり間の差異をたどって鳩舎に戻る。

ハトが多数の位置を示す真の地図を頭の中に持っていることは、どうすれば証明できるだろう？

ブレイザーは、腹の空き具合が異なる131羽のハトを自分の鳩舎か餌のある鳩舎のどちらかに自由に飛ばさせてみようと考えた。まず、彼女はすべてのハトを訓練して餌のある鳩舎を認識するようにした。毎日、ハトを車に載せてある場所へ行き、そこで餌を食べさせた（ハトの研究はとても手間がかかる）。その上で、餌のある鳩舎から段階的に遠くなる鳩舎でハトを放し、その反対の移動もさせて、どちらの鳩舎からも他方の鳩舎に問題なく飛べるようにした。

訓練後、両方の鳩舎から約30キロ以内の等距離にある、まったく未知の場所にハトを連れていった。ハトの半分に餌をやり、残りの半分は空腹のままにした。ハトを全部放した。すると、腹いっぱい食べたハトは自分の鳩舎に戻ったが、腹を空かせたハトは餌のある鳩舎に向かった。地理的な障害物（2つの湖と山脈）のみ迂回し、その後コースを修正した。腹を空かせたハトの中に、自分の鳩舎にいったん戻ったハトは一羽もいなかった。

もしハトがロボットのように「鳩舎中心」に飛行しているなら、まず自分の鳩舎に向かって飛んで見慣れた地形に戻り、そこから餌のある鳩舎を目指すだろうとブレイザーは言う。

空腹を満たすことができる場所にまず向かうのは2つの点で意味がある、とブレイザーは述べる。まず、ハトが動機にもとづいて目標を選べることがわかる。それ自体が認知能力と言える。また、ハトが頭の中に真の認知地図を持っていることもわかる。この地図は、少なくとも2つの既知の場所を基点とした、自分がいる未知の場所の情報をふくむ。

海馬——地図のありか

では、ちっぽけなハト脳のどこにそのような地図があるのだろうか?

それは私たちの脳内と同じく海馬である。海馬は私たちに空間識を与える神経網だ。私たちがこのことを知っているのは、トールマン狂で解剖学者のジョン・オキーフの研究のおかげでもある。オキーフは1970年代にラットを対象におこなった迷路実験でのめざましい発見によって、メイ゠ブリット・モーザーとエドヴァルド・モーザーとともに2014年のノーベル賞を受賞した。ラットが迷路を歩くあいだの脳活動を研究中、オキーフとリン・ナデルは、ラットが特定の場所にいるときにのみ海馬の特定の細胞が発火することを発見した。ラットが迷路を歩くと、これらの「場所細胞」がラットの移動パターンに正確に一致する空間パターンで発火した。

ヒトの脳では、海馬はタツノオトシゴのようなかたちをしていて、内側側頭葉の奥深くに位置する。鳥の海馬はボタンか小さなトードストゥール（唐傘のようなかたちの毒タケ）のようなもので、脳の上に載っている。しかし鳥とヒトのどちらでも、この組織が心的地図――そして記憶――を保存している。実際のところ、私たちの記憶は、あるできごとが起きた場所と関連づけられているようだ。最近の研究によれば、私たちができごとを思い出すとき、そのできごとが起きた場所を保存する海馬内の場所細胞がふたたび発火するので、私たちは時間と空間の両方で記憶を探し当てることができる。自分が歩いたあとをたどると、なにを探していたのか思い出す理由がこれでわかる。ある思考の記憶は、それが最初に起きた場所とつながっているのだ。

鳥の海馬は空間情報を処理するのに重要な役割を果たす。一般に、大きな海馬は良好な空間能力を意味する。貯食する鳥は、同じ脳の大きさと体重から予測される大きさの2倍以上ある海馬を持つ。たとえば、コガラの海馬はスズメのそれの2倍ある。

ハチドリはこの点でほんとうに自分を誇りに思っていい。脳全体の大きさに比して、ほかのどの鳥よりも大きな海馬を持つのだから。ハチドリの海馬は、貯食する鳴禽、貯食しない鳴禽、ウミドリ、キツツキのそれの2～5倍ある。ユミハシハチドリとして知られる大型のハチドリの脳はハゴロモムシクイと同じくらいの大きさだが、その海馬はほとんど10倍ほどもある。ベネズエラやブラジルで蜜を吸うショウガやトケイソウの位置、分布、蜜の量を覚えるためだ。

ミツオシエやコウウチョウなどの托卵鳥も、同じ科に属する托卵しない鳥に比べて海馬が大きい。「これはもっともな話です」とルイ・ルフェーブルが語る。「ミツオシエは、タイミングがぴったり合う巣を見つける必要があります。翌日には卵がかえりそうな巣に卵を産み落としたら、自分の卵はかえらなかった卵として巣の外へはじかれてしまうでしょう。一方で早すぎると、托卵される仮親はまだ卵を産んだり抱卵したりする時期ではないかもしれません。つまり、托卵鳥のメスはたくさんの巣の位置とその状況を把握しなくてはならないのです」

コウウチョウのメスはオスより海馬が大きい。またウェスタンオンタリオ大学のメラニー・ギグノーと彼女の同僚たちが最近発見したように、空間能力もオスより高い。大半の動物ではオスのほうが優れた空間能力を有するが、鳥類では托卵鳥が例外になる。コウウチョウのメスは托卵できそうな巣を見つけて観察し、時期を見計らって再訪する。托卵先の巣を見つけるには樹冠を観察する。頃合いの巣が見つかると、夜明け前のまだ暗いうちに巣に行って卵を産み落とす。実験室でギグノーは、コウウチョウのメスがオスより空間記憶タスクではるかに高い成績を取ることを確認した。このことは、高い空間能力がかならずしもオスに特有のものではなく、托卵鳥の繁殖という生態学的な要求に応じて進化することを示唆する。

伝書バトの海馬——何が大きさを決める？

クジャクバト、パウター、ストラッサーなど観賞用のハトと比べて、伝書バトは海馬が大きい。しかし、伝書バトの海馬が持つ能力は遺伝ではない。苦労の末に獲得したものだ。

しばらく前におこなわれた優れた実験で、伝書バトの海馬の大きさがその使用頻度に依存することが突き止められた。実験では科学者が、ドイツのデュッセルドルフの同じ鳩舎で20羽の伝書バトを飼育した。巣立ち後、半数があたりを飛び回って鳩舎の位置とその周辺について学ぶことを許された。最長で約２８０キロのレースにも何度か参加した。残りの半数は自由に飛べるほど大きい鳩舎で過ごした。つまり、後者のハトはもっと自由を与えられた10羽と同等の運動量があったものの、ナビゲーションの練習はできなかった。すべての伝書バトが繁殖できるほど成熟したとき、科学者はこれらのハトの脳と海馬の体積を測定した。ナビゲーションの練習をしたハトの海馬は、しなかったハトの海馬より10％以上大きかった。この脳の膨大が起きる生物学的なメカニズムはわかっていない、と彼らは言う。「既存細胞の細胞体が大きくなるのかもしれません」と彼らは推測する。あるいは、脳細胞が新たにつくられるか（おそらくニューロンではないと思われる）、「血管新生が亢進するのかもしれません」。

ヒトの海馬――GPS依存は何をもたらすか？

いずれにしても、ハトの海馬の大きさはそのハトの経験、そしてそのナビゲーションスキルがどれほど頻繁に使われたかを反映しているのかもしれない。言い換えれば、それは使用によってかたちづくられるのだ。高い能力を誇る近代のナビゲーター、ロンドンのタクシー運転手にかんするいまでは有名になった研究で、イギリスの研究者たちはこのことがヒトにもあてはまるらしいことを発見した。ロンドンでタクシードライバーとして働く免許を得るには、「ノリッジ試験

(Knowledge of London)」と呼ばれる厳しい試験に合格しなければならない。このためには2万5000本ほどある通りの空間的配置と、数千もある陸標を覚えなければならず、この有名な研究をおこなった科学者はロンドンを「世界一入り組んだ町」と呼んだ。迷路のように込み入ったロンドンの道路を知り尽くすには2〜4年かかる。まだ経験の浅いロンドンのタクシードライバーやロンドンのバス運転手と比べて、長年タクシードライバーをしてきた人は海馬の後部の灰白質が多いことを、これらの科学者は発見した。

このことはある難しい問題を提起する。ヒトの海馬がナビゲーション経験によって大きくなるのであれば、ナビゲーションをしないと何が起きるのだろう？　GPSのように、ナビゲーションに脳が必要とされないテクノロジーにすっかり依存したらどうなるのか？　GPSは、ナビゲーションが要求するスキルをきわめて純粋な刺激—応答行動（左に曲がる、右に曲がる）に変える。科学者の中には、このテクノロジーに過度に依存すれば私たちの海馬は縮小してしまう、と恐れる人もいる。実際、マギル大学の研究者たちがGPSを使う年配の人、使わない年配の人を比較したところ、自分の判断で車を運転することに慣れている人の海馬はそうでない人の海馬より灰白質が多く、総合的な認知能力の衰えが少なかった。認知地図を形成する習慣を失うと、私たちは灰白質を（もしトールマンが正しいなら、灰白質とともに社会的理解の能力をも）失う。

心的地図はどれほど大きいか？

鳥の心的地図がどこにあるのか、私たちにはわかっている。しかし、それはどれほど大きいのだろう?

ある10月の早朝、私はデラウェア州ヘンローペン岬のビーチでこのことについて考えていた。夜明けはぐっと冷えこんだ。水温が下がっている。岬の湾に面する岸辺で、私はミサゴとの出合いを期待していた。しかし大型の鳥はその大半がもうすでにいない。アマゾン地方の暖かい湿地で冬を過ごすために、ペルーかベネズエラを目指して南へ下ったのだ。

それでも、まだ一部の猛禽類とこれらの猛禽類の餌になる鳴禽は渡りの季節のピークにある。メイ岬のデラウェア湾全域で、コチョウゲンボウがチョウゲンボウ、ハヤブサ、アシボソハイタカ、クーパーハイタカなどとともに移動中にあり、途中でやはり渡りの最中にある小型の鳥を餌にする。メイ岬には、茶色の小さな鳥がたくさんいる。ヒドゥン・バレーの茂みや「ビーナリー(大衆食堂)」として知られる農地には、明るい色調のオウゴンヒワやキヅタアメリカムシクイ、ヤシアメリカムシクイ、そして渡りのピークに乗り遅れたキイロアメリカムシクイやズグロアメリカムシクイ、アカメモズモドキがまだ残っていた。

寒冷前線が下りてくると、何万、いや何十万という鳴禽がいっせいにこの地を通過して渡っていく。たまたまハイビー・ビーチの堤防からこの様子を見ていたとしたら、それは驚くべき光景にちがいない。これらの新熱帯区の渡り鳥は、ここで数日間休んで餌を食べてから夜空へ飛び立っていく。南へ下る鳥たちの黒い姿が秋の夜空に散らばっている景色を想像するのは楽しい。

岸辺をさらに歩いて湾から出ると、沖合では厚い霧が水面を覆っている。それが巨大な灰色の波のように寄せてくるのを、好奇心に駆られて眺めた。突然、塩の香りのする霧が私を包みこんだ。海岸の砂漠が霧に溶けこみ、1メートルほど先すら見えなくなった。それは奇妙で混乱を来すような感覚だったが、ただそれだけのことだ。海岸線をたどって砂漠に戻るのは難しくなかった。

海上で霧に包まれるのはまた別の話だ。ハーヴァード大学の物理学者ジョン・フートが、ちょうどこの時期の晴れた日にカヤックでナンタケット海峡に漕ぎ入れたときのことを話してくれた。まったく前兆はなかったのに、濃霧に包まれたという。カヤックのベテランだったフートは、出発前に重要な手がかりを頭に叩きこんでいた。とくに風向きと波向を忘れなかった。「私は海岸から離れないようにした」と彼は書く。「だから霧で陸標が見えなくなっても、どっちに行けば陸に上がれるかがわかっていた」。だが、その日近くでカヤックに乗っていた別の2人は、フートほど幸運ではなかった。彼らはどうやら方角を見失ったらしく、大波にさらわれて溺れ死んだ。

フートが指摘するように、初期の人類は航海をするときに自然の手がかりを頼りに方位を知ったはずだ。ポリネシアの航海者は、星が昇って沈む位置を自然のコンパスとして使った。アラブ圏の交易者はインド洋を渡るのに風の匂いと感触に頼った。ヴァイキングは太陽の位置で時刻と方位を知った。太平洋上の島々の航海者は波向を読んだ。学習すれば、人は太陽や月や星、潮流や海流、風や天気を入念に観察することで、進むべき道を知ることができる（世界中にある言語のおよそ3分の1が、人が位置する空間を左右ではなく基本方位で表すと知って、私は興味を持った。こうした言語を話す人は見知らぬ土地でも方向を見失わず、自分がいる場所を把握するのに長けている）。しかし地図やGPSがなければ、おおかたの現代人にとって航海は難しいだろう。

一方で、空を渡る鳥は暗闇や霧の中でもめったに方向を見失わない。ハトと同じく、これらの鳥は目に見える陸標、太陽、磁場などの方位にかんする手がかりに頼る。

夜になると星を手がかりにする鳥がいるが、それは私たちが考えるような方法ではない。これらの鳥は星座表を持っているわけではなく、北極星を中心とする夜空の見かけの回転を学習するのだ。生まれた最初の夏、ヒナは星がまたたく夜空の回転中心を探す。北半球では、この回転中心は北極星なので、ヒナはこれを北と解釈することを学ぶ。南へ下るには、この星に背を向ければいいのだ。いったん星座を使ったコンパスができ上がると（たった約2週間しかかからない）、ヒナは星が一部しか見えていなくても、それによって方位を知る。

星を手がかりにナビゲーションをするのが知性の証しでないのはわかっている。なんと言っても、コガネムシ——ほかの動物の糞の小さな玉をつくって、あとで食べることで知られる——も銀河の光を使って夜でも方位を知るのだから。それでも、鳥が星々の回転をもとに南北の方位を知るのは、私には驚嘆すべき能力に思える。

ときには渡り鳥も、嵐などの自然現象によって進路から数百、まれに数千キロ外れることがある。いわば、自然による巨大なスケールの放鳥実験だ。大半の渡り鳥は、これほど進路から外れても目的地に到達する道を見つける。この能力は、これらの鳥の心的地図がきわめて大きいことを示唆する。

はぐれ鳥

ヘンローペン岬には2012年に来たいと思っていたのだが、その計画はハリケーン・サンディによって阻まれた。岬に到着する予定のわずか1~2日前、このスーパーストームが南から近づいてきていて、その目は真っすぐ岬を目指していた。あえて行かなくてよかった。ハリケーンはヘンローペンを直撃し、道路は冠水し、橋は崩壊し、駐車場や小道に砂が積もった。

サンディが去ったあと、北アメリカ大陸の東側全域がはぐれ鳥（vagrant）だらけになった。Vagrantという単語はもともと、なんの当てもなくさまよう放浪者のことを指すので、面白い言葉の選択と言わねばならない。それはもともと「さまよう」ことを意味するラテン語の語幹*vagārī*に由来する。進路から外れたり風で吹き飛ばされたりした迷い鳥はその性質上まれなので、あまり見かけない鳥を見つけるのがうまい野鳥観察家の注意を引き、すぐにライフリストに載る。

サンディ襲来後、メイ岬の野鳥観察家は100羽以上のトウゾクカモメを見たと報告した。この捕食性のウミドリは、北極の繁殖地から熱帯の海を目指して南へ渡る途中で内陸に吹き飛ばされたのだろう。別の数百羽がさらに内陸のペンシルヴァニア州でサスケハナ川沿いに南へ飛ぶのが目撃された。セグロアジサシ、ハイイロヒレアシシギ、クビワカモメ（1羽）、オオミズナギドリ（1羽）、ネッタイチョウ（1羽）がいずれもマンハッタンにたどり着いた。数羽のタゲリ――ヨーロッパ産のシギ――がニューイングランドの海岸沿いにある野原で見かけられた。ふつうならブラジル沖の大西洋上で日々を過ごす遠洋の鳥ムナフシロハラミズナギドリ（1羽）が、アパラチア山脈の西側で、海岸から約３２０キロ内陸に入ったペンシルヴァニア州アルトゥーナに降り立った。だが、そこに長くはとどまらなかった。風が収まると、この鳥は南を目指した。たまたまそこにいる鳥をライフリストに載せたいなら、ことを急がねばならない。たいていそんな鳥も1日もしないうちにすぐに飛び立つ。どっちに行けばいいかわかっているらしい。

経験からつくられる地図

太平洋北西部からニュージャージー州プリンストンへミヤマシトドを移動させた実験は、ハリケーン・サンディの攪乱より極端な例で、意図的に長距離を移動していた。この実験をおこなった科学者は、鳥のナビゲーション地図の大きさを知りたいと考えていたのだが、実際に知ることができた。

４８００キロほど強制的に移動させられたあとで、ミヤマシトドがすばやく正しい進路に戻ったのは、この鳥が少なくとも北アメリカ、おそらくは全球をカバーする広大な心的ナビゲーション地図を持つことを示唆した。

さらに実験は、地図が経験にもとづいていることも示した。渡りの経験のない若い鳥は実験であまり良い成績を出せなかったのだ。若い鳥は北アメリカを横断せず、本能のみにしたがって南へ下った。

つまり、鳥は生まれながらに地図を持つわけではなく、学習によって地図を獲得するのだ。まわりの大人を追うことで学ぶのがアメリカシロヅルだ。経験の浅いシロヅルは渡りの進路に沿って大人を追うので、科学者は、鳥の笛吹き男でも追うかのように超軽量飛行機についていくよう若い捕獲シロヅルを訓練することができる。

しかし、どんな鳥でも親のあとを追うわけではない。たとえば、ニシツノメドリのヒナは北大西洋に点在する崖の斜面や生まれた島を夜に出発するが、親鳥が越冬地を目指して繁殖地を飛び立つのはずっとあとのことだ。同じように、ノーフォーク州でイギリスでの季節を過ごす若いカッコウは、コンゴの雨林まで親を追っていくことができない。親鳥は、この若いカッコウが仮親の巣から巣立つ前にすでに南へ出発しているからだ。

それでも若い渡り鳥は（さらわれて国内を横断するように運ばれなければ）、まだ行ったこともない越冬地への数百キロ、数千キロのコースをなんとか見つけることができる。このためには、すばらしい遺伝的な知能、ある方向に何日飛ぶかを教えてくれる生得の「時計とコンパス」

プログラムに頼る。時計は遺伝学的に制御される体内時計で、飛ぶ日数を教えてくれる。これがわかったのは、捕獲して檻に入れた渡り鳥が、通常飛ぶ距離と密接に関係した「渡りの衝動」と呼ばれる落ち着きのない状態を示すからだ。また少なくとも一部の若い鳥は、自分の種に固有で、正しいコースに導いてくれる、遺伝によって受け継いだ一方向のコンパスを備えている。その正しいコースにとどまるために、若い鳥は成鳥が使う手がかりに頼る。太陽、星、地磁気、日没時の偏光などだ（日没は、あらゆる動物にとって移動に有益な情報を豊富に与えてくれる。鳥などの動物が偏光パターン、星、磁場の手がかりを組み合わせられるのは、一日のうちこの時間帯にかぎられている）。

この生得のプログラムのはたらきを知るのは難しく、とりわけきわめて正確で複雑なコースを見つける必要のある鳥類の場合はそうだ。いずれにしても、何らかの手段によって、方向と距離にかんする個々の種に固有の情報が遺伝子にコードされ、世代を超えて受け継がれている。

渡りの復路あるいは翌年以降の渡りでは、鳥は生得の情報には頼らない。実際の移動によって認知地図をつくり、この地図にもとづいて以前渡ったことのある繁殖地や越冬地へのコースを見つけ、風、嵐、そのほかの自然現象によってコースから外れても修正することができるようになる。少なくとも一部の鳥類種では、頭の中にあるこの地図は広大で、大陸そして海洋も網羅する。このことはミヤマシトドやマンクスミズナギドリの例から明らかだ。マンクスミズナギドリを使ったある実験では、ウェールズの営巣地からボストンへ約５０００キロ強制的に移動させられたこの鳥は、わずか12日半で帰巣した。

磁気情報にもとづく地図

この地図はどのような情報をふくむのだろう？　地図はデカルト座標系（直交座標系）のようなもので、環境情報が一定の勾配で予測可能に変化するために、緯度および経度を与えてくれるのかもしれない。クイーンズ大学ベルファスト校のリチャード・ホーランドによれば、この勾配を使うには、鳥は「手がかり（変数）が帰巣コース上で空間（および時間）の変化に応じて予測可能に変化することを学び、学習域外ではその結果を外挿することによって変数の値を得る」。

では、地図の座標のもととなる感覚的な手がかりとはなんなのだろう？　そもそも座標があるのだろうか？　この40年、盛んな研究がおこなわれたものの、私たちはいまだに地図づくりの手がかりについて模索している段階にある。

勾配図は地磁気情報をふくむかもしれない。さきごろ、ホーランドとある同僚が不思議な発見をした。2人は、渡りの途中で休息地に立ち寄ったヨーロッパコマドリを数羽つかまえ、強力な磁気パルスにさらすことで一時的に磁場感覚を攪乱した。その後、これらのコマドリを放した。若いコマドリ（今回はじめて渡りをするコマドリ）はパルスの影響を受けずに、生得のプログラムに導かれて元通りのコースを飛びつづけた。ところが、成鳥は誤った方向に飛び去った。2人の研究者は、成鳥が過去の渡りで磁気地図をつくり、その後の渡りではこの地図にもとづいてナビゲーションをしていたと推測した。そして、磁気パルスによってこれらの地図が「リセット」されてしまい、コマドリの成鳥は混乱したと考えた。

ヨーロッパヨシキリを対象に最近おこなわれた別の実験でも同じような結果が得られた。ニキータ・チェルネツォフとヘンリク・モウリトセン率いるチームが、ロシアのバルト海沿岸にあるカリーニングラードからスカンジナヴィア南部を目指して北に渡る途中のヨシキリを捕獲した。半数のヨシキリは、クチバシから脳に延びる三叉神経を切断された。この神経は磁気情報を脳に伝えると考えられている。その後、ヨシキリを通常の渡りのコースの東側に1000キロ足らず移動して放した。三叉神経を切断されていないヨシキリはすぐに北西へ飛んで、いつもの繁殖地に到達した。ところが、三叉神経を切断されたヨシキリは捕獲前の渡りを再開したかのごとく北東に飛んだ。驚くことに、これらのヨシキリは北がどっちにあるかを知っていたが、自分の位置を知る能力を失っていた。つまり、地図を失っていたようだった。

私たちヒトはきわめて視覚的で、空間にかんしてはとりわけその傾向が強い。目に見えない手がかりによって地図をつくるというのは、私たちには想像しにくい。

音響情報にもとづく地図

勾配図には、もう一つ別の手がかりがふくまれている可能性がある。アメリカ地質調査所の地球物理学者ジョナサン・ハグストラムは、10年以上にわたって鳥のナビゲーションを研究してきた。彼によれば、自然現象で発生する超低周波音、すなわち私たちの耳には聞こえないがおそらく鳥には聞こえる大気中の低周波雑音が、鳥が方位を知るのに役立つ地図の一部かもしれないという。

この雑音（可聴下音）は鳥に嵐の到来も知らせている可能性がある。最近、近づいてくる嵐を予知する能力が鳥類の一部にあるらしい、という驚くべき事実が偶然明らかになった。2014年4月、カリフォルニア大学バークレー校の研究者が、テネシー州東部を走るカンバーランド山脈に棲息する小型のキンバネアメリカムシクイの個体群の背中にジオロケーターを背負わせることができるかどうかを調べていた。これらのアメリカムシクイは、コロンビアの越冬地から5000キロ弱北に飛来してきてまだ1～2日だった。チームがこれらの小型のアメリカムシクイにジオロケーターを取りつけたとたん、すべてのアメリカムシクイがいっせいに営巣地から飛び立った。科学者たちはあとで、「巨大積乱雲」をともなった春の嵐が近づいていたことを知った。この嵐で87個もの竜巻が発生し、35人もの犠牲者が出た。アメリカムシクイは恐ろしい嵐がやってくる24時間前にこの地を逃れて四散し、一部は南方のキューバまで飛んだ。嵐が過ぎ去ると、これらのアメリカムシクイはまっすぐ営巣地に戻ってきた。一部のアメリカムシクイにとって、それは往復で約1600キロもの旅だった。調査をした科学者は、アメリカムシクイはまだ約400～800キロも離れていた嵐をその低音によって知った、つまり竜巻をともなう嵐が出す強力な可聴下音を聞くことができた、と考えた。可聴下音は数百～数千キロ伝わるが、人間には聞こえない。

可聴下音の自然の発生源はたくさんあるが、おもなものが海洋だ。深海で相互作用する波や海面の動きなどによって大気中に一種の背景雑音が発生するが、この雑音は地球上のどこでも低周波マイクで拾うことができる。また、海底で起きる圧力変化によって固体地球に地震波が発生し、この地震波が地面で大気と相互に作用して——ハグストラムによれば「巨大なスピーカーコーンのように」はたらいて——可聴下音を発生し、それが山腹、崖、そのほかの斜面から放射状に広がって長い距離を伝わる。地球上の各地点は、その地形によって形成される特異な音響シグネチャを持つ。ハグストラムの考えでは、鳥はこの音響シグネチャを使ってナビゲーションをおこない、「可聴下音によって」巣を見つけるのだという。

「私たちが地形を目で見るように、鳥は耳で聞いている」とハグストラムは述べる。「おそらく、鳥は巣から遠くにいるあいだは大規模な地形構造が発生する音を聞いていて、巣に近づくにつれてこの耳をすませる対象の構造を小さくする」。言い換えれば、ハトは鳩舎付近がどんな「音がするのか」を知っているのかもしれない。「つや消しレンズで目を覆われたハトは鳩舎から1〜2キロの近所まで戻ることができるが、そこから鳩舎まで戻るには目で確認する必要がある」とハグストラム。「これが、ハトが聞くことのできる大きさの可聴下音を発生できる、最小の地形ではないかと思う」

この説に異議を唱える研究者は多い。「傍証はたしかに魅力的だ」とヘンリク・モウリトセンは認める。「しかし、鳥の帰巣本能の手がかりが可聴下音だと主張する人びとは、そもそも鳥にこの音が聞こえるのか、という問いに答えなくてはならない。答えは得られていないのだ。また、鳥はこの音が聞こえてくる方向を知ることができるのだろうか？　そのためには、両耳のあいだにかなり大きな距離が必要だ（ゾウやクジラくらい）」とモウリトセンは指摘する。彼の考えでは、テネシー州のアメリカムシクイが遠くの嵐を検知した能力をもっとうまく説明できそうなのは、可聴下音ではなく、鳥類が検知できることが知られる大気圧の変化だという。

しかし、もしハグストラムの可聴下音説が正しいなら、約20年前にイギリスとフランスで起きたホワイトテールと6万羽のハトの失踪を解明してくれるかもしれない。あの悲劇のレースであまりに多くのハトが失踪したことに興味を抱いたハグストラムは、レースと同時期になんらかの音響をともなう現象がなかったかと歴史的資料を調べた。果たして、その日に大きな事件があった。レースバトがイギリス海峡を渡ろうとしたまさにそのとき、パリを飛び立ったばかりの超音速旅客機「コンコルド」がハトの飛行コースを横切ったのだ。コンコルドが超音速に達したとき、「ソニックブームのカーペット」が広がった。あまりに大きいこの轟音がハトのナビゲーション音響地図を破壊し、ハトは完璧に方向を見失ったとも考えられる。

ハグストラムの見解は、ハトの帰巣行動に見られる一種のバミューダ・トライアングル（魔の三角海域）——ハトが失踪したり完全に方向を見失ったりする——の存在も説明できるかもしれない。これらの地域の地形が、彼が「音の影（sound shadows）」と呼ぶ壁をつくり出し、ハトの音響方位を混乱させる可能性が考えられる。

この説には異論が多い。リチャード・ホーランドはこう語る。「彼らがあげる相関は強力ですが、それはただそれだけのこと、つまり相関でしかありません」。ハトレースの場合は、可聴下音（ソニックブーム）と方位の攪乱（鳥の失踪）間の相関だ。「これは証拠としては弱いのです」とホーランド。「可聴下音が鳥のナビゲーションに与える影響を実証した実験はまだありません」

匂い情報にもとづく地図

匂配図には、匂いの情報も入っている可能性がある。この説も人の想像力を膨らませるし議論を呼ぶが、多くの実験的証拠によって裏づけられている。鳥のナビゲーションに匂いがかかわっているかもしれないという考えは、フロリアーノ・パピがトスカナでハトの実験をした40年以上前に生まれた。イタリアの動物学者パピと彼の同僚たちは一群のハトの嗅神経を切断し、見知らぬ土地で放鳥した。これらのハトは帰巣しなかったが、嗅神経を切断しなかった群のハトはすぐに帰還した。ほぼ同時期、ドイツの鳥類学者ハンズ・ヴァルラフが、鳩舎をガラスでできた遮蔽物で覆って風が入らないようにすると、ハトはその鳩舎に戻れないことを発見した。こうして「嗅覚ナビゲーション説」が誕生した。この説によれば、ハトは風に乗った自分の鳩舎の匂いを風向きと関連づけ、この情報を使って巣へのコースを見つけるという。

鳥がナビゲーションに嗅覚を使うのであれば、科学者が10年以上にわたって頭を悩ませてきた不思議な進化の謎が解けるかもしれない。その謎は、動物の脳が持つ幾何学的な形状にある。分類学上の目、綱、科、種にわたり、脊椎動物の脳にはある秩序、つまり一種の普遍的なスケールの法則がある。ほぼすべての脊椎動物で、小脳、延髄、終脳にいたる脳部位が脳全体の大きさに応じて予測可能に大きくなるのだ。たいていの場合、ある脳部位の大きさを脳全体の大きさから予測することができる。より最近に進化した脳構造ほど大きいのだ。

自然はときに、こんなすばらしい法則を与えてくれる。

しかし「新しいものほど大きい」という法則にはある重要な例外があって、それは嗅球だ、とカリフォルニア大学バークレー校の心理学者ルシア・ジェイコブスは教えてくれる。嗅球はほとんどあらゆる面でこの法則を破る。

嗅球は嗅覚にかかわる脳の古い部位で、脊椎動物はほぼ普遍的に持つ。この器官は他の脳部位と比べて小さかったり大きかったりすることが多い（進化上の古さを考えるなら、大きい場合はとくに不思議だ）。またその大きさが、同一の目、綱、科に属する動物のあいだでもちがう。このことは鳥類にもあてはまる。ウミツバメ類、ミズナギドリ類、アホウドリ類などの海鳥は鳴禽の約3倍もの嗅球を持つ。嗅球はアメリカガラスでは半球の長さのわずか5％しかないが、ユキドリでは35％を超す。

一部の鳥類の嗅球が大きいことは謎だった。脳内では、大きさはたいてい重要性を意味する。

それは「適切な質量の法則（principle of proper mass）」と呼ばれる。ある機能を担う脳空間が大きければ大きいほど、その機能がその動物の生存にとって重要なのだ。しかし科学者は、鳥は匂いを感じないと長く考えてきた。鼻を使うような仕草――仲間の尻やトリュフの匂いを嗅ぐ――をまったくしないからだ。鳥はより人間に似ていて、高度に進化した複雑な視覚系を持つ視覚中心の生き物に思えた。「ある器官が驚くほど発達するには、別の器官が犠牲になる」と、ある鳥類学者が1892年に書いた。「この場合には、犠牲になったのは嗅覚器官だった」

この見方は大きく変わった。1960年代、匂いをつけた空気にさらされたハトの心拍数が上がることを明らかにした実験のおかげだった。ハトの心拍数がこのように変化したということは、ハトが何らかの匂いを嗅いでいることを意味する。その後、科学者は鳥の嗅球に電極を埋めこんでみた。驚いたことに、鳥の嗅球は、匂いの刺激に対して哺乳類の嗅球と嗅神経が起こす細胞発火と同じパターンを示したのだ。

その後、フクロウオウムやムクドリから、カモやクジラドリ（小型のウミツバメ）まで、調べられたほぼすべての鳥類種が何らかの嗅覚を示した。ニュージーランド産の飛べない夜行性の鳥キウイは、長いクチバシにある鼻孔をとおして無脊椎動物の匂いを嗅ぐことで、これらの獲物を見つける。ハゲワシは腐敗しつつある動物の死骸の匂いを何キロも先から嗅ぎつけることができて、風上に向かって死骸に近づく。アオミズナギドリ――分布密度の低いオキアミ、魚、イカなどを何も見えない海面で捕食する海鳥――は、バラバラにいるこれらの獲物の匂いを巣立ち前にはすでに検知できるようになっている。アオミズナギドリは暗い穴に巣をつくり、月のない夜には匂いを頼りに、密集する営巣地を越えて自分の巣のある穴を見つける。

嗅覚が敏感なこれらの鳥はどれも大きな嗅球を持つ。鳴禽のようにより小さな嗅球を持つ種ですら、大気、地面、植生の匂いを感じ取り、その匂いを使って捕食者や有害な微生物から身を守ってくれる植物を見つける。子育て中のアオガラは、巣箱があってもイタチの匂いがすればその箱には入らない。また、新鮮なノコギリソウ、アップルミント、ラベンダーなどを嗅ぎ分けて、その小枝を巣に持ち帰ってヒナを病原菌や寄生虫から守る。エトロフウミスズメと呼ばれる小型の海鳥が持つ嗅球はあまり大きくないが、それでも毎年夏になると匂いを嗅ぎ合う習慣がある。互いの首筋に鼻をうずめて、皮をむいたばかりの柑橘類に似たその匂いを品定めするのだ。この匂いがするのは繁殖期のみだが、800メートルほど離れた風下にいる人間にもそれとわかるほど強力だ。キンカチョウの嗅球はじつに小さいものの、哺乳類と同じくそれを使って血のつながりのある個体を嗅ぎ分け、近親交配を防ぐとともに身内との協力関係を確立する。

それにしても、なぜ嗅球はこれほど大きさが異なるのだろう？　採餌圧力や繁殖行動に必要な嗅覚の鋭敏性が異なるからだろうか？

ルシア・ジェイコブスには別の考えがある。認知と脳の進化を専門にするジェイコブスは、鳥類をふくむすべての脊椎動物に嗅球が進化した最初の目的は、狩り、採餌、捕食者からの逃走、意思疎通、つがい相手選びではなく、「空間ナビゲーションのための匂いの地図パターンの解読」だった、と語る。匂いの世界はとても動的で、手がかりがつねに動いている。「匂いを検知するには、脳は複雑なパターンを学習する能力を持つ必要があります」とジェイコブスは説明する。実際、連合学習の進化をうながしたおもな力は、一見無関係なものどうし――たとえば、ある鉱物や樹木の香りと巣の方向――の関係性を学習して記憶する能力かもしれない。現在では、鳥の嗅球の大きさは餌や捕食者の匂いを嗅ぎ分ける能力よりも、匂いの手がかりを使ってナビゲーションをする能力と密接に関係していると考えられている。たとえば伝書バトは、帰巣本能のないイエバトに比べてかなり大きな嗅球を持つが、それ以外の点で両者に大きなちがいは見られない。

二重の匂い地図

嗅球が大きい一部の鳥は、小さいけれど詳細な地図を持つようだ。ピサ大学のアンナ・ガグリアルドは、大西洋に棲む外洋性のオオミズナギドリが、海上を移動するのに匂い地図を使っているらしいことを突き止めた。この鳥は餌を求めて海上を広範囲に移動するが、毎年つがい相手を見つけてヒナを育てるために同じ小島を見つけることができる。どうやってこんなことができるのかを知ろうと、ガグリアルドと彼女の同僚たちは、繁殖期にアゾレス諸島の巣にいた24羽のオオミズナギドリをつかまえて、リスボン行きの貨物船に乗せた。一部のオオミズナギドリには小さな棒磁石を背負わせて磁場感覚を攪乱し、残りのオオミズナギドリは鼻孔を硫酸亜鉛で洗って一時的に嗅覚を攪乱した。船が繁殖地の島から数百キロ離れたところで、すべてのオオミズナギドリを放した。磁場感覚を攪乱されたオオミズナギドリは島に帰還したが、鼻を洗われたオオミズナギドリは完全に混乱して何週間も海上をさまよった。島に戻れなかった個体もいた。

匂いのナビゲーション地図は、私たちが知るような二軸座標系とは似ていないだろう。パピ、ヴァルラフ、そのほかの研究者の研究成果にもとづいて、ジェイコブスは匂い空間の二重地図を考え出した。一方は、異なる勾配で混じり合い、匂い空間を小区域に分割するグリッドパターンを持つ、さまざまな匂いの流れの低分解能地図だ。彼女はこの小区域を「近傍区(neighborhoods)」と呼ぶ。匂いの流れには、いわゆる揮発性の有機化合物（匂い源かもしれない大気中の化学物質）が異なる比率でふくまれている。ヴァルラフがドイツ南部にある鳩舎の約200キロ半径内に位置する96ヵ所の大気を採取したところ、有機化合物の比率がかなり安定した空間勾配で増減することがわかった。ハトにとって、化合物の比率の変化は匂いの変化として感じられるのだ。つまり、場所がちがえば匂いもちがうということになる。

鳩舎にいるハトを考えてみよう。ある方向からはレモンの木の匂いが、別の方向からはオリーブの木の匂いがすると考える。ハトがレモンの木に向かって飛ぶと、レモンの匂いが強くなる一方で、オリーブの匂いは弱まる。ハトをそのあいだ（たとえば、レモン20%、オリーブ80%）の「近傍区」で放すと、ハトはその場所に固有の匂いの組み合わせから巣に帰るための情報を突き止める。

もう一方の地図は、匂いの目印の集合——ある特定の場所に特有または固有の匂いの組み合わせ——だ。自由の女神またはロンドン塔の匂いバージョンを想像してほしい。

この匂い地図の概念についてはまだ熱い議論が交わされている最中で、大きな問題がある。匂いは空気で運ばれ、風によって移動する。したがって、いかなる匂いも安定した二軸座標系を形成するとは思えないのだ。「乱流の問題が大きいのは明らかです」とジェイコブスが言う。しかし、鳥やそのほかの動物は乱流をうまく考慮に入れる、と付け加えた。実際、大気中の少なくとも一部の匂いの分布はかなり安定していて、鳥が数百キロという長距離を飛べるような予測可能な勾配をつくるだろう。ただし、この距離を越えればそれは難しそうだ。

問題をさらに難しくするのが、匂いがナビゲーションの手がかりというより動機となる可能性がある点だ。ある研究で、匂いがあると若いハトは本来とは別のナビゲーションをしてしまうことがあると確認された。この研究が正しいと証明されれば、とリチャード・ホーランドが述べる。「自分の巣とはちがう」匂いを嗅ぐと、「ハトはほかの手がかりにもとづいたナビゲーションを始めるかもしれない」。

だがホーランドと彼の同僚たちがおこなった最近の実験によれば、嗅覚を奪われてイリノイ州からニュージャージー州プリンストンへ強制的に移動させられたネコマネドリの成鳥は、嗅覚が正常なネコマネドリのように移動を修正することができなかった。さらに、科学者が「渡りの衝動」期にある渡り鳥の脳内を観察すると、視覚野と嗅覚野の双方で活動が認められた。このことは、匂いが実際に渡りにおいて一定の役割を果たしていることを示唆する。ただその役割が何なのかがわかっていないだけだ。

少なくとも一部が「匂いのモザイク」と「曲がりくねった匂いの目印」でできた心的地図というアイデアは魅力的ではある。ジェイコブスは、鳥が「近傍系」を大まかな地図として使って、自分のおおよその位置と飛ぶ方向を決めると考えている。「陸標系」は学ぶのに時間がかかるが、いったん学んでしまえばより高分解能の地図になる。ということは、このシナリオでは、匂いが2種の手がかりを与えてくれるかもしれない。進化の過程で、海馬はこれら2種の匂い情報のストリームを処理し統合するのに特化するようになった、とジェイコブスは考えている。やがて、海馬は磁気信号や音など他種の感覚的な手がかりを統合することを「学習した」。このことが、脳内のスケール法則において嗅球がこれほど例外的である理由を説明してくれるかもしれない。一部の種では、別種の感覚情報をナビゲーションに使うような進化が起こって、嗅球が縮小したとも考えられるのだ。

気まぐれなハト

鳥の心的地図がまだ……そう……マッピングされていないことに、私は不思議な感動を覚える。いずれか一つの感覚的な手がかりによってすべてが解明できるという、明確な証拠はないのだ。鳥が渡りで使う手がかりは、その渡りの規模、入手できる情報、環境条件（霧に包まれたカヤックに乗った人のように、有力な情報が手に入らなければ、より副次的な情報に頼るだろう）に依存するのかもしれない。あるいは単に、自分の好みで決めているのかもしれない。

たとえばハトが帰巣に使う手がかりは、そのハトの経験または気まぐれで決まる可能性もある。ブレイザーによる伝書バトの研究では、ハトが目的地への直線コースを取ったことは一度もなかった。毎回、ほんのわずかながら異なるコース――コンパスによって選択した方向、地誌的な要素、個々のハトの飛行戦略などを考え合わせた妥協点――を取ったのだろう、と彼女は言う。多くがそのハトがどこで、どう生育したかに依存する。チャールズ・ウォルコットによれば、周囲の匂いにさらされないような鳩舎で育てられたハトは、ほかの手がかりを使って帰巣することができ、嗅覚を奪われても影響されない。同様に、血がつながっていても異なる鳩舎で育てられたハトは、磁場の異変に異なる反応を示す。１羽は磁場パターンに異常があっても巣に戻れるが、もう１羽は影響を受けて方向を見失う。

また個々のハトは気まぐれで、それぞれ自分のやり方で帰巣の手がかりを使うようだ。ウォルコットが、マサチューセッツの有名な山の周辺で育ったハトについて話してくれた。見知らぬ場所で放鳥すると、同じ鳩舎で育った残りのハトとちがって、あるハトは巣に戻る前にかならずいちばん近くの山に飛んだ。別のあるハトは長距離ナビゲーションのチャンピオンだったが、ウォルコットによれば、鳩舎にあと10キロ足らずのところまで来ると、そこで帰巣をうっちゃってどこかの庭に下りる。この点において、鳥類（そしてヒト）の暮らしのあらゆる側面と同じく個々の性質と順応性が勝るのかもしれない。

ウェザー・チャンネルに2個の携帯電話とラップトップ・コンピュータをつなげるのを好む重役のように、ハトは入手可能なあらゆる情報を利用する。コースを決めるのに複数の重複する手がかりを使って、私たちが見たこともないような心的地図を使うのかもしれない。空間グリッドは、二軸座標系というより多軸座標系かもしれない。この多軸座標系には、太陽、星、地磁気、音波、渦巻く匂いの情報がすべて完全に統合されているが、これらの情報がどう組み合わされているかは、いまもって謎のままだ。

認知的統合

この考えは、鳥の脳——そしてヒトの脳——にかかわる新説とぴったり嚙み合っている。神経科学の用語を使うなら、脳は「大規模並列処理をする分散制御システム」だと言える。つまり、脳はおびただしい数の微小な「プロセッサ」——ニューロン——を持ち、これらのプロセッサは並列処理する一方で全体に分散してもいる。したがって脳にとって解決すべき問題は、これらの分散リソースすべて——その動物が知っていることの総体——をどう統合し、課題（たとえばナビゲーション）にどう立ち向かい、不測の事態（嵐など）にどう対処するかになる。

この作業は「認知的統合」と呼ばれる。ハチの脳には約100万個のニューロンしかないが、この作業をやってのける。約1000億個のニューロンを持つヒトの脳もやはり同じことをおこなう。

「ヒトは認知的統合に優れています」と語るのは、インペリアル・カレッジ・ロンドンの計算論的神経科学者マレー・シャナハンだ。ただし、彼もヒトの脳はよく誤りを犯すと認めている。「たとえば、ぼくは流し台のUベンドを外して、中にたまった水をうっかり排水口に流して水たまりをつくったことがあります」。（わが家でも似たような流し台にまつわる体験談がある。ある年のクリスマスパーティーが始まる数分前、私の母が驚愕したように流しの前に立ち尽くしていた。50人分のグリューワインを漉し器にかけようとして、なにを思ったか排水口に流してしまったのだ。客人に振る舞おうにも、残っているのはクローヴ、コショウの実、月桂樹の葉の塊だけだった）。

真のナビゲーションは認知的統合の勝利です、とシャナハンは言う。これを達成するには、脳内にある特定の配線パターンが必要になる。陸標、距離、空間的な関係、記憶、景色、音、匂いすべてが重要な脳部位コアに集められ、次に周辺の脳部位に広がらなくてはならない。彼によれば、こうして「そのときの［鳥の］状況に対する統合された反応が生じる」。

この配線が典型的な鳥の脳でどうはたらくかを探るため、シャナハンは神経解剖学者のチームを編成してハトの脳の解剖学的研究を解析した（彼によれば、ハトはこの目的に最適だが、そのわけはハトが優れた認知能力を持つからだという）。ハトの脳部位間をつなぐ配線を調べた40年分以上の研究結果を調べ、チームはハトの脳の大規模地図（配線図）をはじめて作成した。この地図は、典型的な鳥の脳内の異なる部位がどうつながって情報を処理しているかを示していた。

驚くような結果はあっただろうか？

チームが作成した地図は、ヒトをはじめとする哺乳類の配線地図にとてもよく似ていた。鳥の脳はヒトとは大きく異なる構造を持つにもかかわらず、配線にかんするかぎりヒトの脳と同じように組織されているようなのだ。シャナハンは、彼が言うところの高次の認知に共通する青写真をこの類似性に見出す。平たく言えば、ヒトの脳はいわゆる小規模な世界網で、フェイスブックのようなものだと考えられる。脳の異なるモジュール――領域――は比較的少数のニューロン（ハブノード）によって接続されている。これらのハブノードはほかの多くのニューロンとつながり、ときには長い距離にわたって伸びて、連絡網内のどの2つのノードのあいだにも短いリンクを形成する（フェイスブックで何千人もの「友達」とつながったユーザーを想像してほしい）。認知機能――長期記憶、空間識、問題解決――に重要な脳部位どうしをつなぐハブノードは、全体で脳の「配線コア」を形成する。

シャナハンは、ハトのとくに海馬――ナビゲーションに不可欠な部位――のハブノードが、ほかの脳部位に延びるきわめて高密度な配線を持っていることを突き止めた。

以上を集約するとこうなる。渡り中のタゲリやヨシキリが嵐で国内の反対側にまで吹き飛ばされたとすると、この鳥があらゆる情報源――大陸や海洋の匂い、磁場のシグネチャと異常、太陽光の傾きと夜空の星座――から集めた情報はすべて脳内の配線コアに送られて統合され、その後に脳内の諸領域に広がる。こうしてこの鳥は巣に戻ることができる。

ということは、鳥の脳では小規模な世界網が大規模な世界地図をつくるのかもしれない。こうして春になると、ハチドリはデイヴィッド・ホワイトのフィーダーへの道を見つけられる。キョクアジサシは一方の極から他方の極へと誘導ミサイルのように旅することができる。ひんやりしたある4月の朝、5年ぶりにレースバトのホワイトテールがやっと巣に戻ってこられたのも、そのおかげだ。

第8章　都会っ子のスズメ

究極の新しもの好き

「存続できるのはもっとも強い種でも、もっとも賢い種でもない……それは変化にいちばんよく適応する種である」

これはチャールズ・ダーウィンの言葉とされることが多い（カリフォルニア科学アカデミーにとって都合の悪いことに、かつてこのアカデミーの石造りの床には、この言葉がダーウィンのものとして刻まれていた）が、こう述べたのはじつはルイジアナ州立大学のマーケティング教授レオン・メギンソンだ。

ある5月の早朝、私はこの愛すべき教授の言葉を思い出した。私たちは、春のバード・カウント（鳥類個体数調査）のためにヴァージニア州アルベマール郡のクロスローズ・ショッピングセンターに集合していた。最初に見つけたのは、1羽のオオクロムクドリモドキ、1羽のメキシコマシコ、そして「マムズ・ランドロマット（MOM'S LAUNDROMAT）」という名のコインランドリーの看板の上に巣づくりしているイエスズメの一家族だった。

写真　イエスズメ（提供：Stephen J. Krasemann/PPS通信社）

「私たちはこの鳥たちを『駐車場の鳥』と呼びます」と言うのは、野鳥観察仲間のデイヴィッド・ホワイトだ。

スズメはどこに巣をかけるのだろう？　建物の垂木や、雨樋を家屋に固定するクリップだ。平屋根の下にある換気口、街灯の中、庭の植木鉢にもいる。人工的な構造物から離れていることはめったにない。あるスズメの家族は地下数百メートルにある石炭鉱山に何世代にもわたって巣づくりし、そこで働く人びとに餌をもらって生き延びた。私はかつて、放置されたトヨタ車の排気管にスズメの巣を見つけたことがある。

「これらの鳥は、ヒトが出現する前はどこで暮らしていたのだろう？」とホワイトが尋ねた。

Passer domesticus。この学名が示すとおり、イエスズメは渡り鳥と正反対だ。ずうずうしい客人のように、いったん家に入ったが最後、歓待される時間を

過ぎてもまだ居残っている。一生の大半を人家の周辺で暮らす。驚くほど定住性が高く、選んだ家にずっと棲みつづけ、巣の近くで餌を探し、生まれた家の近くで繁殖する。一方で、イエスズメが地球上で急速に広がったことは伝説になっている。

著書『どこにでもいるイエスズメの生物学（*Biology of the Ubiquitous House Sparrow*）』でテッド・アンダーソンは、スズメの性質を示す、その起源にかかわる説を引用している。その説によれば、スズメは「ヒトの定住地にかならずいた」という。この鳥は、中東で農耕が始まった約1万年前にようやく独立した種となった。別の説では、パレスチナ・ベツレヘム近くの洞窟で発見された化石の証拠にもとづいて、スズメの起源はずっと古く50万年前とされている。いずれにしても、イエスズメはヒトが住む環境ならどこにでもすぐに順応する能力を持つことから、究極の新しもの好きと呼ばれてきた。

人新世を生きる

人間の住み処に順応するスズメの能力には何らかの知能が必要だろうか？　それを持たない鳥の場合はどうだろう？

これは軽い問いではない。鳥類はいまその進化史ではじめての大きな変化に直面している。それはアントロポセン（人新世）――人類が起こした変化によって6度目の大絶滅が進行中の新しい地質年代――がもたらした結果だ。数百万年にわたって鳥類が暮らしてきた棲息地が農地、都市、広大な郊外に変わりつつある。外来種が在来種を駆逐している。気候変動によって、鳥類が採餌、渡り、繁殖に利用してきた降雨帯や気温帯が移動している。多くの種がこうした変化についていけない。だが、ついていける種もある。

イエスズメやその仲間――ハト、キジバト、そのほかのいわゆるシナントロープ［訳注：人間社会の近くで暮らし、人間と共生する生物］――の認知ツールはどこか特別なのだろうか？　そういう心的スキルが備わっているおかげで、これらの鳥はどれほど本来と異なった劣悪な場所でも生きていけるのだろうか？

あるいは、その正反対なのか？　ことによると、私たちが起こしている変化が鳥類を変え、彼らの脳や行動までも変えているのだろうか？　人間が、鳥の持つべき知能を選択しているのだろうか？　スズメのような賢さを？

世界中に広がるイエスズメ

鳥類学者のピート・ダンは、イエスズメを「サイドウォーク・スズメ」と呼ぶ。１８５０年まで、北アメリカにイエスズメはいなかった。現在では、数知れずいる。誰かが持ちこんだはずだ。１８５１年、異常発生したガを退治するために16羽のイエスズメがはじめてブルックリンに持ちこまれた。これらのイエスズメはすぐ新世界に定着したわけではないが、翌年さらにイギリスから送りこまれると、今度は定着して繁栄をきわめた。個人や帰化協会が旧世界の動植物を自宅の庭や公園に持ちこみ、これがイエスズメの拡散を助けたことはまちがいない。それにしても、この鳥の広がりようは驚異的だ。

導入されたイエスズメにとって、穀物とウマの糞がたくさんある土地は住み心地がよかった。急速な増殖と拡散を重ねて農耕地帯に入りこみ、見つけられる食料源――穀物、小果実、あるいは庭に植わった汁気が多くておいしい植物（新鮮な豆、カブ、キャベツ、リンゴ、モモ、プラム、ナシ、イチゴ）――を片っ端から食べた。イエスズメの導入からわずか数十年後の1889年、この鳥の退治のみを目的としたスズメクラブが設立され、郡や州当局は退治したスズメ1羽につき2セントの報奨金を出した。

やがてイエスズメはアメリカとカナダ全体に広がり、海抜マイナス85メートルのカリフォルニア州デスヴァレーや、海抜4000メートルを超えるコロラド州のロッキー山脈など極端な環境にも適応した。南にも広がってメキシコに入り、ティエラ・デル・フエゴ島など中南米に至り、パンアメリカン・ハイウェーをとおってブラジルの雨林にもたどり着いた。ヨーロッパ、アフリカ、アジアでは、フィンランド北部、北極地方、南アフリカ共和国、シベリアにも広まった。

現在では、地味なイエスズメは世界でもっとも広く分布する野鳥で、世界全体を合わせれば約5億4000万羽の個体数を誇る。南極以外の大陸すべて、そしてキューバや西インド諸島からハワイ諸島、アゾレス諸島、カーボヴェルデ諸島、果てはニューカレドニアまでどこの島々にもいる。テッド・アンダーソンは、自宅のリビングでラジオやテレビで世界のニュースを視聴していると、イエスズメ特有の鳴き声が聞こえると書いている。

害鳥

私がメリーランド州で子ども時代を過ごしていたころ、イエスズメは「害鳥」と嫌われていた。鳴き声がうるさく、好戦的で、おせっかいなだけでなく性悪で、「益鳥」――イワツバメ、コマツグミ、なかでもルリツグミ――をいじめて追い払うことで知られる。

こうした評判にもそれなりの根拠がある。１９７０年代末から１９８０年代初期の6年にわたって、パトリシア・ゴワティという科学者がサウスカロライナ州にあるルリツグミの巣箱を観察したところ、巣箱の中で28羽のルリツグミの成鳥が死んでいるのを見つけた。うち20羽は頭や胸にひどい傷を負っていた。「18羽の頭が血まみれで、羽をむしりとられ、頭蓋骨が割れていた」と彼女は述べている。これらの鳥が死ぬ前後に、20個のうち18個の巣箱でイエスズメが観察された。

念のため、傍証を見てみよう。ゴワティは、イエスズメが実際にルリツグミの頭を割るところを見たことはない。それでも、犠牲になった鳥の遺骸の上にスズメの巣があるのを3度発見している。ある死んだルリツグミの右翼は、「上に伸ばされて、イエスズメの巣の一部になっていた！」と彼女は書く。

イエスズメは「ならず者」や「翼の生えたラット」のレッテルを張られ、有害で残忍とそしられてしかるべきかもしれない。だが人びとがなんと呼ぶかにかかわらず、この鳥は有能な侵入者で、ほぼどこへ行こうとそこに根を下ろすのに長けている。イエスズメは39回にわたって導入されたことが知られ、うち33回で定着に成功している。

侵入に成功する条件

この15年ほど、ダニエル・ソルは、イエスズメのような鳥がなぜどこへ行こうとたやすくその場所で生きていけるのかについて考えてきた。スペインの森林生態学研究センター（CREAF）は、この現象を「侵入パラドクス」と呼ぶ。つまり、「外来種が適応する機会のない環境になぜ定着し、在来種より増えることすらあるのか」という謎だ。一部の鳥が急速な変化に強いのはなぜなのだろう？

本来の棲息地以外で暮らす数十種の外来種の鳥が、ある日かごから逃げたと考えてみよう。20年後にどの種がまだ生きていて、公園のベンチあたりでけんかし、電柱にかけた巨大な巣でうるさく鳴き立て、空が暗くなるほどの大群をつくり、在来種に取って代わっているかを、ソルなら教えてくれる。彼は、世界中の侵入種に共通する形質を観察した結果にもとづいて、この予測をする。

過去には、侵入に成功する鳥類種の研究者は、巣づくりの習慣、渡りのパターン、一度にかえる卵の数、体重の影響に注目した。数年前、ソルと彼の仲間のルイ・ルフェーブルは、脳の大きさと知能が侵入の成否に関係するかどうかを調べることにした。2人はまず、多数の生物種が侵入しているニュージーランド周辺における外来種の記録を調べた。すると、ニュージーランドに導入された39種の鳥のうち、19種がこの島全域に広がったが、残りの20種は定着しなかったことがわかった。

2人が「定着」に成功した19種の鳥と、失敗した鳥の性質を調べたところ、両者のあいだに2つの大きな差異が認められた。成功した鳥のほうが大きな脳を持っていたのだ。またこれらの鳥は、ルフェーブルが鳥類のIQに組み入れた、イノベーション好きで柔軟な行動を示した。ソルがのちに世界中の土地に侵入した428種の鳥を観察したところ、同じパターンが認められた。侵入種の代表格と言えば、イノベーションの王様とも言えるカラス科の鳥たち――アフリカ、シンガポール、アラビア半島のイエガラス、日本のハシブトガラス、アメリカ南西部のワタリガラス――だ。これらの鳥はすべて脳が大きく、侵入地では害鳥と見なされている。

侵入に成功する両生類や爬虫類も成功率の低い仲間に比べて脳が大きく、この傾向はホモ・サピエンス（俗に「植民する類人猿」と呼ばれ、地上のほぼすべての陸地に侵入している）をふくむ哺乳類でも変わらない。

大きな脳は発達と維持の点でコストがかかる。しかし鳥は大きな脳を持つことで、めずらしく、新しく、複雑な生態学上の課題（新しい餌を探したり、慣れていない捕食者を避けたりする）にすばやく適応できるので、生存率が上がると考えられている。この考えは「認知緩衝仮説

(cognitive buffer hypothesis)」と言われる。大きな脳が周囲の環境変化を「和らげて（buffer）」くれるので、その動物は新たな資源に適応できる。見たこともない餌を食べてみたり、より「プログラムされた」種なら避けるような新しい物や状況を利用してみたりするのだ。つまり、それまでとちがうことをできるほど柔軟でいられる。ソルによれば、新しい環境や変化した環境で生き抜くには、鳥はなにか新しいことをする能力を備えていなくてはならない。

稀代のイノベーター

ふつう、駐車場や高層ビルには鳥が食べられるような物はあまりない。しかしイリノイ州ノーマルで2人の生態学者が、イエスズメが駐車場に停められた自動車の列に沿って歩き、ラジエーターに閉じこめられた昆虫をついばむのを見かけた。イエスズメは、エンパイア・ステート・ビルディングの86階にある展望台の床照明に集まってきた昆虫を夜半に食べるところも目撃されている。

いま触れたような例は、イエスズメのスキルにかんする本のわずか2ページ分にすぎない。鳥類の創意にあふれた行動を記録するにあたり、ルイ・ルフェーブルは808種を観察した。多くの種では1つのイノベーションしか見られなかった。ところが、イエスズメの場合は44ものイノベーションが観察された。

イエスズメは変わった場所で体を休めることが知られる。垂木、樋口、屋根、軒の下、屋根裏部屋の換気口、乾燥機の排気口、パイプ、配管などなんでもありだ。ミズーリ州のある生物学者は、イエスズメが餌をカンザス州マクファーソンにある油井ポンプへ運ぶのに気づき、それまで見たこともないような営巣地を発見した。ポンプを調べると、3つの巣が見つかり、その全部にヒナがいた。うち2つの巣はポンプが動くサイクルに合わせて常時動いていて、数秒ごとに60センチほど上下していた。

イエスズメは巣をめずらしい材料で覆う。たとえば、生きた鳥から抜いた羽を使うが、その数はときには数百本にもおよぶ。ニュージーランドのウェリントンにあるヴィクトリア大学の観察者は、春のある1週間で、数羽のイエスズメが抱卵している成鳥のハトの尻から1時間に6〜7本の羽を直接抜くのを見かけた。「たいていの場合、イエスズメはまず横梁に乗る。次にハトの後ろ側に上がり、大羽を1本抜いては飛び去る」と彼は書いた。

一部の都市では、イエスズメの巣に煙草の吸い殻があるが、この吸い殻は寄生虫の忌避材になる。吸い殻には大量のニコチンなどの有毒物質が残っていて、あらゆる種類の害虫を寄せつけない殺虫成分も微量にふくむ。これは材料のすばらしい新使用法に思える。

イエスズメは、餌を探すときにはとくに柔軟で、どこへでも出かける。餌がある場所なら、その場所や餌がどれほどなじみのないものでも気にしない。植物性の物ではおもに種子を食べるが、花、つぼみ、葉も食べるし、昆虫、クモ、トカゲ、ヤモリ、ときにはハツカネズミの子すら食べる。もちろん、人間が出したゴミも餌だ。採餌テクニックもやはり並ではない。イギリスのエイヴォン川沿いの手すりにかかっているクモの巣から昆虫を根こそぎ横取りするかと思えば、ハワイのマウイ島ではビーチ沿いの大きなホテルのバルコニーで朝食をとる観光客から食べ物をこっそり盗む。ビーチに面した数百のバルコニーを回るのではなく、バルコニーどうしのあいだにあるコンクリートの壁にしがみついて、朝食が出てくるのを待つ。こうすれば、誰が朝食を食べているかを確認したり、バルコニーの前でホバリングしてロールパンが届くのを待ったりするエネルギーが節約できる。

だが、イエスズメのもっとも独創的なスキルは、高度な人間の発明をものともしない。数年前、2人の生物学者が、イエスズメがニュージーランドのバスステーションでカフェテリアの自動ドアを何度も開けるのを見て、驚くとともに喜んだ。スズメたちはゆっくりセンサーの前を通りすぎたり、その前でホバリングしたり、その上にとまったりする。前のめりになり、首を前に突き出してセンサーを作動させる。これを45分間で16回おこなった。新しい自動ドアは2ヵ月前に取りつけられたばかりだったが、スズメたちはその仕組みをみごとに見破った。センサーの上面は鳥の糞に覆われていた。

このスキルはニュージーランド全域のほかの場所でも見かけられた。ある目撃者によると、ニュージーランドのロワー・ハットにあるダウス美術館のイエスズメが、カフェテリアにつながる2ヵ所の自動ドアを開けるのを見たという。数分後、スズメは両方のドアのセンサーを動かして外に戻ってきた。カフェテリアの従業員たちは、この9ヵ月にわたってセンサーを作動させたこのスズメをよく知っていた（ナイジェルという名前までつけていた）。イエスズメと、同種のセンサーと自動ドアがある場所はたくさんの国にあるが、その目撃者はニュージーランド以外で同じことをしたスズメはいないと述べた。「他国の鳥類学者が同じ行動を報告していないか、ニュージーランドの一部のスズメが他国のスズメより賢いか、そのどちらかだ」と彼は書いた。

これを、イノベーション能力のトーテムポールの底辺近くにいる、小型で赤褐色の渉禽《しょうきん》、キョウジョシギと比較してみてほしい。著書『ザ・ウィンド・バーズ（*The Wind Birds*）』でピーター・マティーセンは、18世紀イギリスのナチュラリストであるマーク・ケイツビーがこのシギを対象におこなった初期の実験について、こんなことを書いている。「ケイツビーはこのキョウジョシギにひっくり返す石を与えてみた。英語名称（turnstone）の由来となった、採餌にかんする習性を観察するためだった。当時の科学実験は現在のものほど複雑ではなく、シギにはひっくり返しても下になにもない石ばかりが与えられた。『いつもとちがって石の下には餌が見つからなかったため、シギは死んでしまった』」

新しもの好き、群れたがり

脊椎動物の大半は、はじめて見る物を恐れたり無視したりする。だが、イエスズメは目新しい物に出合ってもたいてい動じない。タンパにある南フロリダ大学のリン・マーティンは、新規な物に対するイエスズメの耐性を調べた。種子を入れたコップの近くにゴムボールやプラスチック製のおもちゃのイタチを置いてみたところ、驚くような発見があった。イエスズメは見たことのない物に動じなかったばかりか、どちらかと言えばそれに引かれているようだったのだ。ボールやイタチが近くにあったほうが、種子の入ったコップに近づくのが楽しそうに見えた。新規な物が脊椎動物（ヒト以外）にとって魅力的であることを示したはじめての例だった、とマーティンは述べる。

新しい土地に侵入する場合には、新規性を好む性質は有利になる。

群れて行動する性質もそうだ。

スズメは群れる。1羽で餌を食べるのを好まない。水浴びをするのも寝るのも仲間と一緒だ。集団で餌を探し、仲間を呼んで一緒に餌を食べようとする。数羽から数百羽、ときには数千羽の群れで眠る。

ほかの鳥と同じく、群れを形成することはスズメにとって明らかな利点がある。まず、捕食者に対する防御になる（ほとんどの動物がイエスズメを餌にするので、監視の目は多いほうがいい）。餌を手早く見つけることもできる。たくさんの餌を持ってある方向から群れの営巣地に戻ってくるスズメがいれば、いい餌場があることとその場所への最短ルートがわかる。

個体や小集団に比べて、群れのサイズが大きいほど問題解決が早まる。少なくとも、ハンガリーのヴェスプレーム大学のアンドラーシュ・ライカーとヴェロニカ・ボコニによる最近の研究によれば、2羽より6羽の群れのほうが、種子の入った容器を一貫して速く開けることができた。

容器は透明なプレキシガラスでできた箱の上部にいくつか穴を開けたもので、どの穴の蓋にも小さなゴムの取っ手がついていた。種子を食べるには、スズメは蓋を開けるか、強くつついて外す必要があった。6羽の群れは2羽の群れよりあらゆる点で優れた成績を出した。開けた蓋の数は4倍で、問題解決は11倍速く、種子を7倍速く手に入れた。全体として、大集団のほうが小集団の約10倍成功率が高かった。ライカーとボコニは、大きな群れの成功率が高い理由として、能力、経験、気質の異なる鳥が集まったことを挙げた。「大きな群れが成功するのは多様な個体をふくむからで、なかでも問題解決能力がとても高い鳥も一部にいるからだ」と彼らは述べた。

他種の鳥の研究でもこのことは確認されている。たとえば、アラビアヤブチメドリは「群れの1羽がタスクを習得すると、残りの鳥も比較的速く習得する」とアマンダ・リドレーは述べる。「新しいスキルも大きな群れではより速く獲得される」

このことはヒトにもあてはまる。研究によれば、3〜5人という少数だが異なる性質を持つメンバーの集団は、きわめて頭のよい一個人より知的なタスクを速く解く。心理学者のスティーヴン・ピンカーは、集団をなして暮らしたこと、その結果として私たちの祖先が互いから学ぶ機会を得たことによって、人間の知能が進化する舞台が整った、とまで言い切る。

侵入してきた鳥は新規な解決策を必要とする新しい試練にたえず直面するが、群れる鳥は一匹狼の鳥より速く解決策に達する。「ヒトがたえず変化をもたらす棲息地で暮らすスズメのような種にとって、1羽より2羽のほうが絶対にいいのです」とライカーとボコニは言う。

個体差の重要性

だから、スズメはそれぞれみな異なるという結論になる。

動物がそれぞれ異なる性質を持つことは、ペットを飼っている人にとっては当たり前に思える。ところが、同じ種の鳥が見せる多様性は単なるノイズだと長く考えられてきた。同種の鳥は行動も同じだと思われていたのだ。「動物には決まった行動パターンがある、と考える傾向は強いのです」と鳥類学者のエドモンド・セラスは注意をうながす。しかし「行動が同じように思えるのは観察不足のせいです……真のナチュラリストはボズウェルのように綿密な記録者でなくてはならず、あらゆる生き物は彼が崇拝した『ジョンソン博士』（サミュエル・ジョンソン）なのです」。

鳥は個々にちがう生き物であり、種々の行動（ナビゲーションにどのような手がかりを使うか、ヒトのオキシトシンに相当する分子にどう反応するか、婚外交渉をするか、未知の物にどう反応するか）がそれぞれちがう。私たちと同じく、鳥の性質や行動は個体ごとに異なるのだ。こうした多様な行動は、私たちが「心」と呼ぶ場所に宿るのだろう。しかしそれは体にも宿る。たとえば、ストレスに対する個々の鳥の反応というかたちで表れる。ある鳥が大きな反応（たとえば、闘争や逃走）を示すストレス性の刺激に対しても、別の鳥は羽毛を立てるだけかもしれない。コガタペンギンなどのストレス反応を研究する、ニュージーランドのマッセー大学のジョン・コクレムは、個々の鳥が環境中のストレッサーに対して示す反応が大きく異なることを突き止めた。

こうした個体差も、新しい環境や不安定な環境に適応しようとするスズメにとって重要である可能性がある。都市のように広く危険な場所に対処するには、集団内でいろいろな性質の個体が混じり合っていると好都合かもしれないのだ。

リン・マーティンは、未知の土地に入ろうとするイエスズメを捕獲し、侵入の最前線にいる勇敢な鳥の形質を示す指標を得た。生態生理学者のマーティンは、現在ケニアに押し寄せているイエスズメを研究している。イエスズメは1950年代に沿岸都市モンバサにはじめて連れてこられた。南アフリカ共和国から船で運ばれたようだ。マーティンがイエスズメの研究を始めたのは2002年、まだ大学院生のときで、当時この鳥はケニアではめずらしかった。現在ではウガンダ国境あたりまでの都市でよく見かける（テッド・アンダーソンのように、マーティンはラジオやテレビから聞こえてくるこの鳥の鳴き声を頼りに、ケニアでの広がり具合を知る）。彼と彼の同僚たちは、モンバサからの距離をイエスズメ集団の経年数の指標として使う。最初に導入された場所の古い集団と、ナイロビ、ナクル、カカメガなど拡散の前線にある都市の新しい集団とのちがいを調べている。

モンバサからいちばん遠い侵入の最前線にいるイエスズメは、免疫機構が活発だった。捕獲後には、コルチコステロンと呼ばれるストレスホルモンが盛んに分泌された。マーティンらは、このストレスホルモンのおかげで、イエスズメはストレッサーに迅速に対応し、これを乗り越え、おそらくはその経験を記憶していると示唆する。

侵入の最前線にいるスズメは新しい餌も好んで食べる。マーティンが指導している大学院生アンドレア・リーブルが、フリーズドライのイチゴやドッグフードなど見たことのない餌に対する嗜好を試験したところ、すでに定着している古い集団のスズメは腹をすかせていても新しい奇妙な餌には見向きもしなかった。一方、新しい集団のスズメは一瞬もためらうことなくフリーズドライのイチゴやドッグフードを食べた。侵入の最前線では、餌などは未知の物であることが多い、とリーブルは説明する。だから、新しい物を進んで試す性質は大きな利点なのだ。さもなければ、飢え死にしてしまう。

旺盛な開拓者精神の代償

新しい餌を柔軟に受け入れる習性がそれほど有利なら、なぜすべてのスズメの種がこの形質を取り入れないのだろうか?

それは、その習性が危険と隣り合わせだからだ。柔軟性には代償がついてまわる。好奇心はネコだけでなく鳥も殺す。未知の新しい物を探すには時間とエネルギーがいるし、トラブルに巻きこまれるかもしれない。新しい餌を食べれば、それと一緒にこれまで出合ったこともない毒や病原体まで口に入るかもしれないのだ。

オオアオサギはいろいろな物を試しに食べてみることで知られる。ありとあらゆる種類の大きく、面倒で、扱いにくい獲物——ヘビ、トゲウオ、カジカなど棘《とげ》のある魚——を食べる。ミシシッピ州のビロクシー沖にいたあるオオアオサギが最近、アカエイという未知の領域に挑んで新しい餌を開拓した。それは11月の静かな日のことだった。ドーフィン島海洋研究所の科学者グループが、沖合で水面下のなにかを何度もつつくがうまくいかないらしいサギを見つけた。一度サギの頭が水中に没したかと思うと、クチバシにアトランティック・スティングレイ（エイ）をくわえて水面から出てきた。シャチ、オットセイ、サメ類など多彩な動物が板鰓亜綱《ばんさいあこう》の魚（サメやエイなど）を餌にする。でも鳥が？　エイはサギにクチバシでくわえられたまま「体をよじらせて尻尾をたたきつけ、毒を持つ棘を振り回した」と科学者たちは書いた。12分もの戦いのあと、サギはエイを口の中にしっかりたたみこみ、食道を広げて、丸呑みにした。苦しそうな様子は見せなかった。

バハ・カリフォルニアの海岸沿いで死んでいるのを発見されたカッショクペリカンも、同じことをして成功しなかったようだ。喉にエイの尻尾の棘が刺さって死んでいた。窒息したか毒にやられたのだろう。「新しいものにすぐなじむ性質は危険でもある、という証拠だ」と彼らは書いた。

ニュージーランド産の賢くて陽気なミヤマオウム（インコ）は、何百種もの植物、昆虫、卵、海鳥のヒナ、動物の死骸などほぼなんでも食べる。ミヤマオウムが、人間の侵入で起きた大規模な絶滅を生き延びた理由の一つは、この雑食性かもしれない。この鳥は、1860年代に高山の棲息地に導入されたヒツジまで食べた。最初は死んだヒツジを食べていたが、やがて新たな採餌戦略を編み出した。生きたヒツジの背中に乗り、その脂肪や肉を直接ついばむのだ。

進化史の大半で厳しい環境で生き延びることを可能にしてくれたこの形質が、最近になってミヤマオウムにあだをなしている。ヒツジを食べるという畏れを知らぬ行動のせいで酪農家に忌み嫌われ、首に報奨金をかけられたのだ。このために15万羽ものミヤマオウムが死んだ。さらにミヤマオウムはスキー場、駐車場、ゴミ処理場などをあさるため、生き残っている1000〜5000羽も危険な目にあうことが多い。クック山の村に棲むあるミヤマオウムは、ゴミ缶の蓋を開ける能力を持っていたばかりにトラブルに巻きこまれた。死んでいるのが発見されたときには、食べた餌を一時ためておく嗉嚢《そのう》に20グラムの黒い液体が入っていた。死因は?「人の目を盗んでダークチョコレートを食べたため、メチルキサンチンの毒にやられた」ということだった。

つまり、新しいもの、見知らぬものの開拓は危険をともなうのだ。環境がほぼ未知の場合には、新たな餌や寝る場所を探して試す戦略は有利かもしれない。だがリン・マーティンが示唆するように、「新しい(胸の悪くなるような)物を食べれば危険、とくに感染症の危険が増す」。ある場所に定着すると、鳥は戦略を変えて食べ慣れた物のみ食べるようになるのかもしれない。

この意味においても、あえてリスクを冒して手本となる個体(その行動が賢明でなければ真似しないほうがいいかもしれない)と安全第一の個体など、さまざまな個性を持つ者が集団にいることは有利にはたらくのだ。

新しいタイプの天才

つまり、イエスズメの成功レシピはこうなる。

- 新規なものに対する嗜好性
- イノベーションをひとつまみ
- 剛胆さを少々
- 異なる性質の者どうしで群れる傾向

以上に、この地上に広く分布した棲息地に対する愛情、1回の繁殖期に数回卵をかえす能力を加える（後者の能力は両賭け戦略と呼ばれ、ヒナの孵化に失敗した場合の適応コストを減少させる。ダニエル・ソルによると、この戦略は「繁殖が失敗するリスクが高い都市環境ではとりわけ有用だ」という）。これをすべてブレンダーに入れれば、新しい餌や採餌戦略、あるいは見知らぬ営巣地にすぐに切り替えられる、完璧に順応する鳥ができ上がる。それは、これまでとちがうタイプの天才だ。この場合、「知能の指標は変化する能力である」。ダーウィンがそう言ったわけではないが、アインシュタインはそう言ったとされる。

都会っ子の特徴

ゴミと排気管の巣を愛する鳥はイエスズメだけではない。たくさんのほかの種――ハト、カラス、数種の小型の鳴禽――はヒトと共存するシナントロープで、都市のような自然環境と大きく異なる環境での暮らしに向いている。こうした都市環境には、新しい機会も、自動車、電線、建物、窓などの危険な物もあふれている(たとえばトロントでは、わずか20棟の建物で3万羽以上の鳥が激突死している)。ダニエル・ソルと彼の同僚たちは、世界中にいる800種の鳥を調べ、「都市で高密度を達成した真の都会っ子」を同定した。そんな都会っ子には、カラス、ムクドリモドキ、ハト科の鳥たちがいる。

研究チームは、これらの鳥が都市で暮らせるようになる共通の形質や行動のリストをつくった。おもなものに、大きな脳、さらに未知の食料、交通禍、消えることのない明かり、絶え間ない騒音などに対処する能力があった。たとえば、鳴禽にとっては音楽的な適応――さえずりを切り替える意志と能力――が最重要の課題だ。都市はうなり、ざわめき、轟音を発し、低周波音を出す。カナダの研究者たちが最近おこなった調査によると、交通の騒音が大きいときには、アメリカコガラはいつもの「フィービー」というさえずりを高周波で出し、都市の低周波の喧噪にまぎれないようにする。まわりの音が収まると、いつもの低く、ゆったりとした、より音楽性の強い歌に戻す。「コガラのすばらしく柔軟なさえずりは、この鳥が都市環境で生きていける理由の一つかもしれない」と研究者たちは言う。ヨーロッパコマドリは静かな夜にうたうことで都会の喧噪を回避する。

都市は「学習する機械」と言われてきた。おかげで、もともと賢い鳥がもっと賢くなるのかもしれない。

ヒトのそばで生きる鳥はいつ進化したか？

都会のジャングルに適応できないのはどんな鳥だろう？　それはスズメと正反対の性質を持ち、内気で、行動パターンを変えない鳥だ。人の気配に驚き、24時間絶えない光の洪水にとまどう。脳が小さく、柔軟性に欠けたスペシャリストだ。

都市や郊外から遠く離れた農地に棲む鳥にも同じことが言える。科学者たちが30年にわたってイギリスの農地に暮らす鳥の集団の傾向を調査した結果、ムシクイやスズメのように脳が小さい種が激減する一方で、カササギやカラのように脳が比較的大きい種が健闘していることがわかった。棲息地や巣の好みが激しい鳥が、都会の環境といちばん相性が悪いようだった。

中央アメリカの農地やジャングルで最近得られた洞察も、このことを再確認している。12年にわたって、スタンフォード大学の生物学者たちがコスタリカの3種の異なる棲息地に暮らす鳥の数をかぞえた。3種の棲息地とは、比較的原生林に近い保護区、「混合」農地（作物が異なり、小さな森が散在する）、そして最後に農業が盛んで、サトウキビやパイナップルのような単一作

写真　オオシギダチョウ（提供：Alamy/PPS通信社）

物の大規模プランテーションだった。

44のトランセクト（帯状横断標本地）では、チームメンバーが12年にわたって500種におよぶ鳥を12万羽確認した。驚いたことに、混合農地には原生林と変わらないほど多数の種がいた。しかし、科学者が注目していたのは単純な種の多様性だけではなかった。彼らが知りたかったのは、それが進化上の多様性かどうか――進化の系統樹上で遠い枝に属する鳥かどうか――だった。

得られた結果は多くを教えてくれた。

絶えず人間が出入りして仕事をするような農地では、鳥の大半は変化にたやすく順応する近縁種で、おもにこの2000万年で独立した種に進化した、スズメやムクドリモドキだった。ここで姿を見せなかったのは、系統樹の上で遠く離れたオオシギダチョウのような鳥だ。オオシギダチョウは、1億年ほど前にスズメやムクドリモドキから分岐した、ずんぐりむっくりして、斑点のある、長い距離は飛べない鳥だ。この鳥は、くすんだ茶色と灰色が交じり合った羽毛が植生と見分けがつきにくい（ただし、その卵はこのかぎりでない。卵は光沢があって、すばらしいライムグリーン、スカイブルー、銅に似た紫がかった茶色をしている）、ジャングルという特異な棲息地でしか生きられない。

速く進化する鳥

鳥類の多様性を保存したいと考える人びとにとって、このことは重要な問題を提起する。スズメやムクドリモドキのような適応力の高い鳥の系統はより速く進化して、さらに新しい種を生み出すのだろうか？　ダニエル・ソルと彼の同僚たちの研究は、その可能性を示唆する。鳥の種数はグループが異なれば大きく変わる。スズメ小目（スズメや近縁の鳴禽）には３５６種がふくまれる一方で、ナンベイイウズラ科にはわずか6種しかいない。分類学の研究でソルは、イノベーション好きで、適応力が高く、新しい環境への侵入に長けた、大きな脳を持つ種がより速く多様化することを示した。このタイプの鳥には、種数の多いカラス科の鳥、オウム・インコ類、猛禽類がいて、これらの鳥は採餌行動を速く変える能力を有する。

こうした考え方は「行動の動因理論（behavioral drive theory）」と呼ばれる。つまり、新たな習慣を獲得する個々の鳥は、新たな淘汰圧にさらされるのだ。新たな淘汰圧は、その鳥が新しい暮らし方をしたり、新たな文脈で暮らしたりする能力を高めるような遺伝的多様性（変異）を選ぶようにはたらく。この変異を持つ鳥はやがて集団から分岐する。つまり、新しい行動が新規な形質を強化し、新たな種の誕生をもたらすのだ。したがって長い進化の道のりを経て、餌や採餌テクニックをたやすく変えられる順応性に優れた鳥が、そうでない鳥より多くの種を生み出したことになる。

このことは、120種近くのカラス科の鳥がいる一方で、ダチョウやエミューなど飛べない平胸類がほんの一握りしかいない理由を説明してくれそうだ。さらに、私たちヒトが新しく不安定な環境をつくったことで、鳥類が持つ性質そのものを変えつつあるのではないか、という問いを投げかける。

温暖化の影響

森林が原生林であるような遠隔地の山頂でも、古い系統の鳥が人間の影響を受けないわけではない。都市や農地の拡大ではなく、より浸透力の高いなにかの影響だ。

2014年はじめ、コーネル大学の若い研究者2人、ベンとアレクサンドラ・フリーマンが、ニューギニアの山地に棲む鳥の種——87種——の70％が、この半世紀で、温暖化の影響による高い気温から逃れるために平均で150メートル近く高い場所に棲息地を移したことを突き止めた。ベン・フリーマンは、熱帯地方の山岳地帯に暮らす鳥の大半がきわめて狭い標高帯を選ぶことに興味を持った。「山を登っていくと、ある種の鳥がいない森があり、次にその種の鳥が多数いる森があり、最後に、今度はその種の鳥がまったく姿を見せない森があって、一生懸命に15分ほど登るあいだにこのすべての領域が存在することに驚く」と彼は言う。山を登るにつれて、森は同じように見えてもやはりこの現象が起きる。それにともない、高い場所や低い場所に飛ぶ鳥の能力もまた変わる。「これは『3びきのクマ』の物語のように、ほかの標高が暑すぎたり寒すぎたりするということなのだろうか?」と彼は問う。

どうやら、そのようだ。

パプアニューギニア本島のカリムイ山では、わずか約0・39℃の温暖化の影響によって、堂々たるゴクラクチョウの棲息帯が約90メートルも上昇した。「山はピラミッドのようなものですから」とフリーマンが話す。「山を上がっていけば、暮らせる土地は狭くなっていきます。鳥は気温と空間の両方によって棲息地を狭められるのです」。たとえば、50年前に山頂から約300メートルの範囲に棲んでいたハジロパプアヒタキは、現在では約120メートルの範囲でなんとか暮らしている。

パプアニューギニアの気温は、今世紀末までにあと約2・52℃上昇すると予想されている。より低い気温を好む鳥はすでにカリムイ山の頂上に達していて、もうこれ以上行き場がない。こうした古い系統の特殊な鳥は、山を上がっていくことで局所的な絶滅の道を歩んでいるようだ。あと約0・56〜1・12℃の気温上昇で、これらの鳥の気温帯は山を越えて空に入ってしまう。

人間が自然に与えた影響

わが家からさほど遠くない場所に、私がよく訪れるバックス・エルボー山という小さな山がある。カリムイ山のような異国情緒に満ちた山ではなく、ヴァージニア州にあるごくふつうの山だ。私は考えをまとめ、広大な眺めを楽しむためにここに来る。山頂はなにも生えていないアイルランドの荒地のようで、晴れた日には、まわりをかこむアパラチア山脈の360度の眺めを楽しめる。だがこの春の日の午後、山頂は雲に覆われていた。霧が一面に広がって山頂を包み、音がくぐもって聞こえた。

バックス・エルボー山の頂は樹木が生えていたためしがないが、下の斜面ではかつて生えていた木々が多くの東洋の森のように遠い昔に切り倒されてしまった。あるとき人間が自然に与えた影響を示す世界地図を見たとき、ヒトのフットプリントがない場所は世界の陸地のわずか約15%だった。町や都市、農地、道路、夜間の明かりはいたるところにあり、その小さな部分をのぞけば地上のいたるところに入りこんでいた。そしてこうした物がない場所――カリムイ山――ですら、地球は変化しているのだ。今後60年で、世界の気温は約1・68〜3・92℃上がると予測されている。

この場所では、あらゆる植物の開花が以前と比べて早まっているようだ。アメリカミヤオソウは控え目な白い花を4月なかばには咲かせる。キバナノアツモリソウの花は昔より1ヵ月早く山腹に咲く。

数日前、ここからそう遠くない公園で、ルリツグミの幼鳥がイナゴマメの枝にとまっているのを見かけた。たぶん2〜3週間前に卵からかえったばかりらしく、いかにもヒナらしいぼんやりした状態から抜け切れていない。口を大きく開けて、尻尾が短く、羽が何本か頭から突き出ている。一緒にいた鳥類学者は驚いていた。「4月にルリツグミの幼鳥がこのあたりにいるなんて聞いたことがありません。早すぎますよ」

よく言われるように、ヴァージニア州の気候が「低緯度に移行している」のだ。ザ・ネイチャー・コンサーヴァンシーの予測によれば、ヴァージニア州は2050年までには現在のサウスカロライナ州ほど暑くなり、その後の50年でフロリダ州北部ほど暑くなるという。上昇する気温によって在来種の鳥の一年をとおした行動が変化しているし、温帯性の種の棲息圏が両極に近づいている。50年前、ショウジョウコウカンチョウやチャバラミソサザイなど「南方の」種はアメリカ北東部ではめずらしかったが、いまではよく見られる。

温暖化への対処

行き場がなくなれば、鳥は気温上昇に対して2つの方法で対処する。進化するか、行動を変えるのだ。

シジュウカラは柔軟な行動で知られる。しかし、少なくともウィザムの森でおこなわれたカラ類の繁殖にかかわる長期個体数研究によれば、この鳥はその柔軟性にさらに磨きをかけたようだ。オックスフォード大学のチームは、カラ類は世代時間が短いために進化が速いとはいえ、それでも十分に速くはないことを示した。生存するためには、彼らは行動を迅速に変える能力を必要とする。この森に棲むシジュウカラは、ヒナに与えるガの幼虫が孵化する時期に産卵と抱卵のタイミングを合わせる。幼虫は春に木々が花を咲かせるころに孵化するが、そのタイミングは気温によって決まる。ここ半世紀で気温が上昇したため、木々の開花と幼虫の孵化は1960年に調査が始まったときより早まっている。もしシジュウカラの脳が毎年同じ時期に産卵するように配線されていれば、幼虫の孵化に間に合わず、ヒナは飢え死にしてしまう。しかしシジュウカラはこの変化に対応して、現在では産卵を約2週間早めている。

科学者たちのモデルでは、行動を調節する能力のおかげで、シジュウカラは年に約0・5℃の温暖化になら対処できる。もしこの調節能力がなければ、この鳥は500倍もの絶滅リスクに瀕するだろう。

科学者たちがモデルを使ってほかの鳥が温暖化にどう対処できるかを予測したところ、より大型で、寿命の長い種にとって生存が難しいことがわかった。この種の鳥は世代時間が長いことから進化が遅く、生存できるか否かは行動を変化させる能力に大きく依存する。もしこの科学者たちの予測が正しければ、それは融通のきかない大型の鳥にとって悪い兆候だ。

長距離の渡りをする鳥は、とりわけ温暖化の影響を受けやすい。これらの鳥はたいてい脳が小

写真　コオバシギ（提供：Animals Animals/PPS通信社）

さく、行動に柔軟性がない。ヒナを育てる期間が、一年のうち餌が豊富になる特定の一時期に固定されている。ところが、温暖化によって餌の豊富な時期が過去の例からずれると、これらの鳥には痛ましい結果が待っているだろう。もっとも影響を受けるのは、高緯度で繁殖または越冬する鳥だ。高緯度では、気候変動による変化がとくに激しいと予測されているからだ。

渡り鳥の多くは、渡りの途中で餌を食べるために休憩地に寄る正確なタイミングにも依存している。脳は小さいが長距離の渡りをする、コオバシギの例を考えてみよう。毎年春になると、この鳥はティエラ・デル・フエゴ島から南極へとおよそ2万5000キロを旅する。もう数千年にわたって、コオバシギは、カブトガニがデラウェア湾の海岸に産卵する特定の時期に合わせてこの湾で休憩してきた。カブトガニの卵には脂肪が詰まっていて、コオバシギはわずか10日間この卵を食べるだけで体重が2倍になる。1980年代から見るとコオバシギの個体数は75%減っているが、そのおもな理由はカブトガニの乱獲にある。カブトガニの乱獲はこのところ減少傾向にあるが、気候変動がさらなる悪影響をおよぼしかねない。コオバシギが南極の繁殖地まで無事飛ぶためには、カブトガニとコオバシギが同時にこの海岸に到達することが必須になる。だが気温の変化によって、コオバシギは毎年の長距離の渡りに欠かせないこの食料源に出合えなくなるかもしれない。海水温が高くなれば、カブトガニはコオバシギが到着する前に産卵するかもしれず、そうなれば、コオバシギは生死を左右するごちそうにありつけなくなってしまうのだ。

賢い鳥にも迫る危機

じつを言うと、比較的賢い鳥もリスクに瀕している。たとえば、山岳地帯の針葉樹林を好む丈夫な小型の鳥マミジロコガラが一例だ。この鳥の棲息地は今後半世紀で65%減少すると考えられている。さらに理論的には、温暖化によってこのカラの認知と脳構造が変わるかもしれない。高地に暮らすカラが、低地に暮らすカラより大きな脳を持つことを思い出してほしい。ウラジーミル・プラヴォスドフによれば、気候の温暖化が進めば冬期の淘汰圧が減るため、鳥類は海馬のサイズと知能の両方において競争力を失うかもしれない。彼はこう論じる。「良好な記憶力の維持コストが高くつくのであれば、『賢い』鳥に不利になる。また、賢い鳥はあまり賢くない南方の鳥にすぐに取って代わられ、その結果として鳥類全体の認知能力は下がるだろう」

抜け目なく適応力に優れたイエスズメにも限界はある。ベン・フリーマンの出身地シアトルでは、2014年のクリスマス・バード・カウントで市内にいたイエスズメはわずか225羽だった。「この数字はこれまでで最小で、イエスズメが減少しているという一つの証拠です」とフリーマンが教えてくれる。実際、イエスズメは世界中で急速に、しかも大幅に減少している。北アメリカ、オーストラリア、インドで減っていて、とくにヨーロッパ各地における減少が著しい。この減少は新聞には取り上げられないが、スズメはいまや「保護懸念のある欧州の種」にリストアップされ、イギリスではレッドリストに入っている。この半世紀で、イギリスは1時間につき平均50羽のイエスズメを失ってきた。

理由を知る人は誰一人いない。ヒナの生存率が問題らしいが、どうやら十分な餌をもらっていないようなのだ。庭が駐車場に変わったことや、外来種の植物や公害の影響で昆虫が減ったことが理由の一端かもしれないし、親鳥が自動車との衝突、国内のネコの増加、都市を好む猛禽類による捕食のために死んでしまうからかもしれない。イスラエルで得られたある証拠は気候変動の影響を示していた。リン・マーティンはこれらの説には疑念が残るとするが、彼自身も正確なところはわからない。彼は「私はなんらかの病気の可能性を否定しない」と言う。この減少の原因がなんであれ、もしスズメが現代のカナリヤなのだとしたら、私たちの鉱山は危機に見舞われているのだ。

私たちはなにを失っているか？

私は薄暗がりの中にしばらくすわっていた。バックス・エルボー山はとても静かで、自分が呼吸する音が聞こえた。闇の中では、すべてを焼きつくすような太陽光の力を想像することは難しい。だが別のことなら想像できた。小鳥の声が聞こえない森、草原、山。人類が生物のほぼ半分を絶滅に追いやり、その中に鳥類の4分の1もふくまれる。私たちが絶滅の淵に追いやっているのはおもに特殊な鳥たち、脳が小さく、特殊な種類で、古い系統だ。

テッド・アンダーソンは、イエスズメにかんする本を次のような段落で締めくくる。「バグダッド、ガザ、エルサレム、コソヴォのニュースをライブで見ていて、スズメの声が背景から聞こえてくると、人間の破壊行為についてイエスズメがどんなことを言うか聞いてみたい、と思うことがある」

私もそうだ。私の娘たちは一生のうちに、あらゆる鳥が記憶の海に消えていくのを見届けるかもしれない。

私たちは自分たちがなにを失っているかを知りもしない。科学者はまだ新種の鳥や、絶滅したと考えられていた鳥を発見しつつある。2012年にはフィリピンで2種のオナガフクロウが発見され、うち一種はセブ島のひどい森林破壊によって絶滅したと考えられていた。2014年には、スラウェシで新種のヒタキ（Sulawesi streaked flycatcher）が発見された。喉に斑点があり美しい旋律でさえずる小鳥で、農地に散在する高い林で生き延びていた。2015年には、中国四川省の峨眉山で鬱蒼とした藪や茶のプランテーションに棲む小さなウグイス（Sichuan bush warbler）が発見されている。

私たちに発見される前に失われる種がほかにもありはしないだろうか？

知能をどう定義すべきか？

私たちはいまだに鳥の知能をどう定義すべきか考えあぐねているが、まだ多くを人間の尺度に頼っている。ほかの生物の知能を自分たちとの類似点で量ることを止められない。当然ながら、真のナビゲーションより自分たちが優れている点、つまり道具づくりを重んじる。

ある新しい研究によれば、カラスは類似性を理解するという。かつてヒトとそのほかの霊長類にしかないと思われていた高度な能力だ。研究者たちは実験にパターンマッチングゲームを使った。まず、見本とまったく同じに見えるカードを選ぶように2羽のズキンガラスを訓練した。答えが正しければ、そのカードの下のカップに入っているゴミムシダマシを褒美に与えた。次に、カラスに新しいことをさせた。見本と同じパターンを持つが、異なるカードを選ばせたのだ。たとえば、カードに同じ大きさの2つの四角形が描かれているとき、カラスは大きさの異なる2つの円が描かれているカードではなく、大きさが同じ2個の円が描かれているカードを選ばなくてはならなかった。カラスはとくに訓練をしなくても、すぐに正しいカードを選んだ。研究者たちは、これが、「人間の」高度な思考の一つとされる類推をカラスもすることを示す初の例だとする。

これは、ヒトのような心的能力をカラスが示した、じつに驚くべき例ではある。だが鳥の複雑な認知能力は、私たちと似ているか否かではなく、それ自身の価値にもとづいて判断すべきではないだろうか？　渡り鳥の脳は小さいかもしれないが、これらの鳥がもつ巨大な認知地図を見てみよう。鳴禽に特有で、彼らが長年受け継いできた文化的な伝統を考えてみよう。リチャード・プラムによれば、真正燕雀類の鳴禽が持つさえずりの学習と文化の起源はおよそ3000万〜4000万年前にさかのぼり、「ことによるとゴンドワナ大陸の分離が完了する前かもしれない」と彼は書く。「人類の文化は10万年前にさかのぼるかもしれないが、鳴禽は『美的文化』を何千万年も前から大規模に実践していたのだ」

私たちは、一部の鳥類種が残りの種より賢いか否かをいまだに探っているところだ。それはこれらの鳥が、自分たちを取り巻く生態学的、技術的、社会的問題を解決する必要に迫られた結果だろうか？　あるいはえり好みの激しいメスを獲得するために、思いのたけを歌や美しい東屋で伝えたかったのか？

私たちが考える知能の度合いは鳥によって異なるかもしれないが、本当に愚かな鳥はいない。鳥類学者のリチャード・ジョンストンは、「すべての生物は適応する」と述べた。どんな生き物も奇跡の産物ではないし、欠点がないわけでもないが、それぞれに知能があるのだ。オオシギダチョウやカグーにしても同じだ。私はニューカレドニアでカグーに遭遇したときのことを思い出す。胸をはずませながら、手首からカメラを下げていた。その後知ったのだが、このぼんやりしたように見える鳥はレーザーのような大きな赤い目を持っていて、森の暗がりでも獲物を見つけることができる。1年に1羽のヒナしか育てない。島にイヌが入ってきたとき、この繁殖形態のためにほとんど絶滅しかけた。だがカグーは、ジェファーソン大統領の肩に乗って口移しで餌をもらったマネシツグミより本当に愚かなのだろうか？　新しい捕食者にうまく対応できない種が愚かだとはかぎらない。私たちがカグーに見て取る愚かさは、生態学的な愚直さかもしれず、それはかつて無害だった島の環境に長く適応した結果かもしれないのだ。「捕食者がおらず、餌はあたりをつつけば見つかるような状態で進化すれば、認知は相手を出し抜くような採餌戦略より、餌の発見と正確なつつきに集中するだろう」とギャビン・ハントは説明する。「カグーが人間やイヌに近づく理由がわかっているわけではない。ことによるとカグーは、自分の縄張りにほかのカグーがいるのを嫌うので、新顔のカグーや競争相手になりそうなカグーがいないか確かめているのかもしれない」。ところが、現在では捕食者がまわりにいる。カグーの世界は変わってしまい、この鳥やほかの古い系統の鳥にとって避けられない真実は、彼らの時代が終わりつつあるかもしれないということだ。

これらの鳥の存続をあきらめて、人間の「進歩」のための巻き添えと片づけることはやさしい。しかし、先にご紹介したコスタリカの農地やジャングルを調査した科学者たちはこう言った。「生態系にスズメのような鳥だけを残すのは、テクノロジー株にのみ投資するようなものだ」。バブルがはじければ、一巻の終わりなのだ。

6度目の大絶滅後の鳥たち

バックス・エルボー山の暗闇の中、なにかが霧の中でぼうっと光って見えた。突然、近くでなにかが動くような奇妙な音がした。3羽のシチメンチョウが霧の中から姿を現し、私の前にある湿地を横切り、ふたたび霧の中へと魔法のように消えていった。鳥類のゲノムを比較した新しい研究によると、遺伝学的に見た場合、シチメンチョウはほかのどの鳥よりも先祖の恐竜に近いという。羽毛のある恐竜の時代からの染色体の変化が、ほかの鳥より少ないのだ。シチメンチョウのオスが生い茂った草のあいだへ消えていく姿を見ていると、これを信じるのは難しくはない。

野生のシチメンチョウは、20世紀に私たちがほぼ食べつくして絶滅寸前になった。アーサー・クリーヴランド・ベントが1930年代に、これほどすばしこく抜け目のない残存種はほかにいないと主張し、1882年にJ・M・ウィトン医師が述べた次のような例を挙げている。「見つかっても知らんぷりしていれば安全だと知っているかのように、温和な生物の脅威が小さいか不可避であるかぎり、彼らは無関心でいられる。シチメンチョウは研究チームが通りかかっても静かに塀にとまったままだったし、あるときなどは、2人の猟師が5羽のシチメンチョウのあまり

写真　シチメンチョウ（提供：Alamy/PPS通信社）

の行動に面食らったことがあった。これらのシチメンチョウはこれみよがしに猟師たちの前を歩き、塀に乗り、低い丘を越えてゆっくりと姿を消して野生に戻った。猟師たちの視野から外れたと思ったその瞬間、シチメンチョウは翼をばたつかせながら走り出した。シチメンチョウと目が覚めたかのように悔しがる猟師たちとのあいだはすぐに大きく距離が開いた」

すべての状況が悪いわけではない。野生のシチメンチョウの数は回復し、現在ではアラスカ州をのぞいて増えている。彼らは山の斜面を覆うオークやブナの林を好む。カグーと同じく、地面をつついて餌を探す。またやはりカグーのように、ウィトン医師の話にもかかわらず、あまり賢いとは考えられていない。しかし、やや脳が足りないと思われている鳥でも大きな存在感を持つことがある。アルド・レオポルドが、美の物理学についてこんなことを言っている。「北部の森は、秋には大地、アメリカハナノキ、エリマキライチョウの世界になる。通常の物理学では、ライチョウは1エーカー分の質量またはエネルギーの100万分の1にしかならない。ところが、そこからライチョウを取り去ると、すべてが死んでしまうのだ」

この地上には、過去に絶滅した悲劇的な種がいた。だが、大激変は新たな生物を生み出すかもしれない。恐竜が絶滅した6600万年前の大絶滅後に、鳴禽、オウム・インコ類、ハト、その他の鳥類種の「ビッグバン」拡散が起きたという証拠がある。地質学的に見れば、「6度目の大絶滅」はそうした事象の一つかもしれない。しかし、私たちの大半にとっていちばん大事な尺度は人間の一生だ。数百万年すれば自然は元どおりになるかもしれないという考えは、あまり慰めにならない。また、今後の進化によって数万種の鳥が生まれるかもしれないが、それらの鳥は現在の種からランダムに生じるわけではない。半分がカラス属の鳥かもしれない、とルイ・ルフェーブルは言う。「人びとはこの考えを喜ばないかもしれません」と彼は私に話した。「カラスは単純で怒りっぽいと思っているからです。でも、どうでしょう？　200万年あれば、カラスでも色とりどりになり、美しい歌をうたうようになるかもしれません」

たしかに。でも誰がカラスの歌に耳を傾けるのだろう？　いずれにしても、私たちは種数の減少を受け入れなくてはならず、多様性は自分たちと共生するスズメのような種にかぎられるのだろうか？　あるいは、私たちは鳥類の系統樹をできるかぎり多様なものにして、脳の大きいものや小さいもの、スペシャリストやジェネラリスト、古い種と新しい種を保存しようとするのだろうか？

知能を持つのはいいことか？

かつて、アインシュタインはこう書いた。「人間はある程度の知能を与えられてはいるが、それは、現実と対峙したときに自分の知能がどれほどお粗末かをはっきり理解できる、という程度のものだ」

私たちは、知能を持つことが鳥にとっていいことなのかを知ろうとしている。知能がどのようにして、なぜ、どのような条件下で適応度を高めるのかを突き止めようとしているのだ。賢い個体がより多くの子孫を残すのだろうか？　奇妙なことに、これを示す証拠はないに等しい。「ある形質が適応度に与える利点を実世界で測定するのは、それがどんな形質であれ難しい」とスー・ヒーリーは書いた。鳥の認知と適応度の関係の解明は、この分野における「金の卵を産むガチョウ」だ。行動の柔軟性のような形質の適応度が持つ利点は、特定の状況――たとえば、餌が豊富にある年――でしか明らかにならないので解明は難しい、とダニエル・ソルは話す。有利な条件では、スペシャリストに利がある（これはガラパゴス諸島のフィンチにかかわる発見に似ていなくもない。つまり、大きなクチバシが有利な年もあれば、小さなクチバシが有利な年もあるのだ）。

ここにはトレードオフがある。ダニエル・ソルは、繁殖能と生存率のあいだにトレードオフの関係が存在することを示すデータを持っている。一般に、脳が小さい鳥（短命の傾向にある）は一腹卵数［訳注：一度の営巣でメスが産む卵の数］が大きく、脳が大きい鳥（たいてい長命だ）は一腹卵数が小さい。ところが、脳が大きい鳥は生存率が高いことが多い。それはバランスの問題なのだ。「脳が大きい鳥は長命に合った戦略を持ち、エネルギーを繁殖より生存につぎこむ」とソルは説明する。「繁殖期が長ければ長命種の繁殖能は増えるが、生存より繁殖を優先する短命種の繁殖能にはけっしておよばない」。他方で、「短命に合った戦略では、条件が良ければ個体数は速く増えるものの、条件が悪ければリスクが大きい。いい年と悪い年がある場合には、長命に合った戦略がいい結果につながるかもしれない。とくに、悪い年に生存するための認知的な適応力があればそうなる」。つまり、とソルは言う。「短命と長命のどちらに合った戦略も、環境によっては有用なのだ」

種内ではどうだろう？　賢い個体はより多くの子孫をもうけるのだろうか？　得られている証拠からはどちらとも言えない。スウェーデンのゴトランド島に棲む野生のシジュウカラを対象としたある研究によれば、問題解決タスク（巣箱に入るための落とし戸を開けるひもを引っ張る）の解決が速い親のヒナは、タスクを解決できなかった親のヒナより生存率が高かった。一腹卵数が大きく、より多くの卵が孵化し、より多くのヒナが巣立ちした。

しかし、ウィザムの森に棲むシジュウカラのつがいを綿密に調べたオックスフォード大学のエラ・コールと彼女の同僚たちは、答えはそう簡単ではないことを突き止めた。「賢い」鳥——おいしい餌が出るフィーダーの棒を引くパズルを速く解く——は、より多くの卵を産み、餌をより効率的に探し出したが、巣を放棄する傾向も高かった。つまり、繁殖においてプラスマイナスゼロという結果になる。野生下では、問題を解決できないシジュウカラよりできるシジュウカラに自然淘汰が有利にはたらく、ということはないようだ。問題を解決できるシジュウカラは環境を利用するのがうまいために一腹卵数が大きい一方で、捕食者に対して用心深く、巣を放棄する判断が速い（同じことはマミジロコガラでも観察された。高高度に暮らす賢いマミジロコガラは、低高度に暮らすマミジロコガラより巣を放棄しがちだった）。

この観察には、落とし穴がある。科学者たちが論文で指摘するように、シジュウカラが巣を放棄したのは、実験者がまだ幼すぎるヒナに足環をつけようとしたからかもしれないのだ。「ということは、問題解決に長けたシジュウカラは、そうでないシジュウカラに比べてただ人間の妨害により敏感だったために、巣を去ったのだろうか?」とネールチュ・ボーヘルトは問う。「これらの問題解決に長けたシジュウカラが、論文の執筆者が述べるように真の捕食者により敏感で、巣を放棄するか否かを試してみるのは面白いでしょう」とボーヘルトは言う。実験者の妨害という要素がなければ、研究によって問題解決の成績と繁殖の成功とのあいだに正の相関があることが確認できたのだろうか? この不確実性は、こうした種類の研究をすること、すべての変数を考慮に入れることがどれほど難しいかを示している。

個性の起源――知能はなぜ多様なのか？

いずれにしても、私たちは知能が普遍的に有利だと考えるが、かならずしもそうではない。どの形質にもトレードオフがあり、学習の速さも例外ではないのだ。問題に速く反応する勇敢な鳥には、速度が速いことと正確性のあいだにトレードオフがある。たとえばサイモン・デュカテスは、バルバドス島のコクロムクドリモドキに問題を解くのが速い個体と遅い個体がいることを発見した。しかし結局のところ、問題をゆっくり正確に解くコクロムクドリモドキと比べて、速く問題を解くコクロムクドリモドキは逆転学習などのテスト（バルバドスアカウソがしたようなテスト）の成績が振るわなかった。「大胆な個体はより速く全体を見ますが、表面しか見ていないのです」とダニエル・ソルが説明する。「よりじっくりと問題に取り組む個体がより良い情報を引き出し、それを使ってより柔軟に行動します」

では、なぜ両方のタイプが一つの集団に残っているのだろう？ 「おそらく、異なるタイプの個体が環境の異なる年にいい結果を出すからだろう」とデュカテスは推測する。このことが、個体ごとに認知能力が異なる理由を説明するのかもしれない。そして、スズメが教えてくれたように、いろいろな個性の個体がいることがいい理由も。

天才をめぐる謎

霧が晴れてきた。谷の向こうに、ブルーリッジ山脈の紫色にかすむ山容が見えてくる。近くの木立からコガラの鋭い「シー」という声が聞こえた。歩いていくと、その鳥はマツの木にとまって、「ディー、ディー」と鳴いている。きっと、私にどう対処したものか思案しているのだ。鳥が知っていること――なにを知っているかと、なぜ知っているか――の謎を解くには、あの小さな羽の内側にすばらしい天与の才がぎっしり詰まっていると考えるだけでいい。それは、私たちの知の書棚に置いておくべきすばらしい謎であり、私たちがどれほどわずかしか知らないかを教えてくれるだろう。

謝辞

この本の執筆に協力してくれた方々には感謝の言葉もない。

本書を書くにあたっては、鳥や鳥の脳の研究に人生を捧げてきた多くの方々の研究を参考にした。本書にはこれらの人びとの名前や支援が続々と登場する。

なかでも、以下の鳥類学者、生物学者、心理学者、動物行動学者は、本書のための調査に際して時間と知識を惜しみなく提供してくれた。マギル大学のルイ・ルフェーブルは、バルバドス島のベレアーズ・リサーチ・インスティテュートに私を招き、数日かけて鳥類の認知と自身の研究内容について説明し、鳥類研究全般にかんする思慮深い洞察を与え、私が浴びせるたくさんの質問に忍耐強くユーモアを交えながら見事に答えてくれた。また初期の草稿全体に目を通して有益なコメントや提案をくれた。私が同インスティテュートを訪問していたあいだ、リマ・カイージョ、ジャン＝ニコラ・オーデット、サイモン・デュカテスは寛大にも研究内容やアイデアを共有してくれた。

ニューカレドニアでは、オークランド大学のアレックス・テイラーが親切にも自身の研究の諸側面についてカラスを例に取って丁寧に解説し、鳥類の認知にかんする専門知識を披露してくれた。「巨大シダ公園（Le Parc des Grandes Fougères）」を訪れたときには、エルザ・ロワゼルが公園を案内しながら有益な会話と連絡先を提供してくれた。一緒に見かけたカグー、ニューカレドニアの地形、カレドニアガラスのすばらしい写真も融通してくれた。

そのほか多くの多忙な人びとが親切にも私と話す時間をつくり、資料を提供し、彼らの専門にかかわる本書の草稿部分を1回または数回にわたって読んでくれた。それらの方々は、オックスフォード大学のルーシー・アプリン、メリーランド大学のジェラルド・ボーギア、オーストラリア・ヴィクトリア州にあるディーキン大学のジョン・エンドラー、エディンバラ大学のスティーヴン・ブルサット、アメリカ地質調査所のジョナサン・ハグストラム、クイーンズ大学ベルファスト校のリチャード・ホーランド、オークランド大学のギャビン・ハント、デューク大学のエリック・ジャービス、ミシガン州立大学のジェイソン・キーギー、ネヴァダ大学のウラジーミル・プラヴォスドフ、西オーストラリア大学のアマンダ・リドレー、スペインの森林生態学研究センター（CREAF）のダニエル・ソルである。

オークランド大学のラッセル・グレイは、2014年に彼がマックス・プランク心理言語学研究所でおこなった、優れたナイメーヘン・レクチャーのビデオを提供してくれた。

セント・アンドルーズ大学のネールチュ・ボーヘルトには深く感謝している。彼女は親切にも、本書の草稿の大半を科学と編集の両面から注意深さと知性を駆使して読み、一部については一度ならず目を通してくれた。彼女が目を通したページはすべて良くなっている。

このほか世界中の多くの科学者が草稿の一部に目を通して科学的な詳細について修正案を出し

てくれたので、活字になる前に誤りを防ぐことができた。この点について、以下の方々に心から謝意を表す。

アメリカでは次の方々が協力してくれた。ハーヴァード大学のアークハット・アブザノフ、ワシントン大学のカルロス・ボテロ、カリフォルニア大学アーヴァイン校のナンシー・バーリー、ミシシッピ大学のレイニー・デイ、ネブラスカ大学リンカーン校のジュディ・ダイアモンド、コーネル大学のベン・フリーマン、スタンフォード大学のルーク・フリシュコフ、カリフォルニア大学サンディエゴ校のティモシー・ゲントナー、ホイットマン・カレッジのウォルター・ハーブランソン、カリフォルニア大学バークレー校のルシア・ジェイコブス、ネブラスカ大学のアラン・カミル、インディアナ大学のマーシー・キングスベリー、シカゴ大学のサラ・ロンドン、タンパにある南フロリダ大学のリン・「マーティ」・マーティン、ワシントン大学のジョン・マーズラフ、マサチューセッツ工科大学（MIT）の宮川繁、デューク大学のリチャード・ムーニー、カリフォルニア大学デイヴィス校のゲイル・パトリセリ、ハーヴァード大学のアイリーン・ペパーバーグ、ウィスコンシン大学のローレン・ライターズ、ニューメキシコ大学のリアノン・J・D・ウェスト。

イギリスでは次の方々の恩恵を被った。ケンブリッジ大学のニコラ・クレイトン、セント・アンドルーズ大学のスー・ヒーリー、クイーンズ大学ベルファスト校のリチャード・ホーランド、ケンブリッジ大学のローラ・ケリー、ルチェルカ・オストジク、セント・アンドルーズ大学のクリスチャン・ルッツ、インペリアル・カレッジ・ロンドンのマレー・シャナハン、セント・アンドルーズ大学のクリス・テンプルトン。

ヨーロッパでは次の方々に助力をたまわった。ウィーン大学のアリス・アウエルスペルグ、ユトレヒト大学のヨハン・ボルイス、ドイツ・グレーフェルフィングのジェニー・ホルツハイダー、オルデンブルク大学のヘンリク・モウリトセン、テュービンゲン大学のアンドレアス・ニーダー、マックス・プランク鳥類学研究所のニールス・ラッテンボルク、ウィーン大学のザビーネ・テビッヒ。

オーストラリアとニュージーランドでは、オークランド大学のラッセル・グレイ、ギャビン・ハント、アレックス・テイラー、マッコーリー大学のテリーザ・イグレシアスが力を貸してくれた。

その他の国や地域では、モントリオール大学のローリー・コーチャード、ブラジルのリオデジャネイロ連邦大学のスザーナ・エルクラーノ＝アウゼル、東京大学の岡ノ谷一夫、慶応大学の渡辺茂にお世話になった。

以上の専門家のコメントや批評のおかげで、あやうく誤りを犯すところを救ってもらった。それでもまだ本書に誤りが残っているとしたら、それは明らかにすべて私の責任だ。

友人や同僚の多くがありがたい支援の手を差し伸べ、このプロジェクトに関心を示して私の気分を盛り上げてくれた。カリン・ベンデルがペットのヨウム「スロックモートン」について友人に披露している話を小耳にはさんだとき、彼女はスロックモートンともう1羽別のペットのオカメインコ「イザボー」の話を私にも喜んでしてくれた。バリー・ポロックも彼女のヨウム「アルフィー」の逸話を快く紹介してくれた。ミシェルとジョーイ・マンガムは、ジョーイが飼っているオキナインコの「ルーク」と夫妻の羊牧場で午後を過ごさせてくれた。ルークは万事心得た様子で私の肩にとまり、ときどき私の耳に向かってこう言った。「ささやいて、ささやいて、ささやいて」

優秀な教師で鳥類学者のダニエル・ビーカーは、鳥類にかんする私のフィールド研究仲間と私をフィールドワーク（その多くについて本書でご紹介した）に連れ出し、鳥のさえずりについて教えてくれた。さらに鳥類観察の記述に誤りがないように、本書の草稿全体に目を通してくれた。経験豊かな野鳥観察者のデイヴィッド・ホワイトは、さまざまな逸話、ユーモア、専門知識を授けてくれた。

親友のミリアム・ネルソンは、私の著作プロジェクトの多くに同僚あるいは共著者として参加してきたが、それよりも親切心と友情のために力を貸してくれることが多い。本書の初期の草稿に目を通して、たくさんのすばらしい提案をしてくれた。ほかの友人たちも私を励まし、アイデア（ときにはちょっとした鳥の動画など）を提供してくれた。それらの方々は、スーザン・バシク、ロス・ケイシー、サンドラとスティーブン・クッシュマン、ローラ・デラノ（「嵐の中のクジャク」の逸話を教えてくれた）、リズ・デントン、マーク・エドマンドソン、ドリット・グリーン、シャロン・ホーガン、ドンナ・ルシー、デブラ・ナイストローム、ダン・オニール、マイケル・ロードマイヤー、ジョン・ローレット、ナンシー・マーフィー・スパイサー、デイヴィッド・エディ・スパイサー、ヘンリー・ウィアンセック、アンドルー・ウィンダムである。これらの人びとに心から感謝するとともに、やさしい父親と義母のビルとゲイル・ゴーラム、愛する姉妹のサラ・ゴーラム、ナンシー・ハイマン、キム・アンバーガーの温かい思いやりと私の仕事に対する関心にも感謝する。愛してやまない賢明な2人の娘ゾーイとネルの変わらぬ愛と励まし、そして私と私の書斎に鳥を絶やさないようにしてくれたことに（「そこに鳥を置こうよ！」）、声を大にしてありがとうと言いたい。

エージェントのメラニー・ジャクソンとともに仕事をする恩恵に浴し、喜びを分かち合っても う20年以上になる。あらゆることに対する彼女の熱心さ、知性、良識なくして本を書くことなど、もう想像することもできない。またアン・ゴドフという編集者に恵まれたことはとても幸運だったし、彼女の編集者としての並外れた構想力と本書に注いでくれたひとかたならぬ力添えに深く感謝している。また、本書の出版に際して助力をたまわったソフィア・グループマンとケイシー・ラッシュ、すばらしいイラストと本づくりの喜びを与えてくれたジョン・バーゴイン、表紙のアメリカカケスの美しいイラストを描いてくれたエウニケ・ヌグロホ、見事な表紙デザインをしてくれたガブリエル・ウィルソンにも感謝する。

最後に、最愛のカールに深い愛情と感謝の気持ちを伝えたい。彼は人生と仕事の荒波の中でもつねに私のかたわらにいてくれた。彼の励まし、知恵、忍耐力、支援、思いやり、展望、ユーモア、愛がなければ、なにも実現しなかった。

訳者あとがき

鳥はじつは私たちが思うより賢いのではないか。

本書をひと言で言い表すならそういうことだと思う。著者は本書で感慨深く述べている。鳥もようやく賢い動物たちの仲間入りをしたのだ、と。しかし、一つ重要な但し書きがある。著者の言う「賢さ」とは人間の物差しで量ったものではない。いわば、鳥の目から世界を見てみましょうということだ。あのちょっと恐竜を思わせる目に、人間や世界がどう映っているのか考えてみたことがおありだろうか？

それにしても、著者も述べるように鳥類学の昨今の進歩はめざましい。鳥は恐竜から分化したことがわかっているし、鳥の脳もずいぶん解明が進んで各部位の名称も正式に刷新された。「もう鳥頭とは言わせない」と街角のカラスも息巻いているにちがいない。また鳥とヒトは大昔に分岐したにもかかわらず、よく似た進化の道のりをたどったことも最近の研究で明らかになってきている。専門的には「収斂進化」と言われるそうだ。そうは言っても、納得がいかないかもしれない。なにしろ、人間の言語と鳥類のさえずりの共通性を研究するある研究者が、こう嘆いているくらいだ。「この話をしてもあまり理解は得られません」

それでも著者はめげない。バルバドスやニューカレドニアなどを訪れ、地道に鳥と向き合っている研究者たちに話を聞く。そんな調査旅行の成果や、鳥が持つさまざまな能力について現時点でわかっていることを紹介してくれる。鳥は道具をつくり、数をかぞえ、推論し(モンティ・ホール問題に正解する)、食べ物を埋めた場所をたくさん記憶し、季節になれば繁殖地に渡り、美しい建造物をつくり、有名な画家の画風を区別し、死んだ仲間を悼むかのような仕草をする。人間がもたらす環境変化に逞しくついていける種もいる(いまのところ)。

著者は、こんなことも言っている。「この本を読み終えるまでに、あなたがコガラ、カラス、マネシツグミ、スズメをこれまでと少しちがった目で見るようになっていればうれしい」。まったく同感だ。本書にはじつに多様な鳥が登場する。アオアズマヤドリなど美しい鳥、ミチバシリなど名前が面白い鳥、スズメなど無条件に愛らしい鳥。鳥と人間とのかかわりについて思いをはせながら、本書で紹介される鳥たちの日常も楽しんでいただければ幸いだ。

本書は、ジェニファー・アッカーマンの最新刊 *The Genius of Birds* (Penguin Press, 2016) の全訳である。サイエンスライターの彼女は、科学一般や自然について長年書いてきた。本書は多くの紙誌で絶賛され、2017年に出たペーパーバック版はニューヨークタイムズ・ペーパーバック・ベストセラーのリスト入りを果たした。著者にはほかにも多数の著書があり、邦訳書にいずれも早川書房刊で拙訳の『からだの一日』(2009)と『かぜの科学』(2011)がある。

最後に、このたびも翻訳をご依頼くださった講談社と、編集の労を取ってくださった同社の渡邉拓氏にお礼申し上げる。企画段階でアドバイスをくださったNPO法人バードリサーチの三上かつら氏、鳥類の和名リストをお譲りくださり、訳稿の一部に目を通して貴重なコメントをくださったバードリサーチの神山和夫氏、イラストレーターのカモシタハヤト氏、すばらしい推薦文をお寄せくださった川上和人氏に深謝する。

２０１８年２月

鍛原多恵子

＜さ＞

＜た＞

人名・語句

＜さ＞

＜た＞

索引

鳥の種名・分類群

＜あ＞

＜か＞

ブルーバックス　生物学関係書（I）

1032 フィールドガイド・アフリカ野生動物　小倉寛太郎
1073 へんな虫はすごい虫　安富和男
1176 考える血管　児玉龍彦／浜窪隆雄
1341 食べ物としての動物たち　伊藤　宏
1363 新・分子生物学入門　丸山工作
1365 植物はなぜ5000年も生きるのか　鈴木英治
1410 新しい発生生物学　木下　圭／浅島　誠
1427 筋肉はふしぎ　杉　晴夫
1439 味のなんでも小事典　日本味と匂学会＝編
1472 DNA（上）ジェームス・D・ワトソン／アンドリュー・ベリー　青木　薫＝訳
1473 DNA（下）ジェームス・D・ワトソン／アンドリュー・ベリー　青木　薫＝訳
1474 クイズ　植物入門　田中　修
1507 新しい高校生物の教科書　栃内　新　左巻健男＝編著
1513 猫のなるほど不思議学　岩崎るりは　小山秀一＝監修
1514 記憶と情動の脳科学　ジェームズ・L・マッガウ　大石高生／久保田競＝監訳
1528 新・細胞を読む　山科正平
1537 「退化」の進化学　犬塚則久
1538 進化しすぎた脳　池谷裕二
1539 入門　たのしい植物学　田中　修
1565 これでナットク！　植物の謎　日本植物生理学会＝編
1582 DVD&図解　見てわかるDNAのしくみ　JT生命誌研究館　工藤光子／中村桂子

1612 光合成とはなにか　園池公毅
1626 進化から見た病気　栃内　新
1637 分子進化のほぼ中立説　太田朋子
1662 老化はなぜ進むのか　近藤祥司
1670 森が消えれば海も死ぬ　第2版　松永勝彦
1672 カラー図解　アメリカ版　大学生物学の教科書　第1巻　細胞生物学　D・サダヴァ他　石崎泰樹／丸山　敬＝監訳・翻訳
1673 カラー図解　アメリカ版　大学生物学の教科書　第2巻　分子遺伝学　D・サダヴァ他　石崎泰樹／丸山　敬＝監訳・翻訳
1674 カラー図解　アメリカ版　大学生物学の教科書　第3巻　分子生物学　D・サダヴァ他　石崎泰樹／丸山　敬＝監訳・翻訳
1691 DVD-ROM&図解　動く！　深海生物図鑑　ビバマンボ／北村雄一　三宅裕志／佐藤孝子＝監修
1712 図解　感覚器の進化　岩堀修明
1725 魚の行動習性を利用する釣り入門　川村軍蔵
1727 iPS細胞とはなにか　朝日新聞大阪本社　科学医療グループ
1730 たんぱく質入門　武村政春
1767 巨大津波は生態系をどう変えたか　永幡嘉之
1775 地球外生命　9の論点　立花　隆／佐藤勝彦ほか　自然科学研究機構＝編
1792 二重らせん　ジェームス・D・ワトソン　江上不二夫／中村桂子＝訳
1800 ゲノムが語る生命像　本庶　佑
1801 新しいウイルス入門　武村政春

ブルーバックス　生物学関係書（Ⅱ）

1821 これでナットク！　植物の謎Part2　日本植物生理学会＝編
1826 海に還った哺乳類　イルカのふしぎ　村山　司
1829 エピゲノムと生命　太田邦史
1842 記憶のしくみ（上）　ラリー・R・スクワイア　エリック・R・カンデル　小西史朗／桐野　豊＝監修
1843 記憶のしくみ（下）　ラリー・R・スクワイア　エリック・R・カンデル　小西史朗／桐野　豊＝監修
1844 死なないやつら　長沼　毅
1848 今さら聞けない科学の常識3　聞くなら今でしょ！　朝日新聞科学医療部＝編
1849 分子からみた生物進化　宮田　隆
1853 図解　内臓の進化　岩堀修明
1854 カラー図解　EURO版　バイオテクノロジーの教科書（上）　ラインハート・レンネバーグ　小林達彦＝監修　田中暉夫／奥原正國＝訳
1855 カラー図解　EURO版　バイオテクノロジーの教科書（下）　ラインハート・レンネバーグ　小林達彦＝監修　西山広子／奥原正國＝訳
1861 発展コラム式　中学理科の教科書　改訂版　生物・地球・宇宙編　石渡正志　滝川洋二＝編
1872 マンガ　生物学に強くなる　堂嶋大輔＝作　渡邊雄一郎＝監修
1874 もの忘れの脳科学　苧阪満里子
1875 カラー図解　アメリカ版　大学生物学の教科書　第4巻　進化生物学　D・サダヴァ他　石崎泰樹　斎藤成也＝監訳
1876 カラー図解　アメリカ版　大学生物学の教科書　第5巻　生態学　D・サダヴァ他　石崎泰樹　斎藤成也＝監訳

1884 驚異の小器官　耳の科学　杉浦彩子
1889 社会脳からみた認知症　伊古田俊夫
1892 「進撃の巨人」と解剖学　布施英利
1898 哺乳類誕生　乳の獲得と進化の謎　酒井仙吉
1902 巨大ウイルスと第4のドメイン　武村政春
1923 コミュ障　動物性を失った人類　正高信男
1929 心臓の力　柿沼由彦
1943 神経とシナプスの科学　杉　晴夫
1945 芸術脳の科学　塚田　稔
1944 細胞の中の分子生物学　森　和俊
1964 脳からみた自閉症　大隅典子
1990 カラー図解　進化の教科書　第1巻　進化の歴史　カール・ジンマー　ダグラス・J・エムレン　更科　功／石川牧子／国友良樹＝訳
1991 カラー図解　進化の教科書　第2巻　進化の理論　カール・ジンマー　ダグラス・J・エムレン　更科　功／石川牧子／国友良樹＝訳

N.D.C.488.1　411p　18cm

ブルーバックス　B-2053

鳥《とり》！　驚《きよう》異《い》の知《ち》能《のう》
道具をつくり、心を読み、確率を理解する

2018年 3 月20日　第1刷発行

著者　ジェニファー・アッカーマン
訳者　鍛原《かじはら》多《た》恵《え》子《こ》
発行者　渡瀬昌彦
発行所　株式会社講談社
〒112-8001　東京都文京区音羽2-12-21
電話　出版　03-5395-3524
販売　03-5395-4415
業務　03-5395-3615
印刷所　（本文印刷）慶昌堂印刷株式会社
（カバー表紙印刷）信毎書籍印刷株式会社
製本所　株式会社国宝社

定価はカバーに表示してあります。
Printed in Japan
落丁本・乱丁本は購入書店名を明記のうえ、小社業務宛にお送りください。送料小社負担にてお取替えします。なお、この本についてのお問い合わせは、ブルーバックス宛にお願いいたします。

ISBN978－4－06－502053－1

発刊のことば

科学をあなたのポケットに

二十世紀最大の特色は、それが科学時代であるということです。科学は日に日に進歩を続け、止まるところを知りません。ひと昔前の夢物語もどんどん現実化しており、今やわれわれの生活のすべてが、科学によってゆり動かされているといっても過言ではないでしょう。

そのような背景を考えれば、学者や学生はもちろん、産業人も、セールスマンも、ジャーナリストも、家庭の主婦も、みんなが科学を知らなければ、時代の流れに逆らうことになるでしょう。

ブルーバックス発刊の意義と必然性はそこにあります。このシリーズは、読む人に科学的に物を考える習慣と、科学的に物を見る目を養っていただくことを最大の目標にしています。そのためには、単に原理や法則の解説に終始するのではなくて、政治や経済など、社会科学や人文科学にも関連させて、広い視野から問題を追究していきます。科学はむずかしいという先入観を改める表現と構成、それも類書にないブルーバックスの特色であると信じます。

一九六三年九月　　野間省一